Bildatlas
TRAKTOREN

Michael Dörflinger

Bildatlas
TRAKTOREN

© Naumann & Göbel Verlagsgesellschaft mbH
Emil-Hoffmann-Straße 1
D–50996 Köln
Autor: Michael Dörflinger
Realisation und Redaktion: red.sign GbR, Stuttgart
Gesamtherstellung: Naumann & Göbel Verlagsgesellschaft mbH, Köln
Alle Rechte vorbehalten

ISBN 978-3-625-13353-7

www.naumann-goebel.de

VORWORT

Traktoren sind auf der ganzen Welt zu finden, doch ist die Menge der eingesetzten Modelle in den verschiedenen Erdteilen sehr unterschiedlich. Ganze 70 Prozent der zugelassenen Schlepper werden in nur zwölf Ländern der Erde eingesetzt. Den Löwenanteil stellen die Vereinigten Staaten von Amerika, wo etwa 4,8 Millionen Traktoren gehalten werden. Damit sind sie mit großem Abstand das Land mit den meisten Exemplaren. Nicht einmal die Hälfte davon besitzen die Landwirte im zweitplatzierten Staat: Japan hat etwas über 2 Millionen. Über eine Million Maschinen gibt es noch in der ehemaligen UdSSR, Italien, Indien sowie in Polen und Frankreich.

Knapp darunter, aber immer noch in den Top Ten, liegen die Türkei, Spanien und Deutschland mit 944 000 Traktoren. Ebenfalls im Konzert der Großen spielen die Schwellenländer China und Brasilien mit, Tendenz steigend. Wenn man aber von den absoluten Zahlen weggeht und sich ansieht, wie viele Traktoren pro Einwohner gehalten werden, stellt man eine hohe Dichte in den kleineren mitteleuropäischen Ländern fest.

Angesichts stark steigender Bevölkerungszahlen wird eine effektive Landwirtschaft immer wichtiger. Die Entwicklung vom Agrarstaat zum Industrie- und Dienstleistungsstaat, wie sie die Länder Europas und Nordamerikas in den vergangenen 150 Jahren vollzogen haben, wird sich auch immer mehr in den Schwellen- und Entwicklungsländern vollziehen. Doch eine effektive Landwirtschaft lässt sich nur mithilfe von intelligenter Technik und modernen Dünge- und Pflanzenschutzmethoden erzielen. Ein zentrales Objekt ist dabei als „fahrbarer Untersatz" der Traktor.

Dieses Buch zeigt, wie sich die Arbeitsgeräte in den verschiedenen Regionen der Welt entwickelt haben. Welche Erfindungen haben die Entwicklung vorangebracht? Wo gibt es die größten Traktoren? Welche verschiedenen Einsatz- und Bauformen gibt es bei Traktoren? Welche Firmen dominieren den Markt? Wie sieht die Entwicklung in den aufstrebenden Ländern Russland, Indien oder China aus? Einige wenige große Marken beherrschen den Markt. Wie kam es dazu und welche Entwicklungen werden sich in der Zukunft ergeben? Diese und viele andere Fragen aus der Welt der Traktoren werden in diesem Buch beantwortet.

INHALT

Die Evolution des Traktors
Vom Standmotor zum Bandlaufwerk	8
Bewegung auf der Scholle	10
Auf dem Weg zum Allrounder	30
Traktoren weltweit	40
Besser unterwegs	52

Könige der Prärie
Traktoren in Nordamerika	58
Große Flächen – große Schlepper	60
Leise Sohlen für Raupentraktoren	92

In der gehobenen Mittelklasse
Westeuropas Traktoren	98
Aus deutschen Landen	100
Der Rolls-Royce unter den Traktoren	114
Traktoren aus dem hohen Norden	116
Frankreich baut für die anderen	122
Diesseits und jenseits des Atlantiks	134
Italien – der heimliche Traktorenriese	144
Der Fels in der Brandung	158

Vom Sozialismus zum Weltmarkt

Osteuropäische Traktorenhersteller	**162**
Das Erbe der Sowjets	**164**
Die Firmen der GUS-Staaten	**166**
Satellit und neue Chance	**180**

Klein und flexibel

Traktoren aus Asien	**188**
Im Land der aufgehenden Sonne	**190**
Traktoren vom asiatischen Kontinent	**196**

Irgendwie anders

Schmalspur- und Spezialschlepper	**210**
In Weinbergen und Plantagen	**212**
Spezialfahrzeuge für den Steilhang	**240**
Vielseitig und schnell	**252**
Traktoren auf Abwegen	**290**

Register	**302**

Die Evolution des Traktors

Vom Standmotor zum Bandlaufwerk

Bewegung auf der Scholle

Jahrtausendelang gab es in der Landwirtschaft kaum Veränderungen. Die Bauern unter Napoleon arbeiteten fast noch wie die alten Römer. Dann fand die Technik auf den Acker. Nach der Erfindung des Verbrennungsmotors wurden Anfang des 20. Jahrhunderts praktikable Traktoren entwickelt. Doch bis billige Modelle den Markt eroberten, waren die gewohnten Arbeitstiere vielerorts unverzichtbar.

Motorlokomobilen wie diese **Titan**-Maschine aus dem Jahr 1905 wurden als stationäre Kraftquelle eingesetzt. Zum Einsatzort mussten sie mit dem Pferdegespann gezogen werden.

🌿 Die Amerikaner waren die ersten, die Zugmaschinen bauten, mit denen man auf dem Acker arbeiten konnte. In den USA wurde auch zum ersten Mal das Fließband in der Fertigung eingesetzt. Doch es gab Streit. Die Firmen bekämpften sich bis aufs Messer. Und es gab viele Ideen. Der Acker wurde zum Experimentierfeld.

Die Vorläufer der Traktoren

🌿 Es war die Dampfmaschine, die im 19. Jahrhundert die Industrielle Revolution ermöglicht hatte. Sie war die Kraftquelle, die man brauchte, um in den Fabriken die Maschinen antreiben zu können, mit denen die Produkte in Massen hergestellt wurden. Sehr bald wurde die Bedeutung der Dampfkraft auch für den Verkehr erkannt. Das erste Dampffahrzeug des Franzosen Nicholas Cugnot von 1769, der *Fardier,* prallte bei einem Fahrversuch gegen eine Wand. Weitere Versuche wurden aufgegeben. Einige Jahre später wurde die Eisenbahn erfunden. Nun war es möglich, die Dampfmaschine auch zur Fortbewegung zu nutzen.

Allerdings konnte man nicht zu jedem Feld eine Eisenbahnstrecke verlegen. Um auf dem Land mobil sein zu können, musste ein Fahrzeug her, das die Vorteile der Dampflok nutzte, aber nicht auf ein Schienenband angewiesen war. So entstanden die Lokomobilen. Das waren nichts anderes als Dampfmaschinen, die man auf ein Fahrgestell gesetzt hatte. Der Weg zum Einsatzort wurde allerdings noch mit der tatkräftigen Hilfe von Zugtieren bewältigt.

Die Lokomobilen dienten dann als Stationärmotor, den man am gewünschten Ort einsetzen konnte. Das mochte ein Dreschplatz sein, ein Gebläse, Förderband oder ein Häcksler auf dem Hof. Am Schwungrad wurde ein Transmissionsriemen befestigt, der mit der zu bedienenden Maschine verbunden war. Meist war es so, dass ein Lohnunternehmer, der eine Lokomobile besaß, von Farm zu Farm oder von Gut zu Gut reiste, um dort seine Arbeit anzubieten.

Die Firma **Peerless** in Waynesboro, Pennsylvania, hat diese Lokomobile hergestellt. Links im Hintergrund sieht man sehr schön den Versorgungswagen, der mit Wasser gefüllt war. Zur Dampferzeugung verbrauchten diese Maschinen viel Wasser und Brennmaterial.

 DIE EVOLUTION DES TRAKTORS | *Bewegung auf der Scholle*

Dampftraktoren fahren ab In England und Amerika wollte man mehr von dieser Technik. So kam es ab 1859 zur Entwicklung fahrender Lokomobilen, die auch Zugaufgaben wahrnehmen konnten. Das gab es auch in Europa, doch nur im „Land der unbegrenzten Möglichkeiten" wurden diese Zugmaschinen für die Arbeit auf dem Feld eingesetzt. Der Grund lag darin, dass die jahrhundertelang kultivierten Böden Europas zu weich für so schwere Dampfvehikel waren. In Amerika fand man festes, oft trockenes Prärieland vor. Allerdings war auch dessen Bearbeitung mit erheblichen Schwierigkeiten verbunden. Denn die Dampfmaschine brauchte große Wasservorräte und eine Menge Kohle oder in der Regel Holz, um das Wasser zu erhitzen. Hierfür mussten große Materialwagen mitgeführt werden.

Auf Amerikas Feldern zogen die Dampftraktoren, wie sie dort genannt wurden, schwere Erntegeräte wie Großmähbinder oder Mähdrescher über die Äcker. Sie erledigten anspruchsvolle Pflugaufgaben und zogen dann das Erntegut in einem Zug mehrerer Anhänger in die Scheune oder auf den Markt.

Zu den wichtigsten Herstellern von Lokomobilen in Großbritannien gehörten John Fowler & Co, Clayton & Shuttleworth, die Firma Mann sowie Garrett & Sons. Der Markt war gekennzeichnet durch eine Vielzahl kleinerer Anbieter. Das war auch in den USA so, doch ein paar Hersteller – Advance-Rumely, Case, Peerless, Holt oder Best sind auch heute noch bekannt. Ein drittes Land mit mehreren bekannten Herstellern war das Deutsche Reich. Den Markt beherrschte die Mannheimer Firma Lanz, doch auch Rudolf

Dampfbetriebene **Zugmaschinen** konnten beim Abtransport der Ernte wertvolle Dienste leisten – vorausgesetzt, der Boden war trocken.

Eine deutsche Spezialität Anfang des 20. Jahrhunderts waren solche großen Motorpflüge. Dieses Modell wurde von der **Hanomag** hergestellt und war eine Konstruktion von **Wendler** und **Dohrn**.

Wolf, Kemna oder MAN bauten Lokomobilen und Zugmaschinen. Sie alle traten später auch in die Traktorproduktion ein. Lanz baute Lokomobilen und Zugmaschinen, stellte aber auch eine Variante als Dampfwalze für den Straßenbau ins Programm.

Selbstfahrende Pflüge Zum Pflügen wurde auf großen Gütern die vom Briten Fowler entwickelte Methode des Dampfseilpflügens genutzt. Dazu brauchte man zwei Lokomobilen, die einen an einem Drahtseil befestigten Pflug mit aufsitzendem Lenker wechselseitig hin und her zogen. Daraus entwickelte sich Anfang des 20. Jahrhunderts in Deutschland der Motorpflug. Das Pflugelement war ähnlich, doch die beiden Antriebsmaschinen wurden durch einen aufgebauten Motor ersetzt. Erfinder dieser Maschine waren

Die deutsche Firma **Lanz** war in Europa einer der wichtigsten Produzenten von Landtechnik. Legendär war der **Bulldog-Traktor**. ▸▸

DIE EVOLUTION DES TRAKTORS | *Bewegung auf der Scholle*

Stock und Gleiche. Wendeler und Dohrn verbesserten dieses Prinzip und brachten so die Firma Hanomag zum Einstieg in die Traktorbranche, denn dort wurden ihre *WD-Großpflüge* genannten Motorpflüge gefertigt.

Für die meisten in der Landwirtschaft Tätigen waren diese Dampfschlepper nicht nur deutlich zu teuer, sondern auch ganz einfach überdimensioniert.

Pioniere in den USA

Neben ihrem hohen Gewicht hatten die Dampftraktoren ein weiteres Manko: Wie sollte man sie in der Rolling Prairie des Mittleren Westens nutzen, wo es fast keine Bäume gab, die man hätte verheizen können? Abhilfe kam aus Good Old Germany. Dort hatte ein gewisser Nikolaus Otto den Viertaktmotor erfunden. Ein paar Jahre später waren die Herren Benz und Daimler auf die Idee gekommen, so einen Motor als Antriebsquelle zu nutzen und hatten das Auto erfunden. Daimler suchte immer neue Anwendungsmöglichkeiten für seine Motoren. So erfand er quasi im Vorübergehen das Motorrad und das Motorboot, aber die Idee zu einem Traktor kam ihm nicht. Es gab eben gar keinen Bedarf dafür in Deutschland.

Froelicher Traktor Ganz anders in den Vereinigten Staaten und Kanada. Wahrscheinlich war er der Erste, der einen funktionierenden Traktor mit Verbrennungsmotor gebaut hatte: John Froelich. 1892 war er auf die Idee gekommen,

Solche Zugmaschinen mit Verbrennungsmotor wurden ab 1894 von den **Otto Gas Engine Works,** einer amerikanischen Tochterfirma von **Deutz**, in Philadelphia gebaut. »

Über die Riemenscheibe einer **Lokomobile** oder eines Traktors konnten vielerlei Geräte angetrieben werden. Die sich drehende Scheibe am Motor wurde über einen Lederriemen mit einer Drehscheibe an der Landmaschine verbunden. Die Drehkraft übertrug sich auf die Arbeitsfunktionen des **Mähdreschers** oder der **Dreschmaschine**. «

Antriebskraft

Up, up and away Traktoren werden von den meisten gleichgesetzt mit: Fahrzeug für die Bauern zum Beackern des Felds. Doch das ist nur ein Teil der Einsatzgebiete, in denen man Traktoren begegnet. Immer sehr beliebt waren sie zum Beispiel bei Schaustellern. Die starken Zugmaschinen konnten die Wagen ziehen, in denen die Leute lebten oder die Verkaufsgegenstände lagerten. Sie dienten aber auch als mobile Kraftquelle. In Zeiten, in denen vielerorts Steckdosen noch unbekannt waren, behalf man sich mit der Antriebskraft eines Traktors. Doch nicht die Räder drehten sich, sondern die Riemenscheibe, die einen Transmissionsriemen antrieb – und der lieferte dann dem Lichtgenerator oder aber einem Riesenrad Energie. Auf dem Bild hatten Bürger aus dem US-Bundesstaat Idaho viel Spaß im Ferris-Riesenrad. Man beachte auch die Anfänge der Plakatwerbung.

DIE EVOLUTION DES TRAKTORS | *Bewegung auf der Scholle*

Die amerikanische Firma **Case** hatte bereits viel Erfahrung in der Landtechnik gewonnen. Sehr viel Erfolg hatte das Unternehmen mit seinen Lokomobilen und Dampftraktoren. Doch auch auf dem Feld der Schlepper mit Verbrennungsmotor gelang der Aufstieg zu den großen Vier. Dieses Modell mit Stoßstange und Vollgummireifen war als **Straßenzugmaschine** vorgesehen.

International Harvester war mit seinen **Titan**-Traktoren sehr erfolgreich. Lange Zeit war der Konzern die Nummer 1 im Traktorenbau der Vereinigten Staaten. «

einen Motor auf ein Fahrgestell zu setzen. Auch die traditionsreiche Firma Case baute schon früh einen Traktor, der als *Patterson-Traktor* bekannt wurde. Die Otto Gas Engine Works AG in Philadelphia produzierte ab 1894 Zugmaschinen mit Verbrennungsmotor.

Wirklich erfolgreiche Modelle gab es allerdings erst im 20. Jahrhundert. 1902 stellte die Firma Hart-Parr aus Iowa ihr *Model No. 1* vor. Weil der Begriff „Traction engine" zu lang schien, kürzte man ihn einfach ab und so entstand das Wort „Tractor". Interessante Entwürfe gelangen diesem Unternehmen, zum Beispiel der *Typ 12-27*, der als Dreiradschlepper konstruiert wurde und mit einem stehenden Einzylindermotor ausgestattet war. Weil diese Firma erstmals Traktoren in Serie produzierte, gilt sie vielen als Begründer der Traktortechnik. 1929 schloss sich Hart-Parr mit anderen Herstellern zur Oliver Farm Equipment Company zusammen. Dieses Unternehmen war dann eines der ersten, das in den USA seine Traktoren mit Dieselmotoren ausstattete.

John Froelich, der bereits zehn Jahre früher mit seinem Traktor aufgetreten war, hatte eine lange Durststrecke ohne neu gebaute Modelle zu überwinden. Erst mit dem *Waterloo Boy* von 1911 gelang ein Wiedereinstieg. Seine Firma wurde 1918 von John Deere übernommen. Damit betrat der heutige Weltmarktführer erstmals die Traktorbühne.

Verlangen Ehrerbietung: Mogul und Titan

Einen frühen Höhepunkt im Schlepperbau bildeten die beiden Modelle *Mogul* und *Titan* der International Harvester, die ab 1909/10 gebaut wurden und mit Nachfolgemodellen bis 1924 im Programm blieben. Sie waren einfach und robust. Der kleinere *Mogul* war sogar fast so etwas wie ein früher Bauernschlepper. Der damalige Weltmarktführer in der Traktortechnik hatte auch technisch Innovatives zu bieten. Dazu gehörte zum Beispiel die Zapfwelle: Der *McCormick-Deering 15–30* aus dem Jahr 1921 von International Harvester ging als erster Traktor mit einer serienmäßigen Heckzapfwelle in die Geschichte ein. Erste Versuche hatte es schon ab 1919 mit dem *International 8-16* gegeben.

Die Firma Case hatte bereits viel Erfahrung mit dem Bau von dampfbetriebenen Traktoren gesammelt. Auf diesem Feld wollte man auch angesichts der ersten Modelle mit Verbrennungsmotor weitermachen. Doch schon bald war man sich über die Vorteile der neuen Bauart im Klaren. 1912 wurden deshalb eigene Modelle ins Rennen geschickt.

Neben diesen großen Firmen gab es viele andere, die ihren Teil zur Motorisierung der amerikanischen Farmen beitrugen. Dazu gehörte zum Beispiel Advance-Rumely mit seinen schweren Kerosintraktoren, die ab 1910 verkauft wurden. Allis-Chalmers aus Milwaukee bot ab 1912 Traktoren mit Benzinmotor an.

Dieses Bild zeigt den verbesserten **Titan 10-20** von **International Harvester** bei der Erntearbeit. Er wurde ab 1917 gebaut. Damit fiel er genau in die Zeit des „Fordson-Schocks."

Traktoren vom Fließband

Das Geschäft mit Traktoren lief in den USA hervorragend. Gründe dafür waren der Personalmangel auf den Farmen und die Tatsache, dass die US-Amerikaner in diesen Jahren besonders technikbegeistert waren. Auch in der Automobilindustrie waren die Amerikaner führend. Das lag zum großen Teil an einer Unternehmerpersönlichkeit, die heute noch einen legendären Ruf genießt: Henry Ford. Mit seinem billig produzierten *Model T* beherrschte er damals den Markt.

Ford war auf dem Land geboren und kannte die schwere Arbeit der Farmer genau. Ein Traktor würde ihnen große Sorgen abnehmen, aber vielen mittleren

Henry Ford, der große Magier des Automobilbaus in älteren Jahren. Mit dem **Model T** bei Pkws und dem **Fordson-Traktor** schrieb er Technikgeschichte. »

Das Geniale am **Fordson** war die **Blockbauweise,** die ihn leichter machte als die klobigen Rahmenkonstruktionen. Mehrere Jahre beherrschte er den Traktormarkt nach Belieben. «

und kleineren Landwirten waren die Kosten für einen der angebotenen Traktoren einfach zu hoch. Zusammen mit seinem Sohn gründete Ford eine weitere Firma, die sich mit dem Bau landwirtschaftlicher Zugmaschinen befassen sollte. Er selbst war sehr stark am Entwicklungsprozess beteiligt. Schon im Frühjahr 1915 wurde in einer großen Anzeigenkampagne verkündet, man wolle einen Traktor für 200 Dollar bauen – ein Affront für die Konkurrenz, denn die anderen Hersteller verlangten weit über 1000 Dollar. 1917 war es dann so weit: Ford & Son stellten ihren ersten Traktor vor.

Effektives Produzieren Ford hatte seinen Konkurrenten eines voraus: Dank seiner riesigen Gewinne mit den Pkw konnte er die Traktorenproduktion sofort aufs Fließband

Henry Ford bei Testfahrten im Kreise seiner Mitarbeiter. Ford umgab sich gern mit den Arbeitern und hatte in den besten Zeiten für faire Löhne gesorgt. Später änderte sich das leider und er driftete in teilweise obskure Kreise ab. **Upton Sinclair** schrieb einen kritischen Roman über ihn.

Ford-Traktoren

Von Henry oder nicht? In Minneapolis gab es einige Leute, die sich vorgenommen hatten, Fords Traktorenpläne zu stören und gleichzeitig von der Berühmtheit des Mannes aus Detroit zu profitieren. Dazu suchten sie sich einen jungen Menschen, der den Nachnamen Ford trug und sich als Strohmann zur Verfügung stellte, um das von ihnen gebaute Vehikel als Ford-Traktor bezeichnen zu können. Henry Ford hatte das Nachsehen: Für seine Nummer 1 durfte er seinen Namen nicht nutzen. Doch das hielt ihn nicht lange auf: Er nannte sein Produkt einfach nach der Firma Ford & Son *Fordson*.

DIE EVOLUTION DES TRAKTORS | Bewegung auf der Scholle

Umbausatz

Das Model T erobert den Acker Ein anderer Konkurrent war Henry Ford selbst: Findige Konkurrenten – am Schluss waren es über hundert – stellten Umbausätze vor, mit denen man den Pkw *Model T* von Ford in einen Traktor verwandeln konnte. Dabei handelte es sich vor allem um einen verstärkten Rahmen mit Hinterachse und eine Anhängevorrichtung. Smart nennen Amerikaner so etwas. Der Erfolg dieser Sets war sehr groß, wenn auch die technische Leistung dieser Fahrzeuge nicht unbedingt hochklassig war.

stellen. Damit hatte er schon im Pkw-Bau gigantische Erfolge gefeiert. Die Bauart war eine ganz andere – und wegweisend: Anstatt einen Rahmen als Basis zu nehmen, an dem die Achsen angebracht sind und auf dem Motor, Getriebe und Fahrersitz aufgebaut waren, konstruierte Ford den ersten Traktor in Blockbauweise. Motor, Getriebe und Hinterachse wurden zu einer Einheit zusammengebaut, an der die anderen Bauteile befestigt wurden. Tragendes Element dieser Konstruktion war also nicht mehr ein Rahmen, der zusätzliches Gewicht wog, sondern es waren die zentra-

Der **Fordson F** von 1917 hatte einen wassergekühlten Vierzylindermotor für Benzinbetrieb. In den USA, Großbritannien und der Sowjetunion wurden insgesamt über 755 000 Exemplare gebaut. Eine unglaubliche Zahl, die von keinem Traktorenbauer je wieder erreicht wurde!

Ab 1965 hießen die Fordson-Traktoren nur noch **Ford.** Dieser **Ford 1000** in einer Ausführung für Hackfruchtanbau bearbeitet das Maisfeld mit einem **Zwischenachsanbaugerät** und ausgezogenen Vorderreifen. »

len Bestandteile des Blocks. Dadurch waren die Traktoren leichter, letztlich auch wendiger und konnten viel günstiger hergestellt werden. Mit dem Preis von 750 Dollar unterbot Ford die Konkurrenz so stark, dass deren Produktion völlig zusammenbrach.

Was folgte, ging als der „Traktorkrieg" in die amerikanische Wirtschaftsgeschichte ein. Die Konkurrenz senkte die Preise, Ford zog nach und am Schluss gab es einen *Fordson* zum Kampfpreis von gerade mal 395 Dollar.

Da Fords Mitbewerber sich auf der Preisschiene nicht gegen ihn durchsetzen konnten, versuchten sie sich mit innovativer Technik von ihm abzuheben. Davon wird das folgende Kapitel erzählen.

Als die veralteten *Fordson*-Schlepper gegen die Konkurrenz nicht mehr ankamen, zog sich Ford zunächst aus der amerikanischen Traktorfertigung zurück. Doch dann kooperierte er mit Harry Ferguson, der die Dreipunktaufhängung erfunden hatte. Ford bot – wieder unter dem Namen Fordson – neue Modelle an, die Fergusons Patent in Monopolstellung besaßen. Das war der zweite „Ford-Schock". Doch diesmal wurden Nachfolgermodelle entwickelt und die Marke Ford blieb auf dem Markt bestehen.

DIE EVOLUTION DES TRAKTORS | Bewegung auf der Scholle

Im Kampf gegen die Übermacht der Fordson-Traktoren gelang **International Harvester** mit dem vielseitigen **Farmall**-Modell ein echter Geniestreich. «

Vom Feldkoloss zum Allzweckschlepper

Die großen Konzerne der US-amerikanischen Landtechnik waren auch als Exporteure sehr erfolgreich. Einige bauten sogar im Ausland eigene Fertigungsstätten auf. Doch auch in Europa fanden sich die ersten Hersteller. In Schweden trat die Firma Munktell mit einem Ackerschwergewicht in den Markt ein. Erstmals wurde hier im Traktorenbau ein Glühkopfmotor verwendet. Großbritannien profitierte von Importen aus den USA, doch auch dort stellten sich die Hersteller der Dampftraktoren auf die neue Technik ein. Großbritannien hielt allerdings lange am Dampf fest, auch in der Pkw-Industrie gab es dort einige Hersteller, die bei dieser Technik blieben.

Auch **John Deere** bot einen vielseitigen Traktor nach dem Vorbild des **Farmall** an. Dieser nur als **Model A** bezeichnete Typ wurde von 1934 an – mit zahlreichen Überarbeitungen – bis 1953 gebaut.

IH in Neuss

International Harvester in Deutschland Seit 1908 gab es in Neuss am Rhein eine Fabrik des US-amerikanischen Konzerns International Harvester. Dort wurden auch sehr bald Traktoren gebaut. Die Markenbezeichnungen waren vielfältig. So gab es Modelle namens *Deering*, dann gab es die *McCormicks* und die *Internationals*. Einige Male war hatte man auch den Produktnamen *Farmall* gewählt. In Neuss wurden speziell für den deutschen und europäischen Markt konstruierte Modelle entwickelt und gebaut. Sie trugen anfangs immer ein angehängtes „G" in der Typenbezeichnung. Das stand für „Germany".

Allzweckwaffe Farmall Fordson hatte mit seinem spottbilligen Schlepper alle Konkurrenten aus dem Feld geschlagen. Zu ihrem Glück hatten sie noch andere Produktlinien, z. B. Landmaschinen, sonst wäre bei vielen der Konkurs unvermeidlich gewesen. Doch Fords Wettbewerber waren lernfähig. Bald erkannten sie, dass sie Ford nie über den Preis schlagen würden. Der Erste, der eine Erfolg versprechende Strategie fand, war International Harvester. IHC setzte dem „Billigheimer" Ford ein Qualitätsprodukt entgegen – den *Farmall*. Der Name war Programm: Dieser Traktor sollte alle Aufgaben auf der Farm erledigen können. Von den *Fordsons* hatte International Harvester die Blockbauweise übernommen, allerdings wurde der *Farmall* nicht mit einer Vorderachse ausgestattet, sondern erhielt vorn ein einzelnes Rad. Das hatte mehrere Vorteile: Man sparte sich eine teure Vorderachse, der Traktor konnte hervorragend zwischen den Anbaureihen fahren und die Lenkkonstruktion war bedeutend billiger zu realisieren.

Der *Farmall* von 1925 schlug die Konkurrenz, allen voran *Fordson*, aus dem Rennen. Er war deutlich wendiger, hatte eine Zapfwelle und war in einem breiten Einsatzspektrum

Etwas kleiner war das **Model B** von **John Deere,** das gleichzeitig herauskam und fast gleich hohe Verkaufszahlen hatte wie der **A**. Die **Dreiradkonstruktion** war in den USA lange Jahre beliebter als die in Europa übliche Vierradausstattung. Der Amerikaner konnte sich jedoch auch für Letztere entscheiden, in Europa gab es dagegen praktisch keine Dreiradmodelle.

DIE EVOLUTION DES TRAKTORS | *Bewegung auf der Scholle*

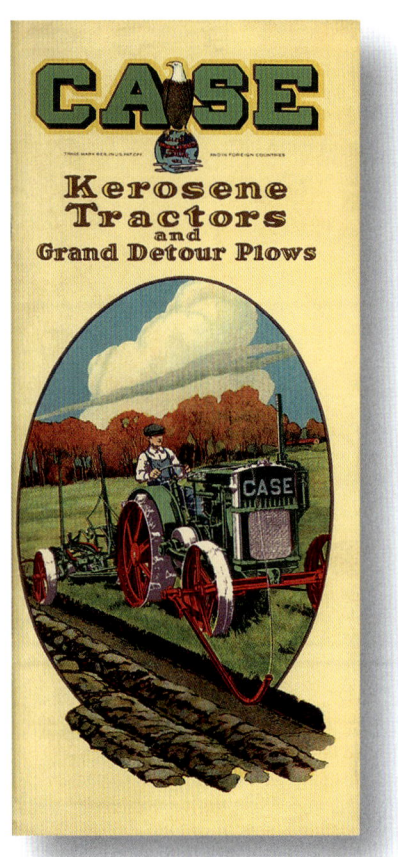

Die alte Werbung zeigt es: In den USA herrschte lange der **Kerosinmotor** vor. Der Umstieg auf Diesel erfolgte nur zögerlich in den 1950er-Jahren. «

verwendbar. Sehr bald griffen andere Anbieter diese Idee auf und brachten ebenfalls Dreiradmodelle auf den Markt. Erfolgreich war auch John Deere, dort wurde 1923 das *Model D* eingeführt, ein echter Longseller. Es folgte 1928 der *GP*. Dieses Kürzel stand für „General Purpose", was soviel wie „Allzweck" bedeutet. Er wich 1934 den beiden Bestsellern *Model A* und *B*, die meist in einer Dreiradversion, manchmal aber auch mit vier Rädern gebaut wurden. Diese hielten sich bis 1953 im Programm und festigten den zweiten Platz hinter dem Marktführer International Harvester.

Case steigt um Auch Case blieb weiterhin gut im Geschäft. Die Firma hatte in den 1920er-Jahren ihr Augenmerk besonders auf Mähdrescher gelegt. Doch am Ende des Jahrzehnts kamen mit den Typen *L* und *C* neue Traktorenmo-

Zapfwelle, Viergang-Getriebe, Untersetzungs-Getriebe, Hydraulikpumpe und ein großer Tank – das waren **wichtige Merkmale** eines **technisch ausgereiften Traktors** in den 1960er-Jahren. Die Dreipunktaufhängung war schon Standard, sodass sie in diesem Schnittbild nicht mehr extra gekennzeichnet wurde.

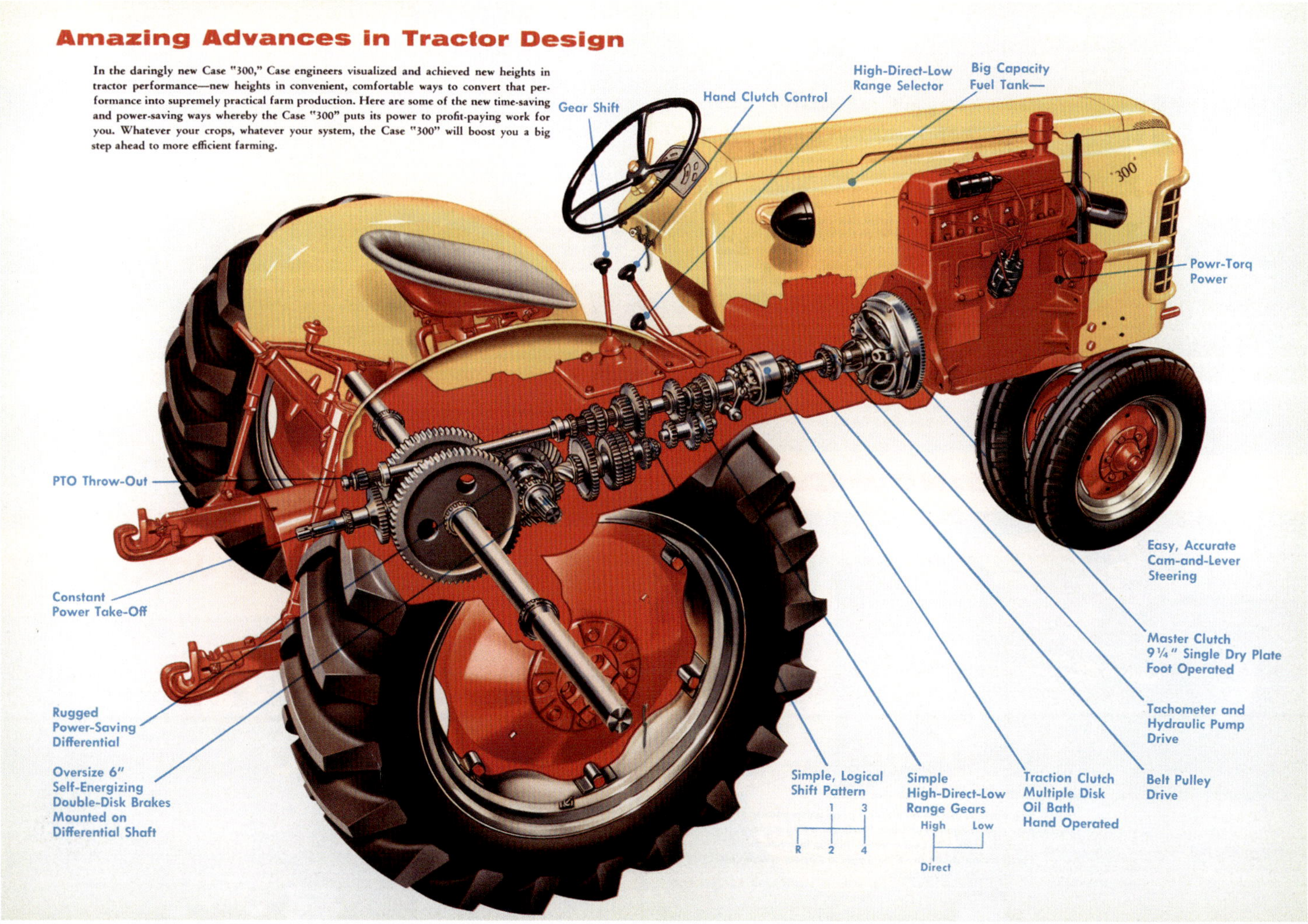

delle heraus, die sich an den erfolgreichen *Farmall*-Modellen orientierten. Sie wurden in verschiedenen Ausführungen als Standardschlepper, für Reihenkulturen, die Industrie, Plantagen und als Weinbergschlepper angeboten. Auch ein Raupenschlepper wurde gebaut. Die bis dahin noch laufende Fertigung von Dampftraktoren wurde endgültig eingestellt.

Eine wichtige Neuerung, die allerdings die amerikanischen Farmer zunächst ebenso ablehnten wie die europäischen Landwirte, war die um 1930 von Goodyear und Continental eingeführte Luftbereifung. Bis dahin hatten Traktoren Eisenräder mit gegossenen oder angeschraubten Profilen. Bald aber

Werbung

Wer nicht wirbt, der stirbt Wie bei anderen Produkten auch, versuchen die Hersteller, ihre Modelle durch Prospekte und Anzeigen an den Mann zu bringen. Die Optik dieser Werbung hat sich in den Jahren stark verändert. Von der idyllischen Produktzeichnung über die schlichte Abbildung des Traktors bis hin zu künstlerischen Entwürfen reicht der Erfindungsreichtum der Werbeabteilungen.

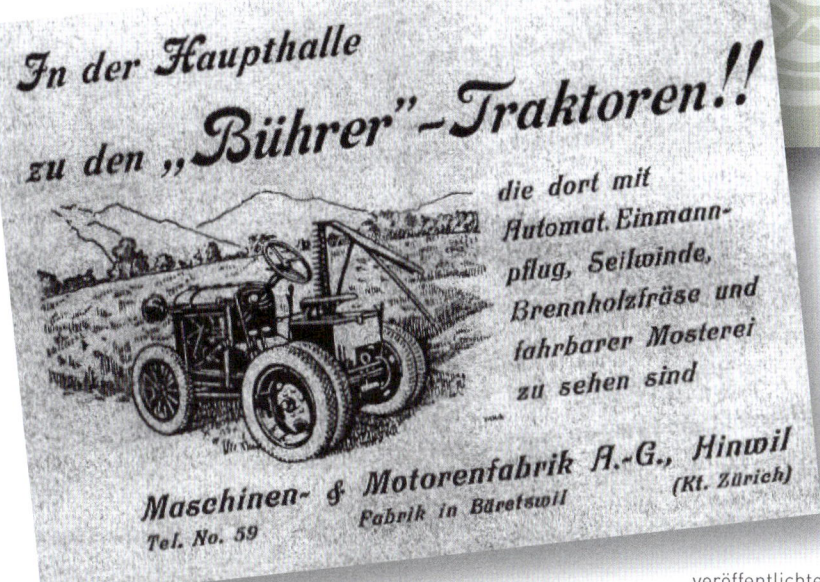

Bührer aus Hinwil bei Zürich gehörte zu den wichtigsten Traktorenfirmen der Schweiz. Die in Zeitschriften veröffentlichte Werbung des Unternehmens machte auf einen Messestand aufmerksam.

erkannten immer mehr Anwender, dass der Luftreifen viele Vorteile bot. Traktoren waren nicht nur in der Landwirtschaft von Bedeutung, sondern wurden auch für andere Aufgaben gern genutzt. So leisteten sie bei Zugaufgaben in der Industrie zuverlässige Dienste, wurden aber auch auf Flughäfen eingesetzt, um die Maschinen auf die Startbahn oder nach der Landung auf die Warteposition zu transportieren. In den USA, wo es eine gewaltige Erdölindustrie gab, waren Benzin und Kerosin billige Kraftstoffe. So waren praktisch alle dort bis zum Zweiten Weltkrieg gebauten Traktoren mit dafür geeigneten Motoren ausgerüstet. Das sah zum Beispiel in Deutschland ganz anders aus.

Traktoren wurden früher auch auf Flugplätzen für **Zugaufgaben** eingesetzt, sowohl auf zivilen Airports als auch im Dienste des Militärs, hier ein **International Harvester** vor einer **B 25**. ▸▸

DIE EVOLUTION DES TRAKTORS | *Bewegung auf der Scholle*

Der **Glühkopf** eines **Lanz-Bulldogs**. Die Motoren arbeiteten auf einem Zylinder. Das Anheizen des Glühkopfs war recht aufwendig.

Glühköpfe erobern die Äcker

In Deutschland war Benzin ein teures Gut. Daher waren hier andere Lösungen gefragt. Die Alternative sollte ein Motor sein, der alles Mögliche schlucken konnte und dabei robust und widerstandsfähig war. Bei der Mannheimer Firma Lanz fand man 1921 genau die richtige Antwort. Ein ganz neuartiger Traktor wurde gebaut, der einen Zweitaktmotor mit Glühkopf hatte. Sein Name wurde in ganz Europa zur Legende: *Bulldog*. Der Glühkopfmotor erlebte seine Blütezeit in den 1920er- bis 1940er-Jahren. Seine besonderen Vorteile lagen in der einfachen Bauart und seiner Robustheit. Als Kraftstoff konnte alles Mögliche dienen, zum Beispiel Altöl oder Rohöl. Diese Merkmale machten ihn für das bäuerliche Umfeld seiner Zeit bestens geeignet.

Bulldogs, die gutmütigen Hitzköpfe Der erste *Bulldog* musste noch zu seinem Einsatzort gezogen werden. Doch noch im gleichen Jahr erhielt er einen Kettenantrieb. Sein Einzylinder-Glühkopfmotor leistete 12 PS. Ein Getriebe gab es noch nicht. Um rückwärts fahren zu können, musste der Motor umgesteuert werden. Ab

Der Fotograf ist da! Ein seltenes Bild von der Arbeit auf einem Dreschplatz. Der **HL-Bulldog** von **Lanz** arbeitet unverdrossen weiter, während die Knechte und Mägde mit ihren Brotherren posieren.

Wenn ein **Pflug** lediglich an einer **Ackerschiene** angehängt war, erwartete die Landarbeiter eine Tätigkeit, die große Aufmerksamkeit erforderte. Jeder Stein konnte die Schare aus der Furche werfen. Auf eine gerade Furche wurde immer größer Wert gelegt. »

Glühkopfmotor

Technik eines besonderen Motors Die erste praxistaugliche Verwendung eines Glühkopfmotors als Antriebsquelle für ein Fahrzeug gelang 1921 der Firma Heinrich Lanz in Mannheim. Er wurde von Herbert Akroyd Stuart 1886 erfunden, doch erst der Ingenieur Huber von Lanz schaffte es, mithilfe des Zündsacks und einem verstellbaren Einspritzwinkel den Glühkopf mobil zu machen. Das Ergebnis war der Lanz *Bulldog*. Dieser und seine Nachfolger wurden in Deutschland so positiv gesehen, dass in vielen Regionen der „Traktor" einfach *Bulldog* genannt wurde.

Der Glühkopfmotor ist ein Zweitakter. Das Kraftstoff-Luft-Gemisch wird im Glühkopf gebildet. Durch die Verdichtung und die Hitze des Glühkopfs wird das Gemisch entzündet und verbrennt. Dadurch wird der Kolben nach hinten geschleudert. Der Nachteil dieses Motors ist die lange Wartezeit, die der Landwirt hat, bis der Glühkopf die richtige Temperatur erreicht.

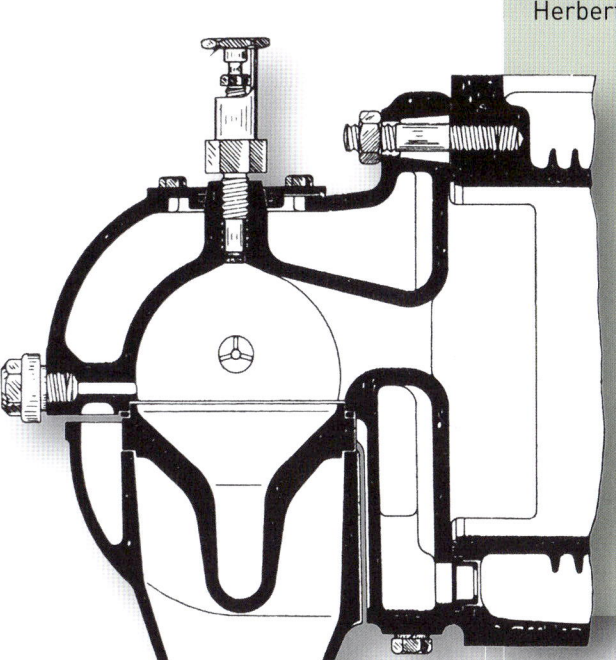

Diese Skizze zeigt einen Längsschnitt durch einen **Glühkopf**. Er wird erhitzt, damit sich das Kraftstoff-Luft-Gemisch dort entzündet und den Kolben nach hinten treibt.

1926 wurde mit dem *Großbulldog* ein Nachfolger eingeführt, der ein bedeutend weiteres Einsatzspektrum aufweisen konnte. Sein Einzylindermotor hatte einen Hubraum von über zehn Litern. Er war in jeder Hinsicht ein vollwertiger Traktor. Eine Verkehrsversion wurde für Speditionen oder Industriebetriebe gebaut. Diese hatte keine Eisenräder, sondern Vollgummireifen.

In den 1930er-Jahren entwickelte Lanz seine Modelle weiter. So entstand eine Typenpalette zwischen 20 und 55 PS. Das Unternehmen aus Mannheim beherrschte den

 DIE EVOLUTION DES TRAKTORS | *Bewegung auf der Scholle*

TRATTRICI AGRICOLE
AD OLIO PESANTE

Die **Schweröltraktoren** der italienischen Firma **Bubba** besaßen ebenfalls **Glühkopfmotoren.** Das Unternehmen wurde 1919 in der Nähe von Piacenza gegründet. Zu Beginn hatte man Kerosinmotoren von Case verwendet, doch die Glühkopfmotoren waren in der Pionierzeit der Motoren für die Landwirtschaft einfach besser geeignet. Sie hatten einen Zylinder und einen Hubraum von weit über 11 756 Kubikzentimetern. Die Leistung lag bei 25 bis 30 PS.

europäischen Markt. Doch mit Deutz und Hanomag wuchsen im eigenen Land Konkurrenten heran, die auf eine wesentlich fortschrittlichere Technik setzten: den Dieselmotor. Es war bedeutend einfacher, einen Diesel anzulassen als den *Bulldog*. Ein weiterer Vorteil der Dieselfahrzeuge war ihr besseres Fahrverhalten: Die im Wechsel laufenden Kolben der Zwei- oder Mehrzylindermotoren sorgten für mehr Laufruhe. Nach dem Zweiten Weltkrieg befand sich Lanz in einer kritischen Lage. Man hatte den Wechsel zum Diesel verschlafen – die Rolle als Marktführer war verspielt.

Die anderen Marken Traktoren mit Glühkopfmotor wurden auch bei anderen Herstellern gebaut. In Deutschland gab es mehrere Firmen, die sich des Know-hows von Lanz bedienten und ähnliche Konstruktionen verkauften. Dazu gehörten etwa der große Konkurrent im Bereich der Lokomobilen, Wolf aus Magdeburg mit seinem *Werwolf*, und der *Baumi* von Michelson. Der Glühkopfmotor machte aber auch jenseits der deutschen Grenzen starken Eindruck.

Eine der ersten Firmen, die diese Technik verwendeten, war HSCS in Budapest. Dieses Unternehmen war aus einem Zusammenschluss der österreichischen Niederlassung der Landmaschinenfirma Clayton & Shuttleworth und der Firma Hofherr-Schrantz entstanden. Es wurde zu dem vielleicht wichtigsten Hersteller dieser Branche in Österreich-Ungarn mit Filialen in den beiden Hauptstädten. Während der Nazizeit gelangte die Firma in die Hand von Lanz – entsprechend wurden die Modelle der Mannheimer gebaut. Nach dem Krieg wurden diese Typen unter kommunistischer Herrschaft weitergebaut. Das HSCS-Werk bekam den Namen „Roter Stern".

Ein anderer osteuropäischer Hersteller, der nach dem Krieg Lanz-*Bulldogs* nachbaute, war die polnische Firma Ursus. Sie war ebenfalls im Zweiten Weltkrieg zur Produktion von *Bulldogs* verpflichtet worden und machte danach einfach weiter.

In Italien gab es gleich mehrere Hersteller von Traktoren mit Glühkopfmotor. Der bedeutendste und zeitweilige Marktführer war Landini. Hinzu kamen noch Orsi und Bubba. Diese Firma baute Modelle mit bis zu 50 PS. Ein später Nachahmer war I.A.M.E. in Argentinien, der den Lanz-*Bulldog* unter dem Namen *Pampa* ab 1952 nachbaute.

Unangefochtener König der Glühköpfe ist der **Lanz Bulldog.** Er wurde in verschiedenen Ausführungen und Stärken auch nach dem Zweiten Weltkrieg noch gebaut. Unter Traktorenliebhabern genießt er ein sehr hohes Ansehen; für viele Deutsche ist er sogar ein Synonym für einen Traktor.

DIE EVOLUTION DES TRAKTORS | Auf dem Weg zum Allrounder

Auf dem Weg zum Allrounder

Die ersten Traktoren hatten noch einen recht beschränkten Leistungsradius: Lastenziehen, Pflügen, Bodenbearbeitung und Erntetätigkeiten, dazu der Einsatz als mobile Kraftquelle. Konnten Traktoren auch bei Räum- und Forstarbeiten, Transportaufgaben bergauf und bergab ihre Dienste leisten?

In Großbritannien gab es schon früh Erfinder, die sich mit dem Bau von Traktoren befassten. Das erste Modell, das Gewinne abwarf, war der Dreiradschlepper *Ivel* mit 8 PS, den Fahrradproduzent Dan Albone 1902 vorstellte. Im Ersten Weltkrieg kamen Tausende von Traktoren – hauptsächlich *Fordsons* – auf die Inseln. Ford ließ sich später in Dagenham nieder, wo eine große Ford-Fabrik entstand. Neben Lkw und Pkw wurden dort auch *Fordson*-Traktoren gebaut. Zeitweilig stammten 95 Prozent der in Großbritannien gebauten Traktoren von Ford.

Dieser **David Brown 1200** wurde Mitte der 1960er-Jahre vorgestellt. Sehr gut sieht man die **Dreipunktaufhängung** am Heck, mit der **Ferguson** ein Geniestreich gelang.

Ferguson, Brown und die britische Traktorenkunst

Doch es gab auch andere, die sich mit Traktoren beschäftigten. Einer war der Ire Harry Ferguson. Er war in seiner Jugend ein echter Tausendsassa. Als erster Ire war er in einem Flugzeug geflogen, hatte Autorennen bestritten. Dann heiratete er und gründete eine Importfirma, die Autos und Traktoren von Froelichs Firma Waterloo einführte. Als echter Tüftler befasste er sich auch mit den Problemen der Traktoren, die es zu kaufen gab. Für ihn war das größte Problem das Anbringen von Pflügen und anderen Geräten. 1933 entwickelte er eine revolutionäre Konstruktion: die hydraulisch gesteuerte Dreipunktaufhängung. Mit ihr war es möglich, Arbeitsgeräte am Oberlenker und den beiden Unterlenkern anzubringen und Schwingungen oder ein Auf-

Um Journalisten aus der Großstadt die herausragende Leistungsfähigkeit seines neuen Modells eindrücklich zu demonstrieren, fuhr **Harry Ferguson** damit die Treppen seines Hotels hinunter. Der irische Draufgänger liebte solche Scherze. ▸▸

Der **Dreiradschlepper Ivel** von 1902 war der erste richtig erfolgreiche Traktor in Großbritannien. Das vordere Einrad vereinfachte die Lenkung und senkte den Herstellungspreis. Konstrukteur Ivel war ursprünglich ein Hersteller von Fahrrädern.

schaukeln zu unterdrücken. Eine enorme Steigerung auch der Zugkraft war die Folge.

Als ersten Produzenten gewann er David Brown, doch irgendwie stimmte die Chemie zwischen den beiden nicht. So wechselte Ferguson den Partner und tat sich mit Ford zusammen. Nach dem Tod Henry Fords gab es wieder Auseinandersetzungen, weshalb sich Ferguson nun selbstständig machte und mit dem Modell *TE*, der legendären grauen *Fergie*, Geschichte schrieb. 1954 fusionierte er mit Massey-Harris, das später als Massey Ferguson den Weltmarkt beherrschte.

David Brown hatte eine große Zahnradfabrik, als er begann, mit Ferguson Traktoren zu bauen. Nach dem Zweiten Weltkrieg kaufte er die Sportwagenmarken Aston Martin und Lagonda. Auch Traktoren baute er wieder. Eine seiner wichtigen Innovationen war eine Antischlupf-Vorrichtung, bei der ein Teil des Anbaugeräts auf den Kraftheber drückte und so auf die Hinterachse übertragen wurde. Dieser zusätzliche Druck erschwerte ein Durchdrehen der Räder und verbesserte die Zugleistung. Browns Firma ging später im Tenneco-Konzern und der Case-Corporation auf. Der Pionier des modernen Traktorenbaus starb standesgemäß 1993 in Monte Carlo.

 DIE EVOLUTION DES TRAKTORS | *Auf dem Weg zum Allrounder*

Die goldene Zeit der kleinen Allzwecktraktoren

Während auf dem amerikanischen Kontinent die massenhafte Motorisierung schon zu Beginn des 20. Jahrhunderts einsetzte, hatte Europa sich mehr mit dem Bau von Kriegsschiffen und Panzern beschäftigt. Verglichen mit den Verkaufszahlen in den USA waren Traktoren bis Ende des Zweiten Weltkriegs eher ein Nischenprodukt. Nur reiche Bauern und Großgrundbesitzer konnten sich solche Maschinen leisten. Doch das sollte sich ändern.

Wegen der vielen Kriegsopfer mangelte es nun nicht zuletzt an Feldarbeitern, sodass der Einsatz technischer Hilfsmittel für viele Bauern schlicht zwingend erforderlich war, um die Bestellung der Felder und vor allem die Ernte zu bewältigen. Hinzu kam, dass die Rüstungsindustrie nun „arbeitslos" war und sich auf neue Produkte konzentrieren musste. In Deutschland, das von den Siegermächten besetzt

Die Firma **Holder** stieg mit **Einachsschleppern** in den Traktorenbau ein. In den 1950er-Jahren wurden Klein- und Schmalspurschlepper gebaut, die in Obstgärten oder Weinbergen hervorragende Leistungen brachten. Diese Tradition setzt sich noch heute fort.

Dieser **Allis-Chalmers** zeigt hervorragend die Bauweise der **Tragschlepper**. Sie waren leicht gebaut und hatten zwischen den Achsen viel Platz für Anbaugeräte. Der Bodenabstand musste dementsprechend ebenso hoch sein. Der Bauer konnte gut auf das Arbeitsfeld sehen.

war, mussten die Maschinenbaufirmen sich zudem besonders friedlich geben, um die nötigen Konzessionen zu bekommen. Und was könnte friedlicher und nützlicher sein als ein Traktor?

Porsche fährt Traktor Aus den USA kamen wichtige Impulse, was Konstruktionstechniken und Einsatzformen betraf. Dennoch entwickelten sich in Europa – und besonders in Deutschland – eigene Formen des Traktorenbaus. Sehr wichtig waren die Bauernschlepper, die Deutz ab 1936 produzierte. Sie sollten den kleineren Höfen den Einstieg ermöglichen. Hochfliegend waren die Pläne des als Erbauer von Sportwagen bekannten Ferdinand Porsche. Er hatte ja nicht nur den Volkswa-

Dieser **Allgaier A 16** stammt aus den 1950er-Jahren. Die Firma Allgaier stieg nach dem Zweiten Weltkrieg in den Traktorenbau ein, gab diese Sparte aber bereits 1955 wieder ab. Nachfolger wurde **Porsche-Diesel.** Das Büro von **Ferdinand Porsche** hatte viele Allgaier-Modelle konstruiert.

DIE EVOLUTION DES TRAKTORS | *Auf dem Weg zum Allrounder*

gen entwickelt – den heute legendären Käfer –, sondern von ihm stammten auch Pläne zur Entwicklung eines „Volksschleppers". Diese wurden nach dem Krieg durch die schwäbische Firma Allgaier umgesetzt.

Allgaier erkannte aber bald, dass der Bau von Traktoren auf längere Sicht nicht ins Firmenprofil passte und gab die Fertigung in Friedrichshafen an Mannesmann ab. Das neue Unternehmen bekam den Namen Porsche-Diesel, denn das Konstruktionsbüro von Ferdinand Porsche war für die Entwicklung der Modelle verantwortlich. Diese Firma rüttelte die Traktorenbranche so richtig wach, denn ihre Traktoren waren sensationell billig, leisteten aber viel.

Dauerbrenner in Deutschland, aber auch international, waren die beiden großen Produzenten der 1930er-Jahre: Deutz und Hanomag. Beide boten ein komplettes Programm vom Kleinschlepper bis zu den damals mit größten Traktoren Europas. Der berühmte *R 40* von Hanomag wurde auch im Ostblock nachgebaut, so in der DDR und in Rumänien. Der vor dem Krieg größte Traktorenbauer Europas Lanz krebste mit seinen veralteten Glühkopfmodellen dem Aufschwung hinterher, stellte dann doch auf Diesel um, blieb aber glücklos. Das zeigte auch die spektakuläre Vorstellung eines Geräteträgers, das war ein Spezialtraktor, der vor dem Motor Platz zum Aufbau einer Pritsche oder anderer Geräte bot. Doch der Motor durfte wenig Raum beanspruchen und musste deshalb kompakt sein. Der verwendete war jedoch sehr problematisch und ruinierte das Ansehen von Lanz.

Goldrausch mit Traktoren Zu den vielen Firmen, die jetzt Traktoren herstellten, gehörten auch solche, die schon etwas Erfahrung hatten, dazu zählen Güldner, Fahr, Fendt, Eicher oder Ritscher, aber auch Normag, Primus oder Schlüter. Diese Firmen blieben auch nach dem Schlepperboom noch im Geschäft, weil sie es verstanden hatten, Innovationen einzuführen.

Der **Ford 6610** aus dem Jahr 1981 hatte einen Vierzylindermotor mit 4,4 Litern Hubraum und einer Maximalleistung von 82 PS.

Güldner war eine der bekannten deutschen Traktorenmarken. Sie war im Besitz des bekannten Kühltechnikspezialisten **Linde.** Die ersten Traktoren wurden bereits 1938 gebaut, nach dem Krieg wurden die **Haifisch-Modelle** bekannt, auch wegen ihrer eigenwilligen Motorhaube.

Andere Hersteller wie Holder bauten Kleintraktoren mit 10 bis 11 PS, die auch auf den kleinen Feldern der Zeit vor der Flurbereinigung sinnvoll einsetzbar waren. In der Landwirtschaft setzte geradezu ein Kaufrausch ein. Jeder, der es sich irgendwie leisten konnte, wollte nun einen Traktor haben. Die Industrie reagierte und Firmen, die sich sonst mit dem Bau von Kühlschränken oder Motorsägen befassten, gründeten ihre eigene Traktorenabteilung. Auch viele Schmiede oder Schlosser fingen damit an, für die Bauern der Region aus gekauften Einzelteilen Traktoren herzustellen. Das waren die sogenannten „Konfektionsschlepper".

In Österreich gelangte die Firma Steyr, die früher vor allem Waffen und Automobile gebaut hatte, an die Spitze der Traktorenindustrie des Landes. Dank der guten Auslandskontakte lief auch der Export sehr gut. In der Schweiz war neben den Herstellern Hürlimann und Bucher auch die Firma Bührer mit ihren Modellen erfolgreich. Zudem wurden amerikanische Traktoren importiert.

Außerdem hatten die US-Firmen in Europa Produktionsstätten aufgebaut, die den europäischen Markt bedienten. International Harvester übernahm nach dem Krieg wieder die Zügel im Werk zu Neuss. Dort wurden die *Deutschen Einheits-Diesel* gebaut, später zeigten sich im Programm die *Farmall*-Schlepper, die es in verschiedenen Größen gab. Ford baute in England, seit 1939 auch wieder in Dearborn in den USA.

Bautz war einer der größten Landmaschinenproduzenten Europas. Für die Kunden war es deshalb recht angenehm, als es auch Traktoren dieses Namens gab. Allerdings fehlten die Kapazitäten zum Bau stärkerer Modelle. Deshalb lief 1963 der letzte Traktor vom Band.

DIE EVOLUTION DES TRAKTORS | *Auf dem Weg zum Allrounder*

Luftgekühlt

Die Kölner Firma Deutz, Teil des Klöckner-Humboldt-Deutz-Konzerns, hatte in den 1930er-Jahren mit ihren Stahlschleppern auch international einen guten Namen erworben. Der *Elfer* war ein echter Bauernschlepper für kleinere Bauernhöfe, der wichtige Akzente setzte. Doch nach dem Zweiten Weltkrieg begann ein furioser Aufstieg in die Weltspitze, der nicht zuletzt einer deutz'schen Besonderheit zu verdanken war – den luftgekühlten Motoren.

Die ersten, die Traktoren bauten, die keine Wasserkühlung mehr hatten, waren aber andere: In Oberbayern waren die Brüder Eicher auf die gleiche Idee gekommen. Sie hatten im Krieg luftgekühlte Motoren für BMW fertigen müssen. Im

Die Kölner Firma **Deutz** setzte ab 1950 vollständig auf die Luftkühlung. Eines der Topmodelle der D-Reihe der späten 1950er-Jahre war der **D 40 S**, in Deutschland eine Zeit lang der meistverkaufte Traktor. «

Lkw-Bereich hatten sich solche Triebwerke gut bewährt. Was lag also näher, als das Prinzip auch bei Traktoren anzuwenden? Der größte Nachteil – mehr Lärm – fiel ja auf dem Acker nicht so richtig ins Gewicht. 1948 war ein luftgekühlter Einzylindermotor fertig, der 16 PS leistete. Ihn bauten Albert und Josef Eicher in ihren neuen Traktor, den *ED 16* ein, der Eicher weit über Bayern hinaus bekannt machte. Sie bauten weitere Modelle, die Ein- oder Zweizylindermotoren hatten. Der Größte war das Dreizylindermodell *ED 60* mit 60 PS, damals ein beeindruckender Wert.

Raubtiere und andere Zeitgenossen Zur Legende wurde Eicher in Deutschland durch die sogenannte „Raubtierreihe". Das waren Traktoren, die 1959/60 auf den Markt kamen. Sie hatten moderne Getriebe, leistungsstarke Eicher-Motoren – natürlich luftgekühlt – und einige technische

Der **ED 16** von **Eicher** war der erste serienmäßig hergestellte Traktor der Welt mit **Luftkühlung**. Bereits 1948 lief das erste Exemplar im oberbayerischen Forstern vom Band.

Finessen, um die andere Hersteller Eicher beneideten. Inzwischen hatte das Unternehmen ein Engagement in Indien begonnen. So kommt es, dass dort noch heute Eicher-Traktoren hergestellt werden. In Deutschland war es Mitte der 1990er-Jahre damit vorbei – nach langem Siechtum ging das bayerischen Unternehmen 1992 in Konkurs.

Deutz war bezüglich der luftgekühlten Motoren etwas später dran als Eicher, stellte dann aber sein komplettes Programm darauf um. Das neue Gesicht der Kölner war die Baureihe *514*, benannt nach dem Motor *FL 514*. Dieser war in Baukastenmanier aufgebaut und konnte mit ein bis vier Zylindern produziert werden. Weit über 80 000 Exemplare dieser Reihe wurden gebaut und verkauft, ein hoher Prozentsatz davon ging ins Ausland. Hinzu kam eine Serie mit kompakten Motoren, die vor allem Kleinbauern ansprechen sollte. Gerade diese technisch noch völlig unerfahrene Zielgruppe war mit den wartungsarmen luftgekühlten Traktoren bestens bedient.

1959 griff das Unternehmen wie viele andere Hersteller der Branche nach Südamerika aus. In Argentinien und in Brasilien wurden Tochterfirmen gegründet, die Traktoren produzierten, allerdings deutlich stärkere als die meisten für Europa gebauten Modelle aus Köln. Die Modellpalette von

Nikolaus Otto

Der Erfinder des Otto-Motors Am 10. Juni 1832 wurde in Holzhausen an der Haide Nikolaus August Otto geboren. Nach der Schule absolvierte er eine Kaufmannslehre und arbeitete zunächst in diesem Bereich. Doch mehr als Rechnungen und Bilanzen interessierten ihn technische Dinge. Vor allem hatte er ein Ziel: einen funktionsfähigen Motor zu bauen, der die Dampfmaschine mit ihrem schlechten Wirkungsgrad ablösen sollte. Er erfand einen Gasmotor, den er bauen und verkaufen wollte. Mit seinem Teilhaber, dem Industriellen Eugen Langen, gründete er in Köln die Deutz AG.
Die größte Leistung Ottos ist die Konstruktion des Viertakt-Verbrennungsmotors im Jahr 1876. Mit dem nach ihm benannten Ottomotor revolutionierte er die Kraftversorgung der Unternehmen, aber auch die Verkehrstechnik. Die Firma Deutz prosperierte. Am 28. Januar 1891 schloss Nikolaus August Otto in Köln für immer die Augen.

DIE EVOLUTION DES TRAKTORS | *Auf dem Weg zum Allrounder*

Der Trend zu **luftgekühlten Dieselmotoren** hielt bei sehr vielen Herstellern Einzug. Bei vielen wurden die Modelle im Programm sowohl mit Luft- als auch mit Flüssigkeitskühlung angeboten. Auch **Fendt** folgte für ein paar Jahre diesem Trend. Der **Fix 2** der neuen **ff-Reihe** aus dem Jahr 1959 beispielsweise war in beiden Versionen erhältlich. Er war damals das zweitkleinste Modell der Firma aus Marktoberdorf.

Deutz wurde im gleichen Jahr neu aufgestellt. Das neue Programm wurde als D-Reihe bezeichnet. Deutz war in Deutschland Marktführer und spielte weltweit im Konzert der Großen mit. Von der Luftkühlung war das Unternehmen nicht mehr abgewichen.

Drei Große der Branche vereint In den folgenden Jahren wurden die Landmaschinenfirmen Fahr und Ködel & Böhm übernommen. Damit konnte ein Full-Line-Programm angeboten werden: Alle Geräte für die Bodenbearbeitung und Ernte aus einer Hand. Eine Sensation war 1972 der *Intrac*, ein Systemschlepper, von dem noch die Rede sein wird. Im Traktorensegment wurde 1978 die DX-Reihe aus der Taufe gehoben. Dabei handelte es sich um Modelle im gehobenen Leistungsbereich. Die Produkte bekamen nun den gemeinsamen Namen Deutz-Fahr.

Der Konzern wurde von der Agrarkrise der 1980er-Jahre voll getroffen. Belastend wirkte auch ein teurer Einstiegsversuch in den nordamerikanischen Markt. Es kam schließlich soweit, dass KHD die Landtechniksparte an den italienischen SAME-Konzern verkaufte. Inzwischen gibt es deshalb nun auch wassergekühlte Traktoren mit dem Namen Deutz.

Neben den genannten Unternehmen gab es noch viele andere, die Traktoren mit luftgekühlten Motoren in die Produktpalette aufnahmen. Meist boten sie aber beide Techniken an. Dazu gehörte etwa Fendt mit einigen Dieselrössern oder den kleinen *Fix*-Modellen. Normag gehörte mit seinen *Kornett*-Schleppern dazu. Auch Güldner und viele Kleinschlepper sind hier zu nennen.

Deutz war nach dem Zweiten Weltkrieg komplett auf die **Luftkühlung** umgestiegen. Die große Popularität der Marke trug stark zur Verbreitung dieser Technik bei. Erst in den 1990er-Jahren gab es bei den größeren Modellen wieder Flüssigkeitskühlung.

Traktoren weltweit

Bald gab es fast keinen Winkel der Erde mehr, in dem man nicht auf eine Traktorenspur gestoßen wäre. In vielen Ländern entstanden Traktorenhersteller, vor allem in den Schwellenländern wie Indien, Brasilien, der Türkei oder China steigen deren Produktionsziffern heute rasant. Doch nach wie vor beherrschen ein paar Konzerne den Markt.

Anders als in Deutschland, wo die Landwirte mit überwältigender Mehrheit auf deutsche Fabrikate zurückgriffen, hatten in Frankreich ausländische Unternehmen beim Traktorenverkauf die Nase vorn. International Harvester gründete bereits vor dem Ersten Weltkrieg eine Fabrik in Nordfrankreich, Fordson lieferte Traktoren aus. Dennoch konnten sich einige französische Firmen auf dem heimischen Traktorenmarkt behaupten.

Frankreich und Italien bauen Traktoren

Das wichtigste dieser Unternehmen war Renault, das ab 1919 in der Branche tätig war. Der Autobauer verstand sich als wichtige einheimische Alternative zu den ausländischen Produkten. Die nationale Karte

1942 gründeten die **Brüder Cassani** die Motoren- und Schlepperfabrik **SAME**. In der frühen Nachkriegszeit konnten bereits mehrere Modelle angeboten werden, wie die Präsentation auf diesem Bild zeigt.

Renault hatte 1919 die ersten französischen Traktoren hergestellt. Bis dahin wurden nur Fremdfabrikate eingesetzt. **Renault** appellierte an den Nationalstolz und riet zum Kauf französischer Produkte.

Mit diesem Fahrzeug gewannen die **Brüder Cassani** 1927 den nationalen italienischen Wettbewerb, mit dem der beste Traktor ausgezeichnet wurde. Das Modell wurde später in Lizenz gefertigt, da den Brüdern das Kapital fehlte. «

spielte Renault auch in der Werbung aus. Doch die Produktionszahlen der Zwischenkriegszeit blieben überschaubar.

Die ersten beiden Modelle waren Raupenschlepper, erst 1921 wurde ein Radtraktor gebaut. Dieser *HO* war mit 50 PS sehr stark. Ein kleineres Modell war der *PE* mit 20 PS, der ab 1926 im Programm zu finden war. Sieben Jahre später wurde erstmals ein Dieselmodell gebaut. Nach dem Krieg befand sich das Unternehmen in staatlicher Hand. Aus diesem Grund war die Ausweitung der Traktorenproduktion nicht verwunderlich. Einheitliche Farbe der neuen Traktoren wurde orange. Sehr erfolgreich waren die Modelle der 1956 eingeführten D-Reihe. Der *D 22* verkaufte sich in vier Jahren über 31 000-mal. Sein Dieselmotor stammte von MWM. Mehr über Renault erfahren Sie im dritten Kapitel.

Traktoren vom Stiefel Auch in Italien waren die ersten Traktoren ausländische Modelle. Doch ähnlich wie Renault trat auch dort ein maßgeblicher Autobauer 1919 in die Herstellung von Traktoren ein. Fiat hatte aber einen ernstzunehmenden Konkurrenten: Die Firma Landini aus der Poebene. Ähnlich wie in Deutschland Lanz setzte sie auf den Glühkopfmotor. Landini dominierte in den 1930er-Jahren den italienischen Markt und verkaufte seine Fahrzeuge auch nach Frankreich und in andere Länder. Mehr dazu im übernächsten Kapitel.

Der italienische Staat hatte schon früh den Bau von Traktoren gefördert. So wurde 1927 ein Staatspreis für den besten Traktor ausgelobt. Sieger des Wettbewerbs wurden die

DIE EVOLUTION DES TRAKTORS | *Traktoren weltweit*

Feldeinsatz eines **Fiat 110-90 DT,** der 1984 zum ersten Mal verkauft wurde. In diesem Jahr fand auch die Umbenennung der Landtechniksparte der großen italienischen Marke in **Fiatagri** statt.

Brüder Cassani. Da sie selbst nicht genügend Kapital besaßen, um eine eigene Produktion aufzuziehen, ließen sie das Modell in Lizenz bauen. Sie waren mit die Ersten, die einen Dieselmotor im Traktorenbau einsetzten. Allerdings gab es in Deutschland frühere Modelle. Ein Traktor der Firma Sendling hatte bereits 1922 einen Dieselmotor. Die Brüder Cassani gründeten schließlich 1942 doch ihre eigene Traktorenfabrik, die den Namen „Società Accomandita Motori Endotermici" bekam, abgekürzt SAME.

Der wichtigste Traktorenbauer Italiens nach dem Zweiten Weltkrieg wurde Fiat. Der Automobilfabrikant entwickelte Modelle in den verschiedenen Kategorien vom kleinsten bis zum Großschlepper. Auch Tragschlepper wie der *Fiat 215* wurden gebaut und verkauften sich hervorragend. Lamborghini, von dem später noch die Rede sein wird, begann 1951 mit dem Bau von

Lamborghini brachte auch ungewöhnliche Konstruktionen wie diese **Halbraupe** mit Einzelvorderrad heraus.

SAME gehörte zu den Firmen, die sich schon früh mit dem **Allradantrieb** auseinandersetzten. Der **DA 25** war aber noch kein Kassenschlager. Die Zeit war noch nicht reif für diese Technik. »

Traktoren und gewann schnell eine treue Kundschaft. Für die Traktoren war es ein toller Imagegewinn, als der Firmengründer plötzlich auch Sportwagen baute.

Ein besonders wichtiges Feld in der italienischen Traktorenindustrie war und ist der Bau von Klein- und Schmalspurtraktoren. Inzwischen lassen viele Konzerne ihre Modelle dieser Klasse dort bauen. Zu den erfolgreichsten gehören Antonio Carraro sowie die BCS-Gruppe.

Fiat

Alias Case NH Italiens Verkehrskonzern Nummer 1 verkaufte die ersten Traktoren bereits 1919. Wie bei den anderen europäischen Herstellern dieser Zeit wurden Modelle entwickelt, die eher den Gutsherren mit Seidenkrawatte und weniger den Bauern der Poebene ansprachen. Kleinere Modelle wurden erst nach dem Zweiten Weltkrieg gefertigt. Die Verkaufserfolge mit Kleinschleppern zeigt der *211 R* mit dem Beinamen *La Piccola*, der weit über 20 000-mal gebaut wurde. Schon sehr bald wurde Fiat Italiens Marktführer im Traktorenbereich. In den 1980er-Jahren erklommen die Fiat-Traktoren sogar die Verkaufsspitze in Europa. Lizenzproduktionen fanden statt in der Türkei, Pakistan und anderen Ländern.
1991 erfolgte die Übernahme der Landtechnik von Ford, 1999 wurde mit Case IH ein anderer amerikanischer Pionier der Traktorentechnik gekauft. Fiat war nun im Besitz des zweitgrößten Traktorenbauers der Welt. Der neue Name der Firma nach der Fusion lautet „Case New Holland".

Der **Fiat 215** war ein klassischer Tragschlepper. Das zwischen 1965 und 1968 gebaute **20-PS-Modell** wird vielerorts noch heute eingesetzt.

DIE EVOLUTION DES TRAKTORS | Traktoren weltweit

Traktoren aus Skandinavien

Der älteste Traktorenproduzent Skandinaviens ist Munktell in Eskilstuna, einem Ort westlich von Stockholm. Diese Firma hatte Lokomobilen und Dampfmaschinen gebaut, die vor allem nach Russland exportiert wurden. 1913 versuchte man es mit einem Radtraktor, der die Bezeichnung *Munktells Eskilstuna 30–40* trug. 1932 schloss sich Munktell mit Bolinder zusammen. Allerdings wurden die Traktoren weiterhin mit der Aufschrift Munktells versehen.

Die schwedische Kugellagerfabrik „Svenska Kullagerfabriken AB" (SKF) gründete Volvo 1927 als Tochter für den Fahrzeugsektor. Es kam auch zum Bau erster Traktoren. Nach dem Zweiten Weltkrieg, in dem Schweden neutral geblieben war, übernahm Volvo Bolinder-Munktell. Die Traktorenfabrikation wurde nach Eskilstuna verlegt, doch ein einheitliches Programm gab es nicht. Die grünen Munktells und die roten Volvos wurden unabhängig voneinander montiert und über separate Vertriebskanäle verkauft. Neben kleinen Bauernschleppern wurden vor allem stärkere Modelle produziert. Ab Anfang der 1950er-Jahre wurden die gleichen Traktoren für Bolinder-Munktell und Volvo gebaut, sie erhielten lediglich andere Hauben und die firmeneigene Lackie-

Valtra hieß ursprünglich **Valmet.** Die Finnen produzierten auch Knicklenkermodelle, mit denen gegenüber den Standardschleppern eine größere Wendigkeit erzielt wurde. Im Bild ein Modell der **Serie XM.**

Volvo BM war eine Firma, die die wichtigsten schwedischen Traktorenbauer unter einem Dach vereinte. Neben Volvo selbst waren das noch **Bolinder** und **Munktell** (für die das „BM" im Namen steht). Im Bild ein **700er** aus den 1970er-Jahren.

rung. 1952 wurden erstmals Dieselmotoren eingesetzt. Ende der 1960er-Jahre gab es nur noch BM-Volvo-Modelle.

Zu den interessantesten und erfolgreichsten Typen zählen der *T 650* und seine Variante mit Turbomotor *T 700*. Diese mit einer sehr komfortablen Kabine und einer leistungsstarken Hydraulik ausgestatteten Maschinen repräsentierten Volvo in den 1970er-Jahren. Die Baureihen der 2200er- und der 2600er-Serie stellten das Ende des Schlepperbaus bei Volvo dar. Die Traktorensparte wurde an den bisherigen Kooperationspartner Valmet abgegeben.

Die Produktion von Traktoren begann bei Valmet in Finnland erst ab 1951. Die Verkaufszahlen stiegen zunächst eher langsam. Sieben Jahre später gelangen erste Exportgeschäfte nach Brasilien und China. 1959 wurde in Brasilien ein Zweigwerk aufgebaut. Valmet bot zunächst nur kleinere Modelle an, die anfangs mit Kerosin, später mit Diesel arbeiteten. Ein Gigant war allerdings der *Valmet 1502* aus dem Jahr 1975, der ein futuristisches Design und eine Tandemhinterachse bekam. Alle Räder waren gleich groß. Zur Jahrtausendwende kamen Großtraktoren zum Einsatz, die sogar auch als Knicklenker-Version zu haben waren. Seit 1997 heißt Valmet Valtra, seit 2003 gehört es zu AGCO.

 DIE EVOLUTION DES TRAKTORS | *Traktoren weltweit*

Traktoren in Südamerika

Südamerika war Ende der 1950er-Jahre ein Zukunftsmarkt, ähnlich wie heute China, wo man sich goldene Langnasen verspricht. Doch die meisten Staaten waren Militärdiktaturen – die Militärs konnten weitgehend steuern, was ins Land durfte und was nicht. Um die heimische Landwirtschaft angesichts steigender Bevölkerungszahlen ausreichend ernähren zu können, war es nötig, die Landtechnik auf den neuesten Stand zu bringen.

Argentinien und Brasilien gestatteten deshalb europäischen und amerikanischen Traktorenfirmen die Errichtung von Fertigungsstätten. Das war für die Hersteller praktisch, denn so konnten ein großer Teil der hohen Transportkosten und der Zoll eingespart werden. Noch dazu waren die Arbeitskräfte vor Ort wesentlich billiger.

Die Amerikaner engagierten sich sehr stark in Südamerika. Case exportierte, Firmen wie John Deere und die Kanadier Massey Ferguson bauten in Argentinien Werke auf. Ein überaus bedeutsames Engagement zeigte der finnische Hersteller Valmet. Seit 1960 produziert seine nahe bei São Paulo angesiedelte Fabrik Traktoren. Valmet, aus dem heute Valtra geworden ist, gehört noch heute zu den großen Anbietern in Südamerika, er ist der zweitgrößte in Brasilien. Valtra do Brasil exportiert inzwischen in etwa 60 Länder.

Blick in die Fertigungshalle von **Valmet**, heute **Valtra**, bei Saõ Paolo. Die Finnen haben in Südamerika Marktanteile von bis zu 30 Prozent mit Modellen, die speziell für diesen Markt konstruiert wurden. «

Auch einige deutsche Hersteller versuchten sich an einem Engagement in Südamerika. Deutz baute Werke in Argentinien und Brasilien, Fendt gründete die Tochter Fendt do Brasil, Hanomag baute in Argentinien Traktoren. Von den deutschen Firmen ist aber nicht viel übriggeblieben. Die Modelle der deutschen Hersteller waren meist ein gutes Stück stärker als die für den heimischen Markt und Europa produzierten. So kam es zum Beispiel, dass es einen südamerikanischen Deutz-Traktor mit 100 PS gab, während der größte aus Köln es gerade einmal auf 60 PS brachte.

Heute versuchen sich auch Anbieter der Länder selbst, denn Traktoren werden immer noch gebraucht. Doch die größten Anteile haben die weltweit agierenden Konzerne. Zum Beispiel ist AGCO mit seinen beiden Marken Massey Ferguson (36 Prozent) und Valtra (29 Prozent) Platzhirsch in Brasilien und beherrscht fast zwei Drittel des Marktes. Dann folgen New Holland mit 18 Prozent und schon abgeschlagen John Deere mit 7,5 Prozent.

Andere Firmen wie Fiat, Steyr oder wiederum Massey Ferguson wandten sich dem Osten zu. Die Türkei, arabische Staaten und der Ferne Osten wurden zu Zielen ihrer Expansionsbestrebungen.

Traktoren werden auch im **Hochland von Peru** gebraucht. Die meisten Fahrzeuge werden von den amerikanischen Konzernen importiert. Aus Zollgründen sind viele dazu übergegangen, Montagebetriebe in Argentinien oder Brasilien aufzubauen.

DIE EVOLUTION DES TRAKTORS | *Traktoren weltweit*

Aufstieg der Konzerne

Heute gibt es einige wenige Konzerne, die sich den Weltmarkt weitgehend teilen. Durch die Bewegung, die in die ehemaligen Staaten der Sowjetunion, Indien und China gekommen ist, werden über kurz oder lang auch die dort produzierenden Firmen ein Wörtchen bei der Verteilung des Kuchens mitsprechen. Die Firma Rostselmash hat inzwischen sogar mit Versatile einen amerikanischen Produzenten übernommen.

In den USA gehören International Harvester, John Deere und Case zu den größten Anbietern auf dem Traktorensektor. Meist teilten sich die beiden erstgenannten die Spitzenposition, es sei denn Ford funkte dazwischen. Sowohl die frühe Entwicklung der amerikanischen Landtechnik als auch politische Gründe trugen dazu bei, dass die Hersteller aus der Neuen Welt sehr günstige Bedingungen für ihre Expansion vorfanden. Wesentlich war es dabei aber, im eigenen Land eine große Rolle spielen zu können. Schon in der Frühzeit geschah das oft in zwei Stufen: Zuerst bekämpfte man sich bis aufs Messer, dann schloss man sich zusammen.

Einer für alle, alle für einen Fusionen waren in der Branche schon früh vorgekommen. Eine der erfolgreichsten war der Zusammenschluss der McCormick Harvester Company, der Deering Harvester Company, der Plano Harvester Company, der Milwaukee Harvester Company und der Warder, Bushnell & Glessner Company zur International Harvester Company im Jahr 1902. Dieser Vereinigung war ein jahrelanger Kampf um Marktanteile vorangegangen. Jetzt bildeten die fünf Fir-

Die **Zahl der Anbieter** hat sich in den letzten Jahren stark reduziert. Viele wurden von den großen Konzernen übernommen, andere gaben auf.

» Blick nach vorn! Viele Firmen verloren nach falschen strategischen Entscheidungen viel Geld. Andere verfolgten eine erfolgreichere Politik. Doch das Blatt kann sich schnell wenden. «

International Harvester (links) war einst die Nummer 1 im Traktorensektor. Inzwischen gehört der Konzern zu **Case IH**. **John Deere** (rechts) blieb bis heute allein und ist inzwischen selbst größter Traktorenbauer der Welt.

men plötzlich gemeinsam das weitaus größte Landmaschinen-Unternehmen des Doppelkontinents.

Bereits sechs Jahre später wurde eine Vertriebsfirma in Deutschland gegründet, dann ein Fertigungsbetrieb in Neuss errichtet. Die hergestellten Geräte wurden zunächst für Gespanne oder Dampftraktoren vorgesehen. Doch es war klar, dass auch Traktoren ins Angebot rücken mussten, um die Kunden bei der Stange zu halten. Ein Höhepunkt war die *Farmall*-Reihe der 1920er-Jahre, mit der es gelang, den Konkurrenten Ford aus dem Feld zu schlagen. In Deutschland wurden nach dem Ersten Weltkrieg eigene Modelle speziell für den europäischen Markt gebaut. Der Anfang vom Ende kam mit einem langen und harten Streik, der dem Konzern 1979/80 fast ein halbes Jahr die Produktion torpedierte. Größte Verluste waren die Folge, aber noch schlimmer war, dass man John Deere an sich vorbeiziehen lassen

DIE EVOLUTION DES TRAKTORS | *Traktoren weltweit*

Fiat ist der heimliche Weltmarktführer. Dem Unternehmen gehören **New Holland** und der Löwenanteil der Aktien von **Case IH.** Der Name der Italiener ist jedoch von den Feldern verschwunden, abgesehen von älteren Modellen wie diesem **Fiat 70-90.**

und sich mit Platz zwei auf dem amerikanischen Markt zufrieden geben musste. Allerdings war IHC in Deutschland in diesen Jahren längere Zeit Marktführer.

1984 musste sich IHC geschlagen geben und wurde mit der Firma Case vereinigt, die wiederum bereits seit 1970 zur Tenneco-Gruppe gehörte. 1999 drehte sich das Rad weiter: New Holland, das in den Besitz von Fiat gekommen war, übernahm Case samt den International-Resten. Damit gehörten die einstigen Nummern eins und drei des US-Markts jetzt dem Turiner Konzern. Bereits 1991 fusionierte die Traktorensparte von Ford mit der Fiat-Tochter Fiatagri, allerdings mit 80 Prozent Anteil für Fiat.

Zwei andere italienische Konzerne gibt es auf dem Schleppermarkt. Der eine ist SAME Deutz-Fahr, zu dem neben den beiden namengebenden auch noch die Marken Hürlimann und Lamborghini gehören, der andere ist Argo, dessen wichtigste Marken Landini und Valpadana sind.

Der Shootingstar Praktisch aus dem Nichts wurde ein anderer Konzern geboren, der inzwischen einige Perlen der Traktorenindustrie unter seinem Dach vereint. AGCO wurde 1990 von vier ehemaligen Managern der Deutz-Allis gegründet, die hinter sich einige Geldgeber versammelt hatten. Deutz-Allis war die amerikanische Tochter von KHD, die den Grandseigneur der Traktorenindustrie Allis-Chalmers aufgekauft hatte. Diese wiederum war ein im Jahr 1901 aus dem Zusammenschluss von drei Firmen entstandener Konzern. Markenzeichen war die orangefarbene Lackierung der Traktoren. Zu der Vielzahl der gebauten Modelle gehörten auch Tragschlepper, Kleintraktoren, Raupenschlepper und sogar ein Typ mit Elektromotor. Nach der Gründung von AGCO begann das Management sofort eine Einkaufstour, in deren Rahmen der Konzern zum weltweit drittgrößten Hersteller von Landmaschinen heranwuchs. Zunächst standen lediglich in den USA bekannte Unternehmen wie Gleaner, Hesston, Oliver oder White auf dem Einkaufszettel. 1994 gelang ein erster Coup mit dem Kauf des einstigen Weltmarktführers Massey Ferguson aus Kanada, 1997 kam als besonderes Schmuckstück Fendt aus Deutschland hinzu. Die Übernahmen von Challenger und Valtra rundeten das Paket vorläufig ab.

Entscheidend für die Erfolge der Konzerne ist die enorme Vertriebspower, die durch solche Zusammenschlüsse erzeugt wird. Für die Mitglieder wird das oft zum Vorteil, weil sich neue Märkte eröffnen. Firmen wie John Deere, die immer noch selbstständig sind, sind heute Ausnahmeerscheinungen.

1776 erklärten sich die britischen Kolonien in Amerika für unabhängig und gründeten die Vereinigten Staaten von Amerika. Zum 200sten Jubiläum stellte **Case** eine patriotische Modellreihe ins Programm: die **Spirit of '76.** Sie hatte eine besondere Stars-and-Stripes-Lackierung, die vielen Landwirten ausnehmend gut gefiel.

DIE EVOLUTION DES TRAKTORS | *Besser unterwegs*

Besser unterwegs

Traktoren sind Fahrzeuge, die sich vor allem abseits der Straßen bewegen. Sie können nicht jedem Steinchen ausweichen und müssen oftmals besonders steile Passagen bewältigen. Damit sie das können, wurden schlaue Erfindungen gemacht. So entwickelten sich die Traktoren zu Kraftprotzen und Kletterkünstlern.

Auf allen Vieren: Der Allradantrieb

Der erste Allradtraktor blieb nur ein Prototyp. 1907 stellte Deutz ein Fahrzeug vor, bei dem alle vier Räder sowohl angetrieben als auch gelenkt wurden. In Deutschland war es auch, wo ein weiterer Anlauf genommen wurde, die Allradtechnik einzuführen. Die Mannheimer Firma Lanz baute 1923 das Modell *HP*. Da das Innenrad beim Einbiegen in eine Kurvenfahrt langsamer fahren müsste, gab es Probleme mit der Lenkung. Lanz umging das Problem mit einem einfachen Kniff: Der *HP* wurde mit einer Knicklenkung ausgestattet. Vorderteil und Hinterteil des Traktors wurden in der Mitte über ein Gelenk verbunden, das sich je nach Lenkeinschlag drehte. So fuhren die beiden Vorderräder praktisch immer parallel geradeaus. Dank seiner geringen Breite war ein Ausgleichsdifferenzial nicht nötig. Der sehr wendige und steigfähige Traktor war sogar für die Arbeit im Weinberg geeignet. Sein hoher Preis verhinderte jedoch eine stärkere Verbreitung.

Erst 1930 wurde wieder ein Versuch unternommen. Massey-Harris baute ein Modell mit Allradantrieb und vier gleich großen Rädern. In Frankreich wurden in den 1930er-Jahren ebenfalls Experimente angestellt, Allradantriebe zu konstruieren. Doch gelang es nicht, eine durchsetzungs-

Der **DA 25** mit Dieselmotor und Allradantrieb war das erste Modell der italienischen Firma **SAME,** das über vier angetriebene Räder verfügte. Firmeneigner **Cassani** erfüllte sich mit diesem Modell einen lange gehegten Wunsch.

MAN spielte eine Vorreiterrolle in Sachen **Allradantrieb**. Die stärksten Modelle der bis Anfang der 1960er-Jahre gebauten Marke hatten – wie dieser **4 S 2** aus dem Jahr 1958 – 50 PS. MAN verkaufte mehr Allradschlepper als solche mit Hinterradantrieb. »

Die Zuverlässigkeit der **MAN-Traktoren** war sprichwörtlich. Zuverlässige Fahrzeuge wurden früher gern mit **Plaketten** ausgezeichnet. Mag sein, dass hier das alte Streben nach Orden durchscheint. Für Sammler ist so etwas jedenfalls ein Hochgenuss.

DIE EVOLUTION DES TRAKTORS | *Besser unterwegs*

fähige Lösung zu bieten. Es dauerte bis in die Zeit nach dem Zweiten Weltkrieg, dass wieder Allradtraktoren in Serie gebaut wurden.

MAN kann Die Maschinenfabrik Augsburg-Nürnberg hatte schon Erfahrungen mit der Landtechnik sammeln können. In Nürnberg wurden Lokomobilen hergestellt, später wurde ein sehr gut gemachter Motorpflug auf den Markt gebracht. MAN entwarf vor allem leistungsstarke Fahrzeuge für große Betriebe. Ende der 1930er-Jahre baute das Unternehmen einen ersten Dieseltraktor, der sehr gelungen war, aber ins obere Preissegment gehörte. Schon sehr schnell nach Kriegsende begann MAN wieder mit der Herstellung von Traktoren.

1947 wurde der *AS 325* mit einem 25 PS starken Vierzylindermotor präsentiert, der sich an die eher mittleren Betriebe im für das Unternehmen nur noch erreichbaren Westteil Deutschlands richtete. Sensationell an diesem Typ war die teurere Version, die über einen zuschaltbaren Allradantrieb verfügte. Das war der Start für eine ganze Reihe

Viele frühe Hersteller von allradbetriebenen Traktoren hatten wie dieser **Muir-Hill** vier gleich große Räder. Das lag daran, dass sie noch nicht über ein Ausgleichsgetriebe verfügten und sich alle vier Räder gleich schnell drehten. Systemtraktoren haben noch heute **vier gleich große Räder.**

MAN baute auch kleinere **Tragschlepper** mit ganz gutem Erfolg. Doch die Domäne war der Allradantrieb. »

Allradpionier MAN

Vom Erfinder des Dieselmotors Ohne die Traditionsfirma Maschinenfabrik Augsburg-Nürnberg gäbe es keine Traktoren, wie man sie heute kennt. Wie denn das? – Ganz einfach: In der Maschinenfabrik Augsburg, die sich 1898 mit der Nürnberger vereinigte, erfand 1892 Rudolf Diesel den nach ihm benannten Motor. Die überwältigende Mehrheit aller Traktoren hatte bzw. hat einen Dieselmotor – zugegebenermaßen nicht mehr das Ungetüm, das Diesel zuerst entwarf. Das Prinzip des Dieselmotors wurde weiterentwickelt und MAN war es selbst, aus dessen Haus wichtige Neuerungen stammten. Die MAN-Motoren gehörten zu den besten in der Traktorenbranche. Zudem ist MAN einer der wichtigsten Pioniere der Allradtechnik beim Traktor. Schon kurz nach dem Krieg wurden allradbetriebene Schlepper serienmäßig gebaut. Im Gegensatz zu anderen Marken war bei MAN ein Modell mit Hinterradantrieb eher eine Seltenheit.

Bei der Vorgängerfirma von **MAN** hatte **Rudolf Diesel** den nach ihm benannten Motor entwickelt. Anlass genug für das Unternehmen, ihn in die Werbung einzubeziehen. Hier ist sein Konterfei auf einer Plakette zu sehen.

hervorragender Traktoren, die bis Anfang der 1960er-Jahre eingeführt wurden. MAN bot Spitzenqualität – zu Spitzenpreisen. Dies war keineswegs eine gute Voraussetzung, um Bestseller herauszubringen. Dennoch schuf MAN Legenden.

Andere Hersteller in Deutschland, die in den 1950er-Jahren Allradmodelle anboten, waren Fendt und Eicher. Die bayerische Industrie spielte hier also den Vorreiter, was sicher auch an den landschaftlichen Gegebenheiten dieses Bundeslandes lag.

In Italien waren es SAME und Fiat, die sich beinahe zeitgleich mit einem Allradtraktor beschäftigten. SAME stellte sein Modell *DA 25* vor, das sich allerdings ebenfalls nicht besonders gut verkaufte. Fiat hingegen bekam mit dem erfolgreichen *5 R-DT* einen Ansporn, die Produktion von Allradtraktoren fortzuführen und entwickelte sich zu einem der wichtigsten Protagonisten auf dem Weg zur massenweisen Produktion solcher Maschinen. Erst langsam zogen die anderen Hersteller nach. Heute sind bei den Standard- und Großtraktoren die meisten Modelle standardmäßig mit Allradantrieb ausgestattet.

Die Evolution des Traktors | Besser unterwegs

Raupen auf dem Feld

Zu den frühesten Entwicklungen im Traktorenbereich zählen die Raupenschlepper. Bei ihnen hatte man die Eisenräder durch Gleiskettenlaufwerke ersetzt. Pionier dieser Bauart war die kalifornische Firma Holt, die bereits 1906 ein Modell vorstellte und es sogar bis nach Europa verkaufte. Der Vorteil gegenüber dem Radschlepper lag in der besseren Geländegängigkeit. Im Ersten Weltkrieg hatte man bei den Tanks gesehen, was dieser Antrieb leisten kann. Hersteller wie Renault oder Hanomag bauten deshalb ab 1919 ihre ersten Traktoren auf Raupen. Ein anderer wichtiger Hersteller war LHB in Breslau. Benjamin Holt, der später mit seinem Konkurrenten Best zum bekannten Unternehmen Caterpillar fusionierte, wandte sich dem Sektor der Baumaschinen zu.

Dank der Entwicklung der Luftreifen wurden die Raupenschlepper in die Nische gedrängt. Sie kamen dort zum Einsatz, wo Radtraktoren Probleme beka-

Die Firma **Stock** war mit Motortragpflügen bekannt geworden. Dieser „**Raupenstock**" von 1929 hatte einen 28 PS starken Motor und wurde für die Werbung beim Tiefpflügen gezeigt. Raupen waren bei schweren Böden ideal.

Bevor unter dem Namen **Lamborghini** Rennautos gebaut wurden, war das Unternehmen in Italien für die Fabrikation von Traktoren bekannt. Auch Raupenschlepper gehörten ins Programm. Seit 1971 gehört die Traktorensparte mit dem Bullen zu **SAME**. Die Markenfarbe wurde Silber.

men, zum Beispiel in moorigem Gelände oder auf steilen Äckern. Die Nachteile der Raupenschlepper lagen vor allem darin, dass der höhere Konstruktionsaufwand der Laufwerke den Traktor nicht nur sehr viel teurer, sondern auch ein gutes Stück schwerer machte. Die Ketten wurden zwar bei der Fahrt auf Straßen mit „Laufschuhen" versehen, doch waren Beschädigungen trotzdem beinahe unvermeidlich. Auch für höhere Geschwindigkeiten waren diese Fahrzeuge nicht geeignet. Wer nicht gerade Problemböden besaß, entschied sich deshalb lieber für einen Radtraktor.

Bei der Lenkung dieser Traktoren gab es zwei Bauarten. Die eine war ein Lenkrad. Je nachdem, in welche Richtung man es drehte, sorgte der Lenkmechanismus für das Abbremsen der einen Laufwerkseite und ein Beschleunigen der anderen. Sehr viel einfacher war die Lenkung mit zwei Hebeln, die die Drehgeschwindigkeit der beiden Laufwerke unabhängig voneinander regelten.

1987 überraschte Caterpillar die Landtechnikbranche mit einem sensationellen Wiedereinstieg. Man hatte ein neues, zukunftsfähiges Konzept gefunden, das viele Nachteile der herkömmlichen Technik vergessen machte. Das Geheimnis lag im Material der Ketten. Eigentlich muss man in diesem Zusammenhang von Bandlaufwerken sprechen, denn Caterpillar verwendete ein mit Stahlbestandteilen verstärktes Gummilaufband, das sich mit modernen Luftreifen vergleichen ließ. Dadurch wurde nicht nur der Straßenbelag geschont, sondern es waren auch höhere Fahrgeschwindigkeiten möglich. Der Clou des innovativen Konzepts war aber, dass der Bodendruck, ein schon seit Längerem erkanntes Problem der schweren Großtraktoren, vermindert werden konnte. 2001 wurde die unter dem Namen Challenger bekannte Sparte an AGCO verkauft. Andere Anbieter traten mit ähnlichen Konzepten hervor, wie das folgende Kapitel zeigen wird.

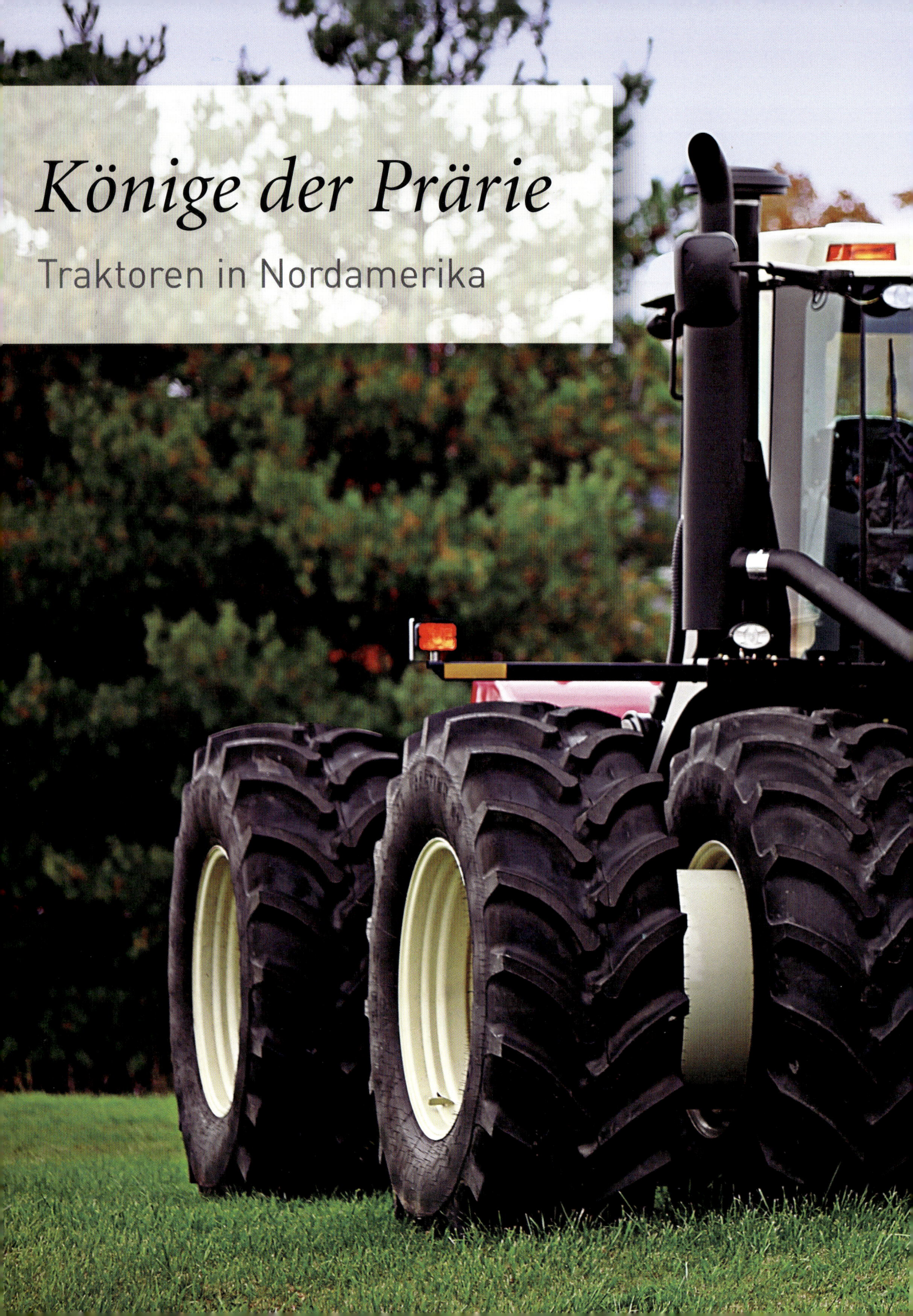

Könige der Prärie

Traktoren in Nordamerika

KÖNIGE DER PRÄRIE | *Große Flächen – große Schlepper*

Große Flächen – große Schlepper

Die Mechanisierung der Landwirtschaft und der Traktorenbau setzten in Nordamerika früher ein als in Europa. Grund dafür war der Mangel an Arbeitskräften in der amerikanischen Landwirtschaft. Was die Farmen in der Neuen Welt von den europäischen Bauernhöfen außerdem unterschied, war deren Größe, die den effizienten Einsatz leistungsstarker Traktoren ermöglichte.

Neben dem modernen **Case-IH-Schlepper** aus dem ehemaligen Steiger-Werk in Fargo wirkt das erste **Steiger-Modell** recht bescheiden.

Die Motorisierung der nordamerikanischen Landwirtschaft erfolgte schon in der Zeit vor dem Zweiten Weltkrieg in großem Stil mit relativ leichten, flexiblen Allzwecktraktoren wie den fließbandgefertigten Fordson-Traktoren, dem *General Purpose* und der Buchstabenserie von John Deere oder dem *Farmall* von International Harvester. Vor allem auf den großflächigen Farmen des amerikanischen und kanadischen Westens entwickelte sich jedoch bald ein Bedürfnis nach leistungsstarken Allradtraktoren für die Arbeit mit großen Maschinen. Und es dauerte nicht lange, bis die Nachfrage befriedigt wurde.

Giganten aus der Scheune

🚜 Minnesota ist ein Bundesstaat im Norden der Vereinigten Staaten von Amerika, dessen Landwirtschaft von großen Milch- und Schweinefarmen sowie vom Getreide-, Mais-, Grünfutter- und Sojabohnenanbau geprägt ist. Im nordwestlichen Teil des Staates befindet sich das malerische Red-River-Tal, in den der Red Lake River mündet. An dessen Lauf besaß die Familie Steiger in der Nähe des kleinen Ortes Red Lake Falls ihre auf Milchwirtschaft basierende Farm. Starke Schlepper spielten bei der Bewirtschaftung des großen Anwesens eine wichtige Rolle. Mit der Leistungsfähigkeit der Traktoren, die von den meisten Herstellern angeboten wurden, waren John Steiger und seine beiden Söhne Doug und Maurice jedoch nicht zufrieden. Dies war der Grund, warum sie sich im Winter 1957/58 daran machten, ein eigenes Modell zu konstruieren. Die Grundlage bildeten Teile von Planierraupen, von Lastwagen der Firma Euclid aus Ohio sowie ein 238 PS starker Sechszylindermotor der Detroit Diesel Corporation.

🚜 **Barney Steiger** Als schließlich der erste Steiger-Traktor nach mehreren Monaten Bauzeit aus der Scheune rollte und die Arbeit auf den Feldern aufnahm, blieben die Farmer aus der Nachbarschaft nicht unbeeindruckt. Verglichen mit heutigen Ackerkolossen war der *Steiger #1*, wie das Traktorenmodell später genannt werden sollte, gar nicht so groß. Damals lag er jedoch mit seiner Motorleistung am obersten Rand der Leistungsskala der landwirtschaftlichen Arbeitsfahrzeuge auf dem Markt und zählte mit seinen

Dieser **Steiger-Traktor** mit dreifacher Bereifung an Vorder- und Hinterrädern ermöglichte ein schnelles Bearbeiten der Felder. Die Steiger-Schlepper stießen in eine Marktlücke, die von den großen Traktorenherstellern damals noch nicht geschlossen werden konnte.

KÖNIGE DER PRÄRIE | *Große Flächen – große Schlepper*

6800 Kilogramm Eigengewicht zu den schwersten Traktoren seiner Zeit. Er besaß an der Vorder- und der Hinterachse gleichgroße Räder und zeichnete sich durch einen damals noch seltenen Allradantrieb aus. Zum Steuern war er mit einer Knicklenkung ausgestattet. Kein Wunder, dass die Nachbarn der Steigers gern auch Schlepper dieses Formats gehabt hätten.

Der erste Steiger-Traktor hatte den Spitznamen *Barney* bekommen, da er in der Scheune – Englisch *barn* – zusammengebaut worden war. Als *barn series*, Scheunenserie, wurden auch alle anderen Modelle, die auf der Steiger-Farm hergestellt wurden, bezeichnet. Es dauerte jedoch noch einige Zeit, bis die Steiger-Brüder weitere Traktoren zusammenschrauben konnten. 1961 hatten sie drei Traktoren fertig montiert. Diese Exemplare wurden unter der Typenbezeichnung *Steiger 1200* bekannt. Der Motor stammte wieder von Detroit Diesel, hatte aber nur drei Zylinder. Mit einer Leistung von 118 PS gehörten sie aber immer noch zur Schlepperoberklasse. Und natürlich zeichneten sie sich durch ihren Allradantrieb aus.

Steiger in der Serienfertigung Die richtige Serienfertigung begann 1963, diesmal mit mehreren Modellen, mit denen der Ruf der Marke Steiger sogar über die Landesgrenzen nach Kanada getragen werden sollte. Doug und Maurice Steiger entwickelten fünf Modelle, von denen sie bis 1969 126 Stück herstellten. Etwa 20 Angestellte halfen ihnen beim Schlepperbau. Die landwirtschaftlichen Steiger-Modelle wurden gewöhnlich mit einer lindgrünen Farbe lackiert. Aber nicht alle waren für den Einsatz auf den Feldern bestimmt. Manche fanden in der Bauwirtschaft einen Abnehmer und bekamen einen gelben Lack.

Bei den Modellen der Scheunen-Serie handelte es sich um den *Steiger 1250*, dessen Vierzylindermotor eine Leistung von 130 PS vorweisen konnte. 195 PS leistete der Sechszylinder-V-Motor des *Steiger 1700*. Ebenfalls einen V-Motor mit sechs Zylindern besaß der *Steiger 2200*, der es auf 238 PS brachte. Das stärkste Modell aus der Steiger-Scheune war der *3300*, der von einem Achtzylinder-V-Motor mit 318 PS Maximalleistung angetrieben wurde. Bei all diesen Modellen stammten die Motoren von Detroit Diesel. Eine Ausnahme bildete der *800 Tiger*, dessen Achtzylinder-Reihenmotor von dem bekannten Dieselmotorenhersteller Cummins stammte. 300 PS hatte der Tiger unter seiner Haube. Der Umstand, dass die wichtigen Teile der Traktoren von bekannten Zulieferern kamen, wurde von den Kunden als ein Vorteil angesehen, da im Fall einer Reparatur leicht Ersatzteile besorgt werden konnten.

Eine grüne Farbe haben die heutigen als **Steiger** bezeichneten Traktoren nicht mehr. Dieser **Case IH 535** bekam anlässlich des 50-jährigen Bestehens der Marke Steiger einen roten und goldenen Anstrich.

Das Lenken geschieht bei diesem **Quadtrac** von **Case IH** durch das Abknicken des Vorder- und Hinterteils.

Meister der Zugkraft

Die Steiger-Brüder waren nicht die ersten, die sich an den Bau von großen Allradschleppern gewagt hatten. Traktorengeschichte schrieben auch die Wagner-Brüder aus Portland im Bundesstaat Oregon, die bereits 1954 einen großen Knicklenker zusammenbauten. Der Durchbruch auf dem Markt blieb jedoch aus.

Auch die großen Traktorenhersteller wagten sich in die oberste Leistungsklasse vor. 1959 begann John Deere mit dem Bau des *8010*, eines Knicklenkers, dessen Sechszylindermotor eine Leistung von 215 PS erbrachte. Trotz des Allradantriebs und einer beachtlichen Performance blieben die Verkaufszahlen jedoch gering, was aber wohl auch an den Getriebeproblemen lag. Die International Harvester Company wollte John Deere noch übertrumpfen und brachte 1961 den *4300* auf den Markt. Der 300 PS starke Motor stammte zwar von IHC, zusammengebaut wurde das Modell jedoch von der Firma Hough in Libertyville im Bundesstaat Illinois. Auch die Nachfrage nach dem *4300* blieb hinter den Erwartungen zurück. Nur 44 Exemplare fanden Käufer.

Knicklenkung

Wendige Giganten Das Lenken geschieht bei den meisten Standardtraktoren durch das Einschlagen der Vorderräder. Besonders große, aber auch sehr kleine Traktoren sind jedoch mit einer sogenannten Knicklenkung ausgestattet. Diese Fahrzeuge bestehen aus zwei Teilen mit jeweils starren Achsen, die über ein Gelenk miteinander verbunden sind. Die Antriebswelle und die Leitungen laufen durch dieses Knickgelenk. Die Kurvenfahrt geschieht über das Einschwenken der beiden Teile.

Der Vorteil der Knicklenkung besteht darin, dass trotz der Verwendung sehr großer Reifen beziehungsweise einer Doppel- oder Dreifachbereifung an den Vorderrädern der Wendekreis relativ klein gehalten werden kann. Auch bei den kleinen Allradtraktoren für den Einsatz in Sonderkulturen bietet die Knicklenkung eine sehr hohe Wendigkeit.

 **Traction King J. I.** Case kam ebenfalls mit einem Knicklenker auf den Markt. 1964 lief das Modell *1200*, das den Beinamen *Traction King* (Zugkraft-König) erhalten hatte, vom Stapel. Der *Traction King* zeichnete sich nicht nur durch seinen Allradantrieb, sondern auch durch seine Allradsteuerung aus. Bei dem Sechszylindermotor handelte es sich um einen Case Diesel. Die Leistung an der Zapfwelle wurde mit 120 PS angegeben. Eine Kabine gehörte nicht zur Standardausstattung, war aber auf Wunsch erhältlich.

Mit dem *1200* hatte Case mehr Erfolg als die Konkurrenten unter den großen Herstellern. Die Zahl der verkauften Exemplare belief sich auf mehrere Hundert. Dies änderte sich jedoch in den 1970er-Jahren. Vom *2470*, der von Case 1972

Mit dem Modell **2670** brachte **Case** einen Schlepper mit einer Zapfwellenleistung von über 200 PS auf den Markt.

1959 stieg **John Deere** mit dem **8010** in den Markt für Großschlepper ein. Das Modell litt jedoch an Getriebeproblemen, die Nachfrage blieb gering.

eingeführt wurde und ebenfalls den Namenszusatz *Traction King* bekam, verkauften sich fast 8000 Exemplare. Das Modell, das eine Zapfwellenleistung von 174 PS vorweisen konnte, war standardmäßig mit einer Kabine ausgestattet. Case knüpfte an diesen Erfolg an und brachte zwei Jahre später den *2670 Traction King* mit 219 PS an der Zapfwelle sowie 1976 den *2870 Traction King* mit 252 Zapfwellen-PS auf den Markt. Auch die beiden stärkeren Modelle konnten Erfolge feiern.

1259 Exemplare des **Case 2870** wurden hergestellt. Der von Saab-Scania stammende **Sechszylindermotor** des Schleppers erreichte eine Höchstleistung von 300 PS.

KÖNIGE DER PRÄRIE | *Große Flächen – große Schlepper*

Noch mehr Kraft, Produktivität und Komfort bot Case bei seinen Allradtraktoren im obersten Leistungsbereich ab 1979 mit den Modellen *4490, 4690* und *4890* an. Die schon recht komfortable *Silent-Guardian-*Kabine hatte die Aufgabe, den Fahrer gegen Lärm und Vibrationen abzuschirmen und vor Witterungseinflüssen zu schützen. Das stärkste Modell, der *Case 4890*, erreichte eine Motorleistung von 300 PS. Wie schon beim vorhergehenden *Case 2870* wurde der Turbomotor dieses Großschleppers von dem schwedischen Lastwagenhersteller Saab-Scania geliefert.

J. I. Case

Maschinen und Schlepper aus Racine Case gehörte zu den bedeutendsten Traktorenmarken in den USA. In der kleinen, am westlichen Ufer des Michigan-Sees gelegenen Stadt Racine, die zum Bundesstaat Wisconsin gehört, gründete Jerome Increase Case 1844 eine Werkstatt, in der er sich der Herstellung von Dreschmaschinen widmete. Im Lauf der Zeit wurden auch andere Gerätschaften und Maschinen, darunter ab 1869 auch Dampfmaschinen, in den wachsenden Produktionsanlagen hergestellt. Die Firma J. I. Case & Co. stieg zu einem der bedeutendsten Landmaschinenunternehmen auf. 1876 beteiligte sich Jerome Increase Case außerdem an einem Pflughersteller, aus dem später die Firma „J. I. Case Plow Works" wurde. Beide Unternehmen, die Case im Firmennamen hatten, spielten in der Traktorengeschichte eine wichtige Rolle. Der Dampf- und Dreschmaschinenhersteller Case begann 1912 mit der Serienfertigung von Traktoren. Der Pflughersteller Case, der 1919 in die erfolgreiche Produktion der Wallis-Traktoren eingestiegen war, wurde von dem kanadischen Landmaschinenkonzern Massey-Harris übernommen und baute fortan die bekannten Massey-Harris-Schlepper. Racine war damit Produktionsstandort für zwei Traktorenmarken: Case und Massey-Harris.

Der **Case 4890** gehörte einer neuen Generation von **Großschleppern** aus Racine an. 2716 Exemplare konnte Case von diesem Modell, dessen Preis bei ungefähr 100 000 Dollar lag, verkaufen. «

Raubtiere aus dem Steiger-Stall

Da die Produktion bei Steiger auf der Farm stattfand, waren nur beschränkte Kapazitäten vorhanden und das Unternehmen nahm lediglich die Stellung eines kleinen Nischenanbieters auf dem Landtechnikmarkt ein. Dies sollte sich jedoch ändern, als 1969 eine Gruppe von Investoren einstieg und das Unternehmen in eine Aktiengesellschaft umgewandelt wurde. Um die Produktionskapazitäten zu erhöhen, entschloss man sich zum Umzug auf die westliche Seite des Red River, nach Fargo, die größte Stadt des Bundesstaats North Dakota, die das kommerzielle Zentrum der Gegend darstellt. Die Firma Steiger Tractor Inc. konnte nun ein größeres Werk in Betrieb nehmen und mehr Arbeitskräfte einstellen. Zunächst startete eine neue Baureihe, die als Steiger I bekannt wurde. Den Anfang machten die Modelle *Wildcat* mit 175 PS, *Super Wildcat* mit 200 PS und

Der **Panther** gehörte zu den Raubtiermodellen aus der Steiger-Produktion. Mit dem neuen Werk in Fargo stieg **Steiger** in großem Stil in den Traktorenbau ein und wurde zu einem der wichtigsten Hersteller in diesem Leistungssegment.

KÖNIGE DER PRÄRIE | *Große Flächen – große Schlepper*

Tiger mit 310 PS Leistung. Im folgenden Jahr wurde der *Bearbat* mit 225 PS aufgenommen. Die Raubtierfamilie erweiterten 1971 der *Cougar* mit 300 PS und 1973 der *Turbo Tiger* mit 320 PS. Die Motoren stammten bei dieser Baureihe von Caterpillar und Cummins. Die Getriebe besaßen nun eine feinere Gangabstufung als vorher, nämlich zehn Vorwärts- und zwei Rückwärtsgänge. Außerdem waren die Modelle der Baureihe serienmäßig mit einer heizbaren Kabine ausgestattet, ein Luxus, den die ersten Modelle noch nicht vorweisen konnten.

Ein neues Werk in Fargo 1970 gab es bereits 60 Händler, die Steiger-Traktoren auf dem nordamerikanischen Kontinent verkauften. Ein weiterer Schritt in der Unternehmensexpansion war 1975 die Eröffnung eines neuen modernen Werks in Fargo. Alle 18 Minuten konnte nun ein Steiger-Traktor hergestellt werden. Über 1100 Personen arbeiteten in den 1970er-Jahren für das Unternehmen. 1975 erzielte Steiger einen Umsatz von 82 Millionen Dollar. Zwei Jahre später konnte bereits die 100-Millionen-Dollar-Grenze überschritten werden. 1979 rollte der 10 000ste Traktor aus dem Werk in Fargo. Unter den Allradtraktoren erreichte Steiger in den USA einen Marktanteil von 36 Prozent. Die Traktoren wurden jedoch nicht mehr nur auf den nordamerikanischen Farmen eingesetzt, sondern bis nach Australien verschifft, wo bis zu 50 Händler für den Verkauf der Schlepper zuständig waren.

Neue Steiger-Generationen 1974 hatte Steiger die Serie II eingeführt. Die Modelle der vorhergehenden Reihe waren überarbeitet worden, hinzugekommen war der 310 PS starke *Panther*, der den *Tiger* ablöste. Der kleinere *Wildcat*

Bei den ersten **Steiger**-Modellen hatte man noch auf eine Kabine verzichtet. Bei den neueren Schleppern gehörte ein komfortables, vor Sonne und Unwetter schützendes **Cockpit** zur Standardausstattung.

hatte in der neuen Reihe keinen Nachfolger mehr bekommen. Ein Zusatz in der Typenbezeichnung gab nun an, ob es sich um eine Standard- oder eine Rowcrop-Version handelte. Außerdem wurde die Leistung mit angegeben. So gehörten zur Baureihe nun ein *Bearcat ST-225* in Standardausführung sowie ein *RC-225* für die Reihenfruchtfelder.

Bereits 1976 brachte Steiger mit der Serie III eine neue Traktorengeneration auf den Markt. Mit einem neuen *Tiger* stieß Steiger in noch höhere Leistungsbereiche vor. Das Modell war in Ausführungen als Standardtraktor mit 450 und 470 PS verfügbar. Die neue Kabine mit der Bezeichnung *Safari Cab* bot einen Grad von Komfort, der vorher nicht bekannt war. Die Klimaanlage war nur eine der vielen Verbesserungen.

In Fargo wurden jedoch nicht nur Steiger-Schlepper produziert, sondern auch Modelle anderer Traktorenhersteller. Dazu gehörte die FW-Serie für Ford, die sich von 1978 bis 1982 bei Steiger in Produktion befand.

Der Umzug nach **Fargo** ermöglichte es **Steiger**, ein breiteres Traktorenprogramm anzubieten und schneller neue Modelle auf den Markt zu bringen.

KÖNIGE DER PRÄRIE | *Große Flächen – große Schlepper*

Snoopy und die roten Knicklenker

Kaum eine andere Traktorenmarke hatte eine ähnlich rapide Entwicklung erlebt. Innerhalb von eineinhalb Jahrzehnten hatte sich Steiger von einer Scheunenwerkstätte zum bedeutendsten nordamerikanischen Hersteller von Großtraktoren entwickelt. Das Großtraktoren-Know-how weckte das Interesse anderer Hersteller, darunter die International Harvester Company (IHC), die 1973 einen Anteil von 30 Prozent an dem Unternehmen in Fargo erwarb.

Da IHC selbst keinen Knicklenker mehr im Angebot hatte, nutzte man die Beteiligung an Steiger für den Neueinstieg in diese Traktorenklasse. 1973 begann in Fargo der Bau eines IHC-Schleppers mit der Typenbezeichnung *4366*. Dieser Allradknicklenker setzte sich aus Komponenten zusammen, die von Steiger und IHC kamen. Der Sechszylindermotor wurde von International Harvester geliefert und leistete 225 PS.

1976 wurde der *4366* von dem fünf PS stärkeren *4386* abgelöst. Im gleichen Jahr erschien auch der 300 PS starke *4586*, der als Antrieb einen Achtzylindermotor unter der Haube hatte. Zwei Jahre später stieß IHC mit dem *4786* in noch höhere Bereiche vor. Der V8-Motor dieses Großschleppers konnte 350 PS Leistung und ein Betriebsgewicht von 11,6 Tonnen vorweisen.

Die vier bei Steiger gebauten IHC-Knicklenker wurden zur Baureihe 86 gezählt. Sie leisteten einen bedeutenden Beitrag beim Ausbau der Marktposition des Unternehmens im obersten Leistungsbereich. Allein vom *4366* fanden über 3100 Exemplare einen Abnehmer. In den 1970er-Jahren gewann International Harvester einen Marktanteil von 28 Prozent unter den Allradtraktoren.

Das neue Design der **2+2-Schlepper,** die von den IHC-Ingenieuren entwickelt worden waren, fiel durch die verlängerte Motorhaube auf. Der Zweck sollte eine optimale Gewichtsverteilung sein. Gebaut wurden diese Modelle im **IHC-Werk in Rock Island,** im Bundesstaat Illinois.

Der **IHC 4786** war ein Schlepper der Oberklasse, der zwar bei **Steiger** gebaut, jedoch mit rotem Anstrich vertrieben wurde. Ein 734 Liter fassender Tank sorgte dafür, dass ausreichend Kraftstoff vorhanden war. Das Modell kam 1978 auf den Markt, kurz bevor das Unternehmen in eine Krise schlitterte. **«**

KÖNIGE DER PRÄRIE | *Große Flächen – große Schlepper*

„Die Revolution geht weiter", mit diesem Slogan stellte **IHC** den **3788** vor, das bis dahin stärkste Modell der **2+2-Schlepper.** Damit wurde das Angebot an den Traktoren mit dem besonderen Design auf drei erhöht. «

2+2-Schlepper Ende der 1970er-Jahre entwickelten die Ingenieure von International Harvester ein neues Design für Großtraktoren. Dabei handelte es sich ebenfalls um Knicklenker mit zwei Antriebsachsen. Beim Steuern schwenkte jedoch nicht der Teil hinter der Fahrerkabine ein, sondern die Motorhaube knickte vor der Kabine ab. 1979 kamen zwei Modelle in diesem 2+2-Design auf den

Markt. Es handelte sich um den *3388* mit 130 PS Zapfwellenleistung und den *3588* mit 150 PS an der Zapfwelle. Ein Jahr später folgte der *3788* mit 170 PS Leistung an der Zapfwelle. Zu ihren Vorteilen sollten die optimale Gewichtsverteilung und die geringere Bodenbelastung zählen. Außerdem sollten sie sich besser als die anderen Knicklenker für die Arbeit auf Reihenfruchtfeldern eignen. Die Farmer schienen mit dieser Einschätzung übereinzustimmen, denn in den ersten zwölf Monaten wurden bereits über 3000 Exemplare dieser Traktoren verkauft. Wegen ihrer langen, über die Vorderachse vorstehenden Motorhaube bekamen diese Modelle der 88er-Reihe die Spitznamen *Ameisenbär* (*Anteater*) und *Snoopy*.

1981 wurden die ersten *Ameisenbären* durch eine neue 2+2-Generation mit den Typenbezeichnungen *6388*, *6588* und *6788* ersetzt. Die Leistung blieb ungefähr die gleiche.

Vom Boom zur Krise

Die 1980er-Jahre waren für die Landwirtschaft und dadurch auch für die gesamte Landtechnikbranche eine Schicksalsdekade. Selbst bei Steiger kam mit dem Anbruch des Jahrzehnts das Wachstum zu einem abrupten Ende. Die Landwirtschaft geriet in eine Rezession, und mit ihr die Hersteller von Traktoren und Land-

Die „**Nasenbären**", wie die **2+2-Schlepper** oft genannt wurden, zeichneten sich nicht nur durch eine hohe Motorleistung und eine verbesserte Traktion aus, sie sollten auch sparsamer beim Kraftstoffverbrauch sein.

Starke Gemeinschaft

International Harvester – McCormick und Deering
Die International Harvester Company war einst das größte Unternehmen der Landtechnikbranche. Es entstand 1902 aus dem Zusammenschluss von fünf Landmaschinenherstellern, von denen die bekanntesten McCormick und Deering waren. Cyrus McCormick war einer der Pioniere bei der Einführung der Getreidemäher und Mähbinder gewesen. Er hatte sich selbst einen Namen als Konstrukteur dieser Maschinen und als Unternehmer gemacht. William Deering war als geschickter Geschäftsmann bekannt geworden. Beide Unternehmen hatten ihren Sitz in Chicago, wo nach der Fusion die IHC-Zentrale lag. Der neue Landmaschinenkonzern dominierte zunächst den Landmaschinenmarkt in den USA. Bereits 1906 begann man mit der Produktion von Traktoren. Vor allem mit den Farmall-Schleppern leistete IHC einen großen Beitrag zur Motorisierung der amerikanischen Landwirtschaft. Eines der bedeutendsten Traktorenwerke war Rock Island an der westlichen Grenze des Staates Illinois. Wichtige Werke im Ausland waren Doncaster in England und Neuss in Deutschland.

KÖNIGE DER PRÄRIE | *Große Flächen – große Schlepper*

In den 1970er-Jahren kam auch der kanadische Landtechnikkonzern **Massey Ferguson** mit mehreren **Knicklenkern** auf den Markt. Produziert wurden die Modelle jedoch zumeist in den USA. Das Engagement von MF in diesem Bereich hielt bis 1989 an. Der letzte MF-Knicklenker leistete 390 PS.

maschinen. 1982 musste IHC, das in eine tiefe Existenzkrise geraten war, seine Anteile an Steiger verkaufen. Die Aktien übernahm die Deutz Corporation, der amerikanische Ableger von Klöckner-Humboldt-Deutz.

International Harvester war jedoch so tief in die roten Zahlen gerutscht, dass ein Überleben auf eigenen Füßen nicht mehr möglich war. 1985 übernahm Case die Landtechniksparte von International Harvester. Die neue Traktorenmarke „Case International", später „Case IH", war entstanden.

Im Jahr vor der Vereinigung der beiden Hersteller ersetzte Case die 90er-Reihe durch die neue Baureihe 94, die sich aus den Modellen *4494*, *4694*, *4894* und *4994* zusammensetzte. Mit dem *4994*, der von einem V8-Motor aus dem Hause Saab-Scania angetrieben wurde, erreichte Case zum ersten Mal die 400-PS-Marke.

Krisenjahre Auch in Fargo legte man trotz der schwierigen Zeiten die Hände nicht in den Schoß. Obwohl das Werk weit unter Kapazität arbeitete, brachte Steiger gleich mehrere neue Baureihen auf den Markt. 1982 erfolgte der Produktionsbeginn der „Industrial Series", bei der es sich um Modelle für die Bauwirtschaft, den Bergbau, die Forstwirtschaft und Planierarbeiten handelte. Diese gelb lackierten Schlepper leisteten 280 bis 360 PS.

1983 erfolgte die Einführung der Serie IV, die wieder im typischen Steiger-Lindgrün erschien und vor allem für den landwirtschaftlichen Einsatz konzipiert war. Als Modellbezeichnungen wurden die bereits bekannten Raubtiernamen *Bearcat*, *Cougar*, *Panther* und *Tiger* verwendet. Als Antriebsgeneratoren fanden Motoren von Caterpillar, Cum-

mins und Komatsu Verwendung. Das stärkste Modell leistete 525 PS.

Gleichzeitig mit der Serie IV ging die Baureihe 1000 an den Start. Die Modelle dieser Serie waren ebenfalls nach Raubtieren benannt. Sie deckten mit ihren Caterpillar- und Cummins-Motoren den Leistungsbereich von 190 bis 375 PS ab. Was sie aber äußerlich auszeichnete, war das neue Design mit der nach vorn abgeschrägten Motorhaube.

Steiger wird rot

International Harvester verschwand zwar als eigenständiges Unternehmen von der Liste der Traktorenhersteller, aber zumindest die IHC-Farbe blieb erhalten. Denn die Case-IH-Traktoren gaben das Case-Weiß auf und übernahmen das Rot der International-Harvester-Schlepper. Die 9100er-Baureihe repräsentierte ab 1986 die Case-IH-Oberklasse. Die ursprünglich fünf Modelle lagen im Leistungsbereich von 168 bis 344 PS. Sechszylindermotoren von Cummins und aus der eigenen Produktion dienten als Antrieb.

1986 forderte die Krise der Landtechnikbranche ein weiteres Opfer. Dieses Mal verlor Steiger die Unabhängigkeit. Das Werk in Fargo wurde ebenfalls von Case übernommen und diente von nun an der Produktion der großen Case-IH-Schlepper. Aus dem 525 PS starken Steiger *Tiger* der Serie IV wurde in der Baureihe 9100 von Case International der *9190*. Die lindgrünen Traktoren verschwanden vom Markt und damit – vorerst – der Name Steiger.

Dieses Plakat zeigt oben noch einen grünen **Steiger** neben den roten **Case-IH-Schleppern**, die seit 1986 in Fargo produziert werden.

Dieser 18,5 Tonnen schwere **Tiger KP 525** zeigt sich noch im typischen **Steiger-Lindgrün.** Der unter der Motorhaube arbeitende Sechszylindermotor von Cummins besaß einen Hubraum von 18,8 Litern.

KÖNIGE DER PRÄRIE | *Große Flächen – große Schlepper*

Der **Versatile 895** wurde von 1980 bis 1984 produziert. Die Motorleistung lag bei 310 PS.

Dieser **Versatile**-Traktor steht für die Arbeit mit einer großen **Scheibenegge** bereit. Die Produktion der Versatile-Traktoren fand zwar in Kanada statt, zum Einsatz kamen die Schlepper jedoch auch in anderen Ländern mit großflächiger Landwirtschaft.

Giganten der Prärie

Kanada brachte zwei bedeutende Unternehmen der Traktorenbranche hervor. Eines davon war Massey-Harris, aus dem später Massey Ferguson wurde, das seine Schlepper jedoch weniger in Kanada, sondern vor allem in den USA, England und Frankreich produzierte. Das andere Unternehmen, das heute noch das Herz aller Freunde großer Traktoren höher schlagen lässt, hieß Versatile.

Versatile war das nördliche Gegenstück zu Steiger. Die kanadischen Farmer, vor allem in den westlichen Provinzen, standen vor der gleichen Situation wie ihre Berufskollegen südlich der Grenze. Sie hatten große Flächen zu bewirtschaften und benötigten deshalb entsprechend große Schlepper. Manche spannten zwei Traktoren vor riesige Gerätekombinationen, um gleichzeitig den Boden bearbeiten und bebauen zu können. Andere machten sich daran, selbst Traktoren zu konstruieren, wie es die Wagner- und Steiger-Brüder in den USA getan hatten.

Peter Pakosh und sein Schwager Roy Robinson konstruierten und bauten in den 1940er-Jahren in Toronto landwirtschaftliche Geräte und Maschinen. Dazu gehörten eine Förderschnecke und eine Feldspritze. 1947 gründeten sie die Hydraulic Engineering Company, um ihre Entwicklungen in großem Stil zu produzieren und zu vermarkten. 1953 erfolgte die Verlagerung des Unternehmens nach Winnipeg, die Hauptstadt der Provinz Manitoba, um der Zielgruppe, den Farmern im Westen, näher zu sein. Bereits zu dieser Zeit wurden selbstfahrende Schwadmäher ins Programm aufgenommen. Den Namen Versatile gab sich das Unternehmen 1963.

Die ersten Versatile-Schlepper Pakosh und Robinson hatten schon früh die steigende Nachfrage nach leistungsstarken Allradtraktoren erkannt. Ihr Ziel war es, den Farmern eine solche Zugmaschine zu einem für sie bezahlbaren Preis anzubieten. Das Motto lautete: „Ein Allradantrieb zum Preis eines Zweiradantriebs." Der erste Versatile-Traktor, der 1966 auf den Markt kam, wurde in zwei Versionen angeboten: als *D100* mit einem sechszylindrigen Dieselmotor von Ford und als *G100* mit einem Achtzylinder-Benzinmotor von Chrysler. Mit Preisen von 7500 Dollar für die Benzin-

Dieses Bild zeigt das erste **Versatile-Modell** in den Ausführungen als **G-100** mit Benzinmotor (links) und als **D-100** mit Dieselmotor (rechts). Auf einen speziellen Komfort musste der Fahrer zu dieser Zeit noch verzichten. Viele Farmer legten vor allem Wert auf die Zugkraft.

KÖNIGE DER PRÄRIE | *Große Flächen – große Schlepper*

version und 9200 Dollar für die Ausführung mit Dieselantrieb konnten Pakosh und Robinson tatsächlich die großen Konkurrenten preislich unterbieten. Der *John Deere 8010*, der zugegebenermaßen stärker war, kostete immerhin 28 500 Dollar, und etwas mehr als 20 000 Dollar musste man für den *1200 Traction King* von Case aufbringen. Die Ausstattung des ersten Versatile mochte nicht dem entsprechen, was andere zu bieten hatten, aber mit diesem Modell begann die Ausbreitung des Allradantriebs in der kanadischen Prärie im großen Stil auch unter den nicht so zahlungskräftigen Landwirten.

In zwei Richtungen Aber das Unternehmen in Winnipeg schrieb auch in anderer Hinsicht Geschichte. 1977 kam mit dem *Versatile 150* der erste bidirektionale Traktor in Nordamerika auf den Markt. Bidirektional heißt, dass der Fahrer seinen Sitz nur um 180 Grad drehen musste, um in Rückwärtsfahrt genauso komfortabel arbeiten zu können wie in Vorwärtsfahrt. Anstelle eines Frontladers konnte am Heck ein Lader angebaut werden, was den Vorteil hatte, dass die starke Heckhydraulik genutzt werden konnte und der Fahrer außerdem einen ungehinderten Blick auf den Arbeitsbereich hatte. Häufig wurde aber auch mit Mähgeräten in Rück-

Beim **TV140** griff **New Holland** auf das von Versatile entwickelte Konzept des **bidirektionalen Traktors** zurück. Der Fahrer besitzt bei diesem Einsatz einen ungehinderten Blick auf das Heckmähwerk. «

wärtsfahrt gearbeitet. Der *Versatile 150* befand sich bis 1981 im Bau. 1998 wurde das Konzept von New Holland übernommen und in einer modernisierten Version als *TV140* wieder eingeführt.

Im Lauf der Zeit wurden die Versatile-Traktoren größer und die Schlepper aus Winnipeg konnten auch im Leistungsbereich mit den ganz Großen mithalten. 1977 stellte Versatile den *Big Roy* vor, den damals stärksten Traktor der Welt. Das über 26 Tonnen schwere Gefährt lief auf acht Rädern, die alle dem Antrieb dienten. Der Sechszylindermotor von Cummins besaß einen Hubraum von 18,8 Litern und erbrachte eine Leistung von 600 PS. Allerdings schaffte es der *Big Roy* nicht in die Serienproduktion sondern blieb ein Prototyp. Er steht heute im Landwirtschaftsmuseum von Manitoba. Zu den größten Schleppern seiner Zeit gehörte auch der *Versatile 1156*, der 1986 vom Stapel lief. Er konnte zwar nur mit 470 PS aufwarten, ging aber dafür in Serienproduktion.

New Holland, PA

Landmaschinen aus der Kleinstadt Die meisten Unternehmen der Traktorenbranche sind nach dem Namen eines Gründers benannt, wie zum Beispiel John Deere, Massey Ferguson, Steiger, Case, Ford und Fendt. Andere haben einen Namen, der ein Unternehmensziel oder einfach ein gutes Image ausdrücken soll, wie International Harvester oder Versatile (vielseitig). New Holland ist dagegen nach einer kleinen, unbedeutenden Stadt im amerikanischen Bundesstaat Pennsylvania benannt. Der Ort liegt ungefähr 75 Kilometer westlich der Großstadt Philadelphia im Bezirk Lancaster. Lancaster County ist heute noch stark landwirtschaftlich geprägt. In dieser fruchtbaren Gegend ließen sich im 18. Jahrhundert mennonitische Immigranten nieder. Sie waren zum großen Teil aus der Pfalz über Holland eingewandert und gründeten kleine Orte wie New Holland. Zu den Nachkommen dieser einfach lebenden, hart arbeitenden Mennoniten gehörte Abe Zimmerman, der 1895 in New Holland seine Werkstatt eröffnete und bald selbst Landmaschinen herstellte. Als Zimmerman Anteile an seinem Unternehmen verkaufte, waren es vor allem ortsansässige Bürger, die sich finanziell beteiligten. New Holland war deswegen ein passender Firmenname.

New Holland zählt heute zu den weltweit bedeutendsten Marken der Landtechnikbranche. Das Unternehmen spielte auch in der Geschichte von **Versatile** eine Rolle. Das Blau der New-Holland-Traktoren wurde von **Ford** übernommen.

KÖNIGE DER PRÄRIE | *Große Flächen – große Schlepper*

Versatile im blauen Lack

Versatile nahm auf dem nordamerikanischen Markt für Allradtraktoren eine wichtige Position ein. In den späten 1970er-Jahren ging das Unternehmen mit Fiat eine Kooperation ein, um die Großschlepper in Europa zu vertreiben. Jenseits des Atlantiks war der Markt für Traktoren dieser Größenordnung jedoch noch nicht reif genug.

Eine entscheidende Wende in der Geschichte von Versatile ereignete sich 1987. In diesem Jahr übernahm Ford das in der Landmaschinenbranche bedeutende Unternehmen Sperry New Holland sowie Versatile. Die neue Ford-Landtechniksparte erhielt den Namen Ford New Holland. Ford konnte seinen Kunden damit eine bedeutend breitere Produktpalette anbieten. Das frühere Sperry New Holland lieferte Landmaschinen, darunter auch Mähdrescher. Das Angebot an Traktoren konnte im oberen Preis- und Leistungssegment durch die Versatile-Schlepper

Der **New Holland 9882** wurde von 1996 bis 2000 im **Versatile-Werk in Winnipeg** hergestellt. Der Name Versatile erschien nur noch in kleiner Schrift unterhalb der Typenbezeichnung auf der Motorhaube. »

Der **TJ500** ist ein Großschlepper von **New Holland** mit einer Motorleistung von 500 PS. Das Modell befand sich von 2004 bis 2005 im Bau. Für die Produktion zuständig war das **ehemalige Steiger-Werk in Fargo,** das seit der Vereinigung von New Holland mit Case IH auch Traktoren im blauen Lack herstellt.

bedeutend erweitert werden. Für das Versatile-Werk in Winnipeg bedeutete die Übernahme angesichts der damals herrschenden unsicheren wirtschaftlichen Bedingungen zunächst die Existenzsicherung. Die Kehrseite der Übernahme war für Versatile jedoch der Verlust der Unabhängigkeit, die sich nicht zuletzt darin zeigte, dass die Farben gelb und rot durch das Ford-Blau ersetzt wurden und der Name Versatile nur noch ganz klein neben dem großen Ford-Schriftzug auf der Motorhaube erschien.

Ford hielt jedoch nicht lange als Full-Line-Anbieter auf dem Landtechnikmarkt durch. Bereits 1991 übernahm deshalb Fiat 80 Prozent der Ford-Landtechniksparte. Später wurde die Übernahme vervollständigt. Versatile erlebte damit einen weiteren Eigentümerwechsel. Das Ford-Blau blieb. „New Holland" hieß nun die Fiat-Landtechniksparte und dies war auch der neue Markenname für die Traktoren. Das Werk in Winnipeg war für die 9000er-Reihe, die oberste Leistungsklasse von New Holland, zuständig. New Holland

KÖNIGE DER PRÄRIE | *Große Flächen – große Schlepper*

schaffte es sogar, in dieser Zeit zum Marktführer bei den Allradtraktoren aufzusteigen.

Bühler und die Wiederauferstehung von Versatile Eine neue Situation für die Landmaschinenbranche entstand 1999, als Case und die Fiat-Tochter New Holland bekannt gaben, fusionieren zu wollen. Aus der Ehe der beiden großen Marken sollte CNH Global entstehen, einer der größten Landtechnikkonzerne der Welt.

Wie oft bei Übernahmen oder Zusammenschlüssen großer Unternehmen traten die staatlichen Wettbewerbshüter auf den Plan. In den USA war es das Justizministerium, das von New Holland den Verkauf des Winnipeg-Werks verlangte. Nach einigem Hin und Her konnte das in Winnipeg ansässige Unternehmen Buhler Industries (auch „Bühler" geschrieben) die Großtraktorenfabrik übernehmen und unter der Bezeichnung „Buhler Versatile" als Konzerntochter eingliedern. Der Name Versatile nahm nun auf der Motorhaube wieder eine prominente Position ein. Die früheren Versatile-Farben Rot und Gelb feierten ein Comeback und ersetzten das New-Holland-Blau als Lackierung.

Mit der Übernahme des Traktorenwerks in Winnipeg feierte die Marke **Versatile** ein Comeback. Das New-Holland-Blau wurde durch ein **leuchtendes Rot** ersetzt. Dieser **Versatile 2425** befand sich von 2000 bis 2008 im Bau. Der Cummins-Turbomotor leistete mit seinen 14 Litern Hubraum 425 PS. Mit seinen 5896 Kilogramm Leergewicht war das Modell verglichen mit anderen Großschleppern nicht besonders schwer.

Ungefähr 19 Tonnen Betriebsgewicht bringt der **Versatile HHT 435** auf die Waage. 435 PS stellt der 15 Liter große Sechszylindermotor für den Antrieb zur Verfügung. »

🚜 **Von Buhler zu Rostselmash** Zu den großen Knicklenkern gesellten sich im Produktprogramm auch Traktoren in herkömmlicher Bauart, die mit den Vorderrädern lenkten. Die Modelle dieser Leistungsklasse waren mit Allrad- oder Hinterradantrieb erhältlich. Im Oktober 2007 konnte Buhler Versatile einen Meilenstein in der Unternehmensgeschichte feiern, nämlich die Herstellung des 50 000sten Allradknicklenkers seit Gründung von Versatile. Im gleichen Jahr übernahm der russische Mähdrescherhersteller Rostselmash einen 80 Prozent großen Anteil an Buhler Industries. Der Eigentümerwechsel hatte auch eine neue Markenstrategie zur Folge. Versatile wurde als selbstständige Marke vertrieben. Damit sollte an die Geschichte der Traktoren, von denen auf vielen Farmen noch ältere Exemplare standen, angeknüpft und der Name Versatile gestärkt werden.

🚜 **Die neuen Baureihen** Die Versatile-Schlepper werden heute in drei Klassen angeboten. Die oberste Klasse bildet die HHT-Serie, wobei HHT für „High Horsepower Tractors" (Traktoren mit hoher Pferdestärkenzahl) steht. Diese Modelle werden von Sechszylinder-Cummins-Motoren angetrieben, die einen Hubraum von 15 Litern aufweisen. Ihre Nennleistung liegt im Bereich von 435 bis 535 PS. Das stärkste Modell, der *Versatile 535*, kann eine Maximalleistung von 580 PS erreichen. Die Großschlepper besitzen ein Betriebsgewicht von etwas über 19 Tonnen. Das zulässige Gesamtgewicht der Maschinen kann bei über 24 Tonnen liegen.

Die zweite Klasse bilden Modelle im Leistungsbereich von 305 bis 400 PS Nennleistung. Dabei handelt es sich ebenfalls um Knicklenker mit Allradantrieb. Der Cummins-

 KÖNIGE DER PRÄRIE | *Große Flächen – große Schlepper*

Motor dieser Modelle verfügt auch über sechs Zylinder, allerdings mit einem Hubraum von elf Litern. Der Radstand ist um 33 Zentimeter kürzer als bei den größeren Modellen. Auch das Betriebsgewicht liegt mit über 14 Tonnen bedeutend unterhalb der obersten Klasse.

Die untere Klasse, die jedoch immer noch zu den Großtraktoren zählt, setzt sich aus zwei Baureihen zusammen. Der Unterschied zu den oberen Klassen besteht in der Größe, der Leistung und der Lenkung, die über die Vorderachse erfolgt. Die beiden Baureihen der unteren Klasse unterscheiden sich hauptsächlich durch den Motor, dessen Größe bei den Modellen *190* und *220* 6,7 Liter beträgt und bei den Typen *250* und *280* 8,3 Liter groß ist. Die jeweilige Modellbezeichnung entspricht der Nennleistung.

Versatile ist heute der einzige kanadische Traktorenhersteller. Eine steigende Nachfrage nach den Großtraktoren aus Winnipeg kam in den letzten Jahren aus Russland, der Ukraine und Kasachstan.

John Deere hat heute mit zwei Traktorenreihen ein festes Standbein im obersten Leistungsbereich. Die 8R-Serie, zu der dieser **8345R** gehört, besteht aus Modellen, die mit der Achsschenkellenkung steuern. Die Nennleistung dieses Modells liegt bei 345 PS. Die Maximalleistung kann bis zu 378 PS betragen.

Trotz seiner Länge von 686 Zentimetern wirkt dieser **John Deere 9430** bei der Arbeit mit der Drillmaschine gar nicht so gewaltig. Mit seinen 439 PS Nennleistung besitzt er aber genügend Kraftreserven für Einsätze mit den größten Maschinen.

Der springende Hirsch aus Waterloo

Das in Moline im amerikanischen Bundesstaat Illinois ansässige Unternehmen John Deere gehört zu den ganz großen Traktorenherstellern, die einen erheblichen Beitrag zur Motorisierung der Landwirtschaft leisteten. Der Einstieg in die oberste Leistungsklasse erfolgte jedoch eher zögerlich. Hohe Verkaufszahlen hatten der *8010* und sein Nachfolger, der *8020*, nicht erbracht. Einen festen Platz unter den Anbietern von Großtraktoren eroberte sich John Deere jedoch mit dem Start der Generation II, zu der die Baureihe 30 zählte, die Anfang der 1970er-Jahre an den Start rollte. Zu dieser Zeit kristallisierte sich die Aufgabenverteilung zwischen den einzelnen John-Deere-Werken bereits heraus. Das Werk in Waterloo war für die Montage der stärksten Modelle zuständig. Mit zwei Schleppertypen überschritt John Deere von Neuem die 200-PS-Grenze. Der Sechszylindermotor leistete beim *8430* 215 PS und beim *8630* 275 PS. Bei beiden Modellen handelte es sich um Knicklenker mit einem Einsatzgewicht von etwa elf Tonnen.

Auch bei den folgenden Baureihen deckte John Deere diesen Leistungsbereich mit zwei Modellen ab. Dies änderte sich jedoch Ende der 1980er- und Anfang der 1990er-Jahre mit der Einführung der 55er-, 60er- und 70er-Reihen. Große Knicklenker, die teils von Cummins-, teils von John-Deere-Motoren angetrieben wurden, überschritten die 300-PS-Grenze. Der 1993 eingeführte *8970* erzielte sogar eine Leistung von 400 PS. Sein Sechszylindermotor von Cummins besaß einen Hubraum von über 14 Litern. Das Eigengewicht des Schleppers lag bei etwa 14,5 Tonnen. John Deere hatte sich damit als einer der bedeutendsten Anbieter auf dem Markt für Oberklasseschlepper etabliert.

 KÖNIGE DER PRÄRIE | *Große Flächen – große Schlepper*

Neue Baureihen Anfang der 1990er-Jahre begann man bei John Deere damit, die Baureihen neu zu ordnen. Die für landwirtschaftliche Arbeiten konzipierten Kompakttraktoren wurden durch die Baureihe 5000 vertreten. Die in Mannheim hergestellte Baureihe 6000 bestand aus Traktoren der Mittelklasse. Zur Mittel- und Oberklasse zählten die Modelle der 7000er-Reihe, die aus Waterloo kam. Teilweise handelte es sich dabei um Gegenstücke der 6000er-Modelle, die für den amerikanischen Markt konzipiert waren. Mit einigen Modellen wurden aber auch höhere Leistungsbereiche abgedeckt. Alle Schlepper der 7000er-Serie waren mit einem Allradantrieb ausgestattet. 1994 führte John Deere mit vier Modellen die neue 8000er-Reihe ein. Die Motorleistung dieser Großschlepper lag im Bereich von 185 bis 260 PS. Die Lenkung erfolgte über das Einschlagen der Vorderräder.

Noch höhere Leistungswerte erzielten die vier 9000er-Schlepper, deren Produktion 1996 in Waterloo begann. Die von John Deere ebenfalls in Waterloo hergestellten Sechszylindermotoren erzielten eine Nennleistung von 260 bis 425 PS. Der Hubraum des stärksten Modells, des *9400*, lag bei 12,5 Litern. 17 Tonnen Eigengewicht brachte der John Deere *9400* auf die Waage. Das Lenken erfolgte bei allen Modellen der Baureihe durch das Abknicken des Rumpfes.

Die **7010-Serie** befand sich von 1997 bis 2003 in Waterloo in Produktion. Der **John Deere 7810** war mit seinen 175 PS Nennleistung das stärkste Modell der Baureihe.

Bei der **9030-Reihe** handelt es sich ebenso wie bei den vorhergehenden 9000er Serien um **Knicklenker**. Das Steuern und Bedienen der Ackergiganten und der angebauten Geräte kann durch die moderne Elektronik bequem und ohne große Anstrengung vom Fahrersitz aus erfolgen. Viele Bedienelemente sind in die Armlehne des Fahrersitzes integriert.

Neue Schleppergenerationen Ende der 1990er-Jahre erfolgte in Waterloo ein Generationswechsel. Aus den Baureihen 7000 und 8000 wurden die 7010er- und 8010er-Reihe. Bei den 8010er-Modellen stieg die Motorleistung um fünf bis zehn PS, sodass das stärkste Modell, der *John Deere 8410*, nun auf 270 PS kam.

Mit dem nächsten Generationswechsel, mit dem die Einführung der 7020er-Reihe erfolgte, kam es zu einer weiteren Leistungssteigerung. Das stärkste Mitglied der Baureihe erreichte nun 200 PS. Die 1992 eingeführte 8020er-Reihe bestand nun aus fünf Modellen und deckte den Leistungsbereich von 200 bis 295 PS ab.

Im gleichen Jahr erfuhr die oberste Klasse mit der Einführung der 9020er-Modelle einen Generationswechsel. Die stärkste Maschine der Baureihe mit der Bezeichnung *9620* erzielte 500 PS.

Jeder neue Generationswechsel war mit weiteren Leistungssteigerungen bei den Motoren verbunden. 2006 erzielte das stärkste Modell der neuen 8030er-Reihe eine Leistung von 330 PS. Im folgenden Jahr kam die neue 7030er-Generation mit dem 220 PS starken *7930* auf den Markt. Ebenfalls 2007 erschienen die 9030er-Modelle, die den Leistungsbereich von 337 bis 543 PS abdeckten. An die Stelle der 8030er-Reihe trat ab 2009 die 8R-Serie mit dem *8360R*, der bis zu 360 PS erreichen kann.

Dem Landtechnikgiganten John Deere, der heute weltweit etwa 50 000 Mitarbeiter beschäftigt, ist es gelungen, sich nicht nur zum größten Traktorenhersteller der Welt emporzuarbeiten, sondern auch in der obersten Leistungsliga mitzuspielen. Selbst die Motoren, die für den Antrieb der dunkelgrünen Ackerkolosse zuständig sind, stammen aus den John-Deere-eigenen Konstruktions- und Produktionsabteilungen.

Waterloo

Großtraktoren aus der Prärie Viele Traktorenwerke haben sich abseits der großen Industriezentren in kleinen oder mittelgroßen Städten angesiedelt. Ein Beispiel dafür ist Waterloo in dem landwirtschaftlich geprägten US-Bundessaat Iowa. Die etwa 68 000 Einwohner zählende Stadt beherbergt das größte John-Deere-Werk der Welt. Von hier aus werden die Traktoren der drei größten John-Deere-Baureihen in 130 Länder exportiert. Die Geschichte des Werks hängt mit den Anfängen des Traktorenbaus zusammen. In Waterloo baute John Froelich seinen ersten Schlepper. Später gründete er die „Waterloo Gasoline Traction Engine Company" (Waterloo Benzin Motor-Zugmaschinen Gesellschaft), die 1918 von Deere & Co. übernommen wurde. Damit gelang der Firma mit dem springenden Hirsch im Logo der erfolgreiche Einstieg in den Traktorenbau.

Mit dem **Waterloo Boy** begann der Einstieg von **John Deere** in die Traktorenbranche.

Großtraktoren aus Waterloo, wie dieser **8295R,** werden zunehmend auch außerhalb Nordamerikas und Australiens eingesetzt. Vor allem die Landwirtschaft in **Osteuropa und Zentralasien** zeigt großes Interesse an den Giganten aus der Prärie.

Die Fargo-Schlepper und die neuen Steiger

In den 1990er-Jahren führte Case IH das Traktorenprogramm im obersten Leistungsbereich mit der Baureihe 9200 fort. Diese Traktoren wurden zwar in Fargo hergestellt und deshalb auch intern als „Fargo-Schlepper" bezeichnet, aber der Name Steiger fand keine Verwendung mehr. Die Motoren stammten teilweise von CDC (Consolidated Diesel Company) und zum Teil von Cummins. Sie deckten den Leistungsbereich von 200 bis 380 PS ab.

1995 ging die Case-IH-Serie 9300 in Fargo an den Start. Was diese Baureihe von den Vorgängern unterschied, waren natürlich zum einen die neuen Motoren, mit denen die Schlepper in einen noch höheren Leistungsbereich, nämlich bis zu 425 PS Nennleistung beim stärksten Modell, vorstießen. Man hatte sich zum anderen aber auch wieder auf den Namen Steiger besonnen, der auf dem

KÖNIGE DER PRÄRIE | *Große Flächen – große Schlepper*

nordamerikanischen Markt für Leistungsstärke, Zuverlässigkeit und Pionierleistung in der Traktorentechnik stand. Bei den 9300er-Modellen stand zwar Case IH auf der Motorhaube, auf dem Kühlergrill prangte aber wieder groß und deutlich der Markenname Steiger. Was die Baureihe außerdem auszeichnete, war der erste *Quadtrac*. Dabei handelte es sich um ein Modell, das auf vier Raupenlaufwerken fuhr.

Alle Modelle der Baureihe besaßen Motoren mit Turboladung und Ladeluftkühlung. Das Gewicht lag bei den auf Rädern fahrenden Knicklenkern im Bereich von ungefähr 11 bis 16 Tonnen. Ein Einsatzgewicht von fast 20 Tonnen erreichte der *9370 Quadtrac*.

Quadtracs, TJ und STX Ein besonderes Ereignis in der Unternehmensgeschichte war die Fusion zwischen New Holland und Case, aus der Case New Holland entstand. Zwar blieben beide Marken erhalten, aber New Holland musste das Versatile-Werk in Winnipeg verkaufen. Die Produktion der großen New-Holland-Schlepper ging auf das Case-IH-Werk in Fargo über.

Im Jahr 2000 startete Case IH mit fünf Modellen die neue Steiger STX-Reihe. Kurz danach ging auch die in Fargo hergestellte TJ-Reihe im New-Holland-Blau an den Start. Aber 2003 war der *STX500* mit 500 PS Nennleistung das stärkste Modell unter den Case-IH-Schlepper. Das Gegenstück bei New Holland war der *TJ500*, der im Großen und Ganzen

Auf den neuen **Case-IH-Schleppern** aus Fargo ist wieder der Name **Steiger** zu sehen, wie bei diesem **STX530.** Mithilfe des großen Vertriebsnetzes von Case IH werden die Fargo-Schlepper nun in alle Welt verkauft.

Für 160 000 Dollar war dieser **Case IH 9390** zu haben. Der **Knicklenker** wurde wurde von 1997 bis 1999 in Fargo hergestellt. Das 13,1 Tonnen schwere Gefährt wurde von einem 425 PS starken Motor angetrieben.

dem *STX-Modell* entsprach. Zu den Verbesserungen gehörten die höhere Leistung der Motoren sowie die vergrößerte Kabine, die noch mehr Komfort und Platz bot.

Im neuen Jahrtausend hat das ehemalige Steiger-Werk in Fargo nicht nur seine Stellung als Produktionsstätte für Großtraktoren erhalten, sondern sogar noch ausbauen können. Heute werden die Großschlepper der T9-Reihe von New Holland sowie die Steiger- und Quadtrac-Reihen für Case IH in Fargo hergestellt. Die stärksten Modelle überschreiten bereits die 600-PS-Grenze.

Die **Kabinen** moderner Großschlepper sind so eingerichtet, dass sie den Fahrer vor Belastungen schützen und ihm einen **komfortablen Arbeitsplatz** bieten. Die Bedienelemente sind leicht erreichbar und ergonomisch angeordnet.

Leise Sohlen für Raupentraktoren

Traktoren mit Raupenlaufwerken wurden schon in der Anfangszeit des Traktorenbaus hergestellt. Sie fristeten jedoch nur ein Nischendasein oder fanden vor allem bei kleinen Spezialtraktoren Verbreitung. In den 1990er-Jahren entwickelten jedoch mehrere Hersteller Bandlaufwerke, die bei Großschleppern zum Einsatz kamen.

Die Herausforderung

Der Bedarf an Zugleistung scheint in der Landwirtschaft keine Grenzen zu kennen. Mit jeder neuen Traktorengeneration steigt die Motorleistung. Selbst Kleinschlepper können heute oft eine PS-Zahl aufweisen, die in den 1950er-Jahren nur Großtraktoren hatten. Tatsächlich liegt das mit der Befriedigung des Leistungshungers verbundene Problem gar nicht so sehr bei den Motoren, sondern vielmehr darin, wie man die hohe Leistung in eine entsprechende Zugkraft umwandeln kann. Um die Auflagefläche zu erhöhen, werden deshalb große Räder sowie Doppel- und Dreifachbereifungen eingesetzt. Auch Versuche mit mehrachsigen Schleppern wurden immer wieder unternommen. Eine effektive Kraftübertragung ermöglichen Gleiskettenlaufwerke, wie sie etwa bei Panzern und bei manchen Baumaschinen verwendet werden. Auch landwirtschaftliche Traktoren wurden immer wieder mit solchen Raupen ausgestattet. Kraftverluste durch Rutschen werden dabei fast völlig vermieden. Auch die Bodenverdichtung wird verringert, da sich das Gewicht der Maschine auf eine größere Fläche verteilt. Doch diese Lauf-

Beim **Mobil-trac-System** von **Caterpillar** läuft der Traktor auf **Gummibändern**. Diese Technik verhalf dem Raupenlaufwerk bei Traktoren zum Durchbruch.

werke besitzen auch Nachteile: Sie sind laut, hohe Fahrgeschwindigkeiten sind nicht möglich und die Straßen können beschädigt werden.

Das Bandlaufwerk Ein Durchbruch in der Laufwerkstechnik erfolgte in den 1980er-Jahren, als Caterpillar das Mobiltrac-System entwickelte. Dabei handelte es sich um ein Laufwerk, das nicht auf stählernen Ketten lief, sondern auf einem Band aus Gummi, Gewebe und Stahl, dessen Aufbau dem von Reifen vergleichbar ist. Dieses gefederte Laufwerk ermöglichte nicht nur höhere Geschwindigkeiten, sondern schonte auch die Fahrbahn und war leise.

1986 stellte Caterpillar den *Challenger 65* vor. Dabei handelte es sich um einen Traktor, der auf dem Mobil-trac-Bandlaufwerk lief und sogar eine Geschwindigkeit von 30 km/h erreichen konnte. Der Sechszylindermotor von Caterpillar erreichte eine Leistung von 270 PS. 1991 ersetzte Caterpillar den *Challenger 65* durch den *65B* und brachte zusätzlich den *Challenger 75*, dessen Motor 325 PS leistete, auf den Markt. Was die anderen Traktorenhersteller aufschrecken ließ war nicht nur die neue Technik, sondern auch der Umstand, dass der Baumaschinenhersteller mit dem Challenger-Traktor in die Landtechnikbranche einstieg.

Mit den **Challenge**r-Traktoren stieg **Caterpillar** in die Landtechnikbranche ein. Heute gehört Challenger zu **AGCO.** Für den Antrieb der großen Modelle sind immer noch Caterpillar-Motoren zuständig.

Herkömmliche Raupenlaufwerke wurden bei Traktoren schon sehr früh eingesetzt, wie bei diesem **IHC-Modell.** Sie eigneten sich für schwieriges Gelände, hatten aber auch Nachteile. »

KÖNIGE DER PRÄRIE | *Leise Sohlen für Raupentraktoren*

John Deere auf Raupen

John Deere hatte bis in die 1960er-Jahre versucht, mit einem Raupenmodell Marktanteile zu gewinnen, allerdings noch im mittleren Leistungsbereich und mit einem herkömmlichen Gleiskettenlaufwerk. Größere Erfolge konnten die grünen Traktoren mit bereiften Ausführungen erzielen. Als Caterpillar mit den Challenger-Traktoren auf den Markt kam, zeigte sich, dass der Einsatz von Raupenlaufwerken bei Großtraktoren möglich war und dass dafür durchaus eine Nachfrage in der großflächigen Landwirtschaft bestand.

1994 hatte John Deere die 8000er-Reihe mit den Modellen *8100*, *8200*, *8300* und *8400* eingeführt. Drei Jahre nach dem Start der Baureihe begann in Waterloo der Bau von Ausführungen dieser Modelle mit Bandlaufwerken. Die Motorleistungen dieser Versionen waren die gleichen wie bei den bereiften Modellen, nämlich 185 bis 260 PS. Mit einer Höchstgeschwindigkeit von 30 km/h waren die Raupen jedoch um zehn Kilometer pro Stunde langsamer als die Radtraktoren. Ab 1998 waren auch der *9300* und der *9400* mit Bandlaufwerken verfügbar. In der Folgezeit kamen auch die anderen Großtraktoren der 9000er-Reihe mit den neuen Laufwerken auf den Markt.

Bei Caterpillar glaubte man, große Ähnlichkeiten zwischen dem John-Deere-Laufwerk und dem eigenen Mobil-trac-System erkennen zu kön-

Die Modelle der **9030-Reihe** von **John Deere** werden neben der Ausführung mit Rändern auch **mit Bandlaufwerken** angeboten. Die Knicklenkung entfällt dabei.

Die **Quadtrac**-Modelle von **Case IH** verfügen über **vier Laufwerke** und lassen sich mittels einer Knicklenkung steuern. Jedes Laufwerk passt sich unabhängig von den anderen dem Boden an.

Mit der **AirCushion-Federung** hat **John Deere** die Modelle der **8RT-Reihe** ausgestattet. Die neue Federungstechnik soll für ein besonders ruhiges Fahrerlebnis sorgen.

nen. Die Folge waren Patentstreitigkeiten, die sich bis 1999 hinzogen. Die Patentklage wurde gerichtlich zugunsten von John Deere entschieden. Seitdem werden von den in Moline hergestellten Modellen der Baureihen 8000 und 9000 immer auch Versionen mit Bandlaufwerk angeboten.

Die Quadtracs

Einen etwas anderen Weg ging Case IH. 1997 stellte das Unternehmen den *9370QT* vor. Kurz darauf folgte der *9380QT*. Diese Modelle liefen anstatt auf Rädern auf vier Bandlaufwerken. Dieses Quadtrac-System zeichnet sich gegenüber den Systemen von Caterpillar und John Deere dadurch aus, dass es die Vorteile der Knicklenkung und des Bandlaufwerks miteinander verbindet. Die Steuerung erfolgt nicht durch unterschiedliche Geschwindigkeiten der Bänder, sondern durch das Abknicken des Fahrzeugs. Bei der Kurvenfahrt wird dadurch ein Rutschen der Bänder auf dem Boden vermieden. Die Quadtracs erwiesen sich als erfolgreich. Sie befinden sich seither neben den Vierradversionen im Großschlepperprogramm von Case IH. Hergestellt werden sie in Fargo.

KÖNIGE DER PRÄRIE | *Leise Sohlen für Raupentraktoren*

Aus dem **AGCO**-Werk in Jackson, Minnesota, kommen nicht nur die Raupentraktoren, sondern auch die bereiften Challenger-Knicklenker. Dieser **MT975B** kann eine Motorleistung von 570 PS vorweisen.

Challenger unter dem AGCO-Dach

Bereits im Jahr 2002 entschloss sich Caterpillar zum Ausstieg aus dem Traktorenbau. Die Challenger-Traktoren übernahm der aufstrebende Landtechnikkonzern AGCO, zu dem bereits die bekannten Marken Massey Ferguson und Fendt gehörten. Als neuen Produktionsstandort wählte man den kleinen Ort Jackson im Süden Minnesotas.

Nach der Übernahme durch AGCO wurde die Challenger-Produktpalette ausgeweitet. Angeboten wurden im Caterpillar-Gelb nicht mehr nur große Raupentraktoren,

3,06 Quadratmeter Platz bietet die Kabine eines **Challenger MT875B** dem Fahrer. Auf Wunsch kann das Cockpit mit einer Klimaautomatik ausgestattet werden, um stets die gewünschte Temperatur zu halten.

sondern auch Vierradschlepper, Mähdrescher, selbstfahrende Schwadmäher und andere Landmaschinen. Die bereiften Traktoren stammen teilweise aus dem französischen Beauvais.

2009 rollten die beiden bisher stärksten Challenger-Modelle an den Start: der mit einem Bandlaufwerk ausgestattete *MT875C* und der auf Rädern fahrende Knicklenker *MT975C*. Beide Modelle werden von einem Caterpillar-Sechszylindermotor mit einem Hubraum von 18,1 Litern angetrieben. Die Nennleistung liegt bei 585 PS.

Die **Challenger**-Traktoren haben eine **Revolution in der Laufwerkstechnik** ausgelöst. Sie stehen auch im Leistungsbereich an der Spitze der Entwicklung.

In der gehobenen Mittelklasse

Westeuropas Traktoren

 IN DER GEHOBENEN MITTELKLASSE | *Aus deutschen Landen*

Aus deutschen Landen

 Rote, grüne, gelbe, blaue, schwarze, orangefarbene oder gar weiße: Auf keinem Erdteil gibt es mehr Traktoren als in Europa. Die Vielfalt aus den Zeiten, als Traktoren noch in jeder Werkstatt gebaut werden konnten, ist inzwischen nostalgisch verklärt. Heute teilen sich einige wenige Hersteller den Kuchen – auf technisch höchstem Niveau!

Im Land der Erfinder des Verbrennungsmotors und des Automobils fristeten Zug- und Ackermaschinen lange ein Schattendasein. Doch dann traten einige Firmen auf, die man heute weltweit kennt. Inzwischen sind sie allerdings längst in ausländischer Hand.

Dieselrösser dampfen übers Feld

Die Anfänge der Firma Fendt gehen auf einen Jugendtraum des gerade einmal siebzehnjährigen Hermann Fendt zurück. Er war in einer Zeit aufgewachsen, in der sich in Deutschland die ersten ernsthaften Bestrebungen zum Bau leistungsfähiger Traktoren zeigten. Die Glühkopfschlepper von Lanz beherrschten den Markt. Doch sie waren teuer. Der junge Hermann baute 1928 unter der tätigen Mithilfe seines Vaters einen eigenen Traktor zusammen, der als Grasmäher arbeiten sollte. Ein großes Manko war der Benzinmotor, doch schon zwei Jahre später gelang ein weiteres Modell, nun mit Dieselmotor, das als Dieselross bezeichnet wurde. Damit schlug die Geburtsstunde der Firma Fendt.

In den folgenden Jahren gelang es, einige Käufer in der Region zu finden. 1937 errang man sogar einen Rekord, denn der neue *F 18* war der erste europäische Traktor mit einer Motorzapfwelle, also einer Zapfwelle, die auch arbeitete, wenn der Schlepper stand. Ein Jahr später wurde der *F 22* vorgestellt, der Fendt in die Mittelklasse brachte. Er

Das Dieselross von **Fendt** zeichnete sich durch eine hervorragende Verarbeitung und vielseitige Einsatzmöglichkeiten aus. Besonders beliebt war es in Bayern.

Die ältesten **Dieselross-Modelle** hatten noch eine **Verdampfungskühlung,** die recht viel Wasser verbrauchte.

hatte keine Verdampferkühlung mehr wie die Einzylindermodelle, sondern eine Wasserumlaufkühlung. Fendt war zu einem wichtigen deutschen Traktorenbauer aufgestiegen.

Der Krieg warf die Allgäuer Firma zurück, aber schon bald danach wurden die Vorkriegsmodelle wieder ausgeliefert. 1949 wurde mit dem *F 15* das erste nach dem Krieg entwickelte Modell vorgestellt. Bereits zwei Jahr später war das Programm um einige Modelle zwischen 15 und 40 PS gewachsen. Die Dieselrösser waren ein voller Erfolg. Ein anderes wichtiges Standbein wurden die Geräteträger, mit denen Fendt eine Zeit lang fast schon ein Monopol innehatte. Sie waren mit einem Holm konstruiert, die Konkurrenz hatte auf zwei gesetzt. Fendt entwickelte mit passenden Geräten das Einmannsystem. Das bedeutete: Eine Einzelperson konnte alle Umbauten ohne fremde Hilfe selbst erledigen.

So sah das erste **Dieselross** von 1930 aus. Der Weg zu einem Hochleistungstraktor war noch weit, doch mit diesem Modell gelang der Einstieg in die Branche.

 IN DER GEHOBENEN MITTELKLASSE | *Aus deutschen Landen*

Der **Farmer 1 E** war vor allem für die Grünlandbetriebe des Voralpenlands gedacht. Für diese Aufgabe musste sich der Traktor im Gelände gut bewegen können, auch in steilen Lagen.

Fixe Favoriten der Farmer

Nach der Euphorie der Nachkriegsjahre trat überall eine gewisse Marktsättigung ein. Einige Hersteller überlebten den Rückgang der Absätze nicht. Andere wie Fendt stemmten sich mit einer neuen Produktpalette gegen den schlechten Trend. 1958 wurde das Programm völlig neu aufgestellt. Nur drei Modelle blieben übrig: die Maschinen der ff-Reihe. Der kleinste hieß *Fix*. Das Mittelklassemodell bekam den Namen *Farmer*. Es wurde der Ahnherr einer langen Reihe von Modellen, die erst durch die Umbenennung der Traktorentypen in „Fendt" zum Abschluss kam. Das Modell der Oberklasse hieß *Favorit*. Sein besonderes Plus war das Feinstufengetriebe. In technischer Hinsicht waren die neuen Modelle ausgereift und robust. Dennoch gab es immer wieder etwas zu verbessern. Vor allem im Bereich der Hydraulik war Fendt stark, doch auch der Fahrkomfort blieb immer

Der **Favorit 1** als Traktor der Oberklasse konnte sich im Export gut verkaufen. Auch in die arabischen Staaten ging ein größeres Kontingent. Der Lastesel hat dort aber dennoch nicht ausgedient.

ein wichtiges Anliegen. 1966 erhielt der *Farmer 3 S* ein Wendegetriebe, eine hydraulische Lenkung und Hydraulikbremsen – das waren wegweisende Neuerungen.

1972 wurden die Modelle grundlegend erneuert. Die Farmer-100-Serie und die Favorit-600-Serie wurden entwickelt. Sie bekamen die stufenlose Anfahrautomatik namens Turbomatik, ein Vollsynchrongetriebe und eine lastschaltbare Zapfwelle. Die langlebigen *Farmer 100* waren Modelle zwischen 42 und 75 PS. Die neuen Favoriten hatten Sechszylindermotoren mit über 100 PS. Die Sicherheitskabine und die umfangreiche Sonderausstattung überzeugten. Vier Jahre später rückten die SL-Versionen des Favorit 600 ins Programm, die vor allem durch ihre luxuriöse Kabine glänzten. Ein Meilenstein in der Firmengeschichte war der 252 PS starke Favorit *626 LS*. Sein 11-Liter-Motor mit Turbolader stammte von MAN. Die Kabine hatte bereits eine sehr hohe Qualität. Dieses Modell zeigte, wohin die Entwicklung gehen würde.

Die Farmer 300 wurden als Mittelklassetraktoren verstanden, die sukzessive die 100er ablösen sollten. Sie hatten bereits einen Schnellgang, der den Traktor auf 40 km/h bringen konnte. Mit diesen Modellen errang Fendt 1985 in Deutschland die Marktführerschaft. In diesem Jahrzehnt wurden auch die Geräteträger weiter verfeinert. Sie entwickelten sich zu echten Freisichttraktoren, die Motorhaube konnte verschwinden, da der Motor unterflur eingebaut wurde. Eine neue Baureihe 200, die namentlich im Bereich der Schmalspurschlepper eingeordnet wurde, war vor allem auf den Grünlandbetrieb ausgerichtet.

Das Vario-Zeitalter beginnt

Einen neuen Technologieschub brachte das Jahr 1993. Die Farmer 300 wurden erneuert. Abgestellt wurden hingegen die in die Jahre gekommenen Favorit 600, die durch die kleineren Favorit 500 und die großen Favorit 800 ersetzt wurden. Wichtigste Neuheit war das elektrohydraulische Wendegetriebe mit Overdrive. Eine niveaugeregelte Vorderachse sorgte für noch mehr Fahrkomfort, denn sie glich die Unebenheiten des Bodens aus.

Ein mittelgroßes Erdbeben verursachte 1995 die Präsentation des ersten Vertreters der Baureihe Favorit 900. Das lag nicht etwa an der Kraft verheißenden Optik, sondern daran, dass der *Favorit 926* erstmals ein leistungsverzweigtes Vario-Getriebe hatte. Lediglich ein Joystick regelte noch die Geschwindigkeit und die Fahrtrichtung. Alles andere brauchte den Fahrer nicht mehr zu kümmern. Leistungsverluste wie beim hydrostatischen Getriebe waren passé.

Fendt hatte bis dahin eine halbe Million Traktoren gebaut. Doch die Verantwortlichen hatten erkannt, dass solche Technologiesprünge in Zukunft nicht mehr allein zu verkraften sein würden. Auch würde ein Ausgreifen auf

Fendt im Anden-Hochland. Wie man sieht, hat er eine Scheibenegge, wie sie auf den dortigen Böden gern benutzt wird. Die leistungsfähige Hydraulik kam dem Frontlader zugute.

Blick in das **Cockpit** eines **Vario-Traktors.** Die vielen Schalter und Displays zeigen, dass diese Maschinen inzwischen Hochleistungsgeräte waren – für den Fahrer war die Lektüre des Handbuchs daher Pflicht!

Vario-Getriebe

Starker Auftritt 1995 stellte Fendt mit dem *Favorit 926* erstmals einen Traktor mit dem stufenlosen Vario-Getriebe vor. Anders als beim hydrostatischen Getriebe, das zu stärkeren Leistungsverlusten führte, gibt es beim leistungsverzweigten Vario-Getriebe einen hydraulischen und einen mechanischen Teil. Je nach Geschwindigkeit erfolgt der Kraftfluss eher im hydraulischen oder im mechanischen Teil. Ein Planetengetriebe fungiert als zentrale Verteilstelle. Auf diese Weise kann man stufenlos bis zur Höchstgeschwindigkeit beschleunigen. Bei Zugaufgaben bleibt die Zugkraft bei einer Anpassung der Geschwindigkeit erhalten und übertrifft jede Lastschaltung. Das Fendt Vario-Getriebe ist durch ein Patent geschützt, doch andere Hersteller haben eigene Stufenlosgetriebe entwickelt. Neuerdings bleibt dieses Getriebe nicht nur großen Modellen vorbehalten, sondern wird auch bei kompakten Schleppern verbaut.

 IN DER GEHOBENEN MITTELKLASSE | *Aus deutschen Landen*

DIE GROSSEN KONZERNE
AGCO

Von Amerika nach Deutschland und zurück Die Abkürzung AGCO steht für „Allis-Gleaner Corporation". Zwei bedeutende Namen der amerikanischen Landtechnik sind in der Firmenbezeichnung enthalten, nämlich der einstige Traktorenhersteller Allis-Chalmers und die Gleaner-Mähdrescher. Gleaner hatte bereits seit 1955 zu Allis-Chalmers gehört. In den 1980er-Jahren rutschte Allis-Chalmers wie so viele andere Landtechnikunternehmen in die Verlustzone. Die amerikanische Tochter des Kölner Konzerns Klöckner-Humboldt-Deutz übernahm daraufhin die Traktoren- und Mähdrescherparten und änderte ihren Namen in Deutz-Allis. Die Mähdrescherproduktion wurde ausgebaut, die Allis-Chalmers-Traktoren wurden aber durch Deutz-Traktoren ersetzt. Der große Erfolg blieb jedoch aus, und 1990 musste sich KHD aus dem Amerikageschäft zurückziehen. Deutz-Allis wurde daraufhin durch ein Management-Buyout von Führungskräften übernommen und in AGCO umbenannt. Der Unternehmenssitz ist heute in Duluth, Georgia.

Die Arbeit mit großen Sämaschinen wie dieser Amazone Cirrus 6000 bereitet dem **Fendt 930 Vario TMS** keine Mühe. Dieses Traktorenmodell besitzt ein Traktor-Management-System, mit dem das Arbeiten noch effektiver gestaltet werden kann.

Die Zukunft hat bereits begonnen. **Spurführungssysteme** wie der **Auto-Guide** von **Fendt** machen es möglich, dass Traktoren per GPS auf der richtigen Linie gehalten werden. Die Abstimmung erfolgt so genau, dass praktisch keine Überlappungen bei der Feldbearbeitung vorkommen. «

andere Märkte etwa in Asien ohne bestehendes Vertriebsnetz schwer sein. Deshalb suchten sie einen starken Partner und fanden ihn in der aufstrebenden AGCO Corporation. Fendt wurde 1997 an die Amerikaner verkauft.

Fendt im AGCO-Zeitalter Ein Jahr später kam die Baureihe Favorit 700 Vario auf den Markt, die das Variokonzept nach unten erweiterte. Immer stärker hielt die Elektronik Einzug in den Traktorenbau. Ein automatisches Spurführungssystem über GPS gehörte ebenso dazu wie die Hochdruckeinspritzung in der Motorentechnologie und der Bordcomputer. Die Fahrerkabine hatte nun große Ähnlichkeit mit einem Büroarbeitsplatz. Ein Höhepunkt der Vario-Reihe wurde der *Fendt 936 Vario*, der ab 2006 erhältlich war. In dieser Zeit begann bei den Favoriten die Umbenennung von „Favorit" in „Fendt". Bei den Farmern geschah das erst später.

Der *Fendt 936 Vario* hatte Elektronik und Hydraulik vom Allerfeinsten bekommen, das Vario-Getriebe war weiter verbessert worden. Die Höchstgeschwindigkeit lag bei 60 km/h, die neue, integrierte FSC (Fendt Stability Control) sorgte dafür, dass ein Pendeln der Vorderachse ausgeglichen wurde. Das machte das Steuern noch genauer und die Fahrt noch ruhiger. Der Motor erfüllte die schärfsten Emissionsnormen und war mit einem Abgasrückführungssystem ausgestattet. Mit 330 PS wurde er zum stärksten Fendt aller Zeiten.

In den folgenden Jahren wurden auch die Baureihen 300 und 400 mit Vario-Technik ausgestattet. 2010 bekamen sogar die 200er, also die Schmalspur- und Kompakttraktoren ein Vario-Getriebe. Nach der Finanzkrise stehen bei Fendt alle Signale für eine positive Entwicklung auf Grün.

IN DER GEHOBENEN MITTELKLASSE | *Aus deutschen Landen*

Vom Deutz-Fahren

Die meisten Traktorenfirmen haben ihren Sitz im eher ländlichen Raum, in einem Dorf, das mit der Firma gewachsen ist, oder ein einer Kleinstadt. Die Motorenfabrik von Nikolaus Otto und Eugen Langen jedoch wurde in Köln gegründet. Dort wurde auch die Traktorenfertigung angesiedelt. Erst nach der Übernahme der Landtechniksparte durch SAME zog diese nach Lauingen an der Donau um. Der Name Deutz entstand, nachdem die Firma 1869 in den gleichnamigen Stadtteil auf der rechten Rheinseite umgezogen war.

1876 wurde in dieser Firma der Viertakt-Verbrennungsmotor erfunden. Etwa dreißig Jahre später experimentierte Deutz mit den ersten Traktorenmodellen. Doch bis zur Serienfertigung eines echten Traktors vergingen weitere zwanzig Jahre. Als einer der ersten verwendete Deutz für sein Modell *MTH 222* einen Dieselmotor. Der Durchbruch zu einem der führenden Unternehmen in dieser Branche gelang Deutz mit dem im Volksmund als *Stahlschlepper* bekannten Modell *F2M 315*. Zwei Jahre später entstand der erste echte Schlepper für kleinere Höfe, der als *Bauernschlepper* bezeichnete *F1M 414* mit 11 PS. Auch hier gelang dem Kölner Traditionsunternehmen ein Bestseller. Viele andere Anbieter übernahmen das Konzept.

Pionier der Luftkühlung Ab 1950 wurden die Traktoren mit luftgekühlten Motoren ausgestattet. Neben verschiedenen Radtraktoren mit bis zu 65 PS wurden in kleinerem Umfang auch Raupenschlepper gebaut. Erstmals 1951 bekam mit dem *F2L 514* ein Traktor eine Doppelkupplung, die die Zapfwelle aus ihrer Abhängigkeit vom Getriebe befreite und so die Arbeit mit gezogenen Arbeitsgeräten, zum Beispiel einem Mähdrescher erst praktikabel machte. Ein Glanzstück war die Baureihe D, deren stärkstes Modell

Die **Baureihe 05** zeichnete sich durch eine schöne, runde Formgebung, die klassische Deutz-Zuverlässigkeit und eine effiziente Herstellungsweise aus. Hier zeigte sich **Deutz** ganz auf der Höhe der Traktorenbaukunst.

Deutz-Motoren

Erfinder und Vorreiter Der Name Deutz hat im Motorenbau weltweit einen hervorragenden Klang. Einer der beiden Gründer war der Erfinder des Viertakt-Verbrennungsmotors Nikolaus Otto. Die älteste Motorenfabrik der Welt hatte schon früh mit der Serienfertigung von Dieselmotoren begonnen, die zunächst als Stationärmotoren in Fabriken oder auf Höfen eingesetzt wurden. Als einer der ersten konnte Deutz in den 1920er-Jahren einen Traktor bauen, der mit einem Dieselmotor ausgestattet war. Viele andere Hersteller kauften bei Deutz ihre Traktorenmotoren ein. Nach dem Zweiten Weltkrieg war das in Köln beheimatete Unternehmen eines der ersten, die einen luftgekühlten Dieselmotor in den Traktorenbau einführten und diese Bauart weltweit bekannt machten. 1984 wurde der viermillionste Motor gebaut. Ein Jahr später wurde der alte Rivale MWM, der noch von Carl Benz gegründet worden ist, übernommen. Deutz gehörte nach diversen Fusionen ab 1938 zur Klöckner-Humboldt-Deutz AG (KHD). Seit 1997 heißt der Konzern Deutz AG.

Der **Deutz-Motor 913** – Mit den luftgekühlten Motoren waren ab 1950 alle Deutz-Traktoren ausgestattet. Das änderte sich später unter anderem deshalb, weil die aufgekaufte Firma **MWM** vor allem flüssigkeitsgekühlte Motoren baute.

Ein **Deutz-Modell** mit der Vierzylinderversion des klassischen luftgekühlten Motors der frühen Jahre, dem **FL 514**.

nun auf 75 PS kam. Mit dem *D 40 L* hatte Deutz das Betriebsgewicht durch die Verwendung leichter Werkstoffe maßgeblich senken können.

Ab 1959 wurde Deutz mit eigenen Fabriken in Brasilien und Argentinien aktiv. In Deutschland lag Deutz lange auf Platz 1 der Zulassungsstatistik. Erst 1972 konnte IHC diese Position erringen. Ganz neue Wege beschritt man mit dem *Intrac 2000*, einem sogenannten Systemschlepper mit vier gleich großen Rädern, hydrostatischem Antrieb, Freisichtkabine und drei Anbauräumen. Der *Intrac* war darauf ausgerichtet, mehrere Arbeiten gleichzeitig durchführen zu können und so Zeit zu sparen. Von diesem Typ wurde eine Reihe weiterer Modelle gebaut.

IN DER GEHOBENEN MITTELKLASSE | *Aus deutschen Landen*

Ein Riese wird geboren und geschluckt

1961 beteiligte sich KHD mit einem Viertel an dem traditionsreichen Landmaschinenproduzenten Fahr aus Gottmadingen direkt an der Grenze zur Schweiz. Bis 1968 erfolgte eine komplette Übernahme. Damit besaßen die Kölner nun eine eigene, hervorragend aufgestellte Landmaschinensparte. Ein Jahr später kam mit Ködel & Böhm in Lauingen ein weiterer Landmaschinenproduzent hinzu. Dort wurden Mähdrescher und Feldhäcksler gebaut, die gut ins Programm passten. Damit war ein gigantischer Anbieter entstanden, der alle Geräte für die Landwirtschaft aus einer Hand liefern konnte.

1978 entstand die DX-Reihe, die aus Modellen mit Fünf- und Sechszylindermotoren bestand. Diese Großtraktoren ersetzten die stärksten Typen der aktuellen Reihe 06. Sie hatten ein modernes, bulliges Design erhalten und wurden mit der Master-Cab ausgestattet, einer komfortablen Fahrerkabine. Neu war auch das leistungsfähige Eigenbaugetriebe.

Fahr war vor allem auf dem Landmaschinensektor stark. Doch ab Ende der 1930er-Jahre wurde in Gottmadingen auch mit der Produktion eigener Traktoren begonnen, hier das erste **Modell F 22** mit dem hauseigenen Zapfwellenmähbinder Z I. «

Mit der **DX-Reihe** schuf **Deutz** leistungsfähige Traktoren der Ober- und Mittelklasse. Der hier gezeigte **DX 4.31** gehörte zu den kleineren Vierzylindermodellen. Er wurde ab 1983 gebaut und hatte eine komfortable Star-Cab.

Unter dem Namen Deutz-Fahr Was bei den Landmaschinen schon einige Zeit Realität war, wurde 1981 auch bei den Traktoren eingeführt. Sie bekamen auf ihre Motorhaube den Schriftzug „Deutz-Fahr". Zwei Jahre später kamen stark verbesserte DX-Schlepper heraus, die teilweise Turbomotoren, eine überarbeitete Kabine, ein vollsynchronisiertes Leichtschaltgetriebe mit bis zu 40-km/h und eine Vorderachse mit Radeinschlag von 50 Grad hatten. Mitte der 1980er-Jahre erhielten die Traktoren ein elektronisches Überwachungssystem, das den Namen *Agrotronic* trug.

KHD hatte unter der weltweiten Agrarkrise besonders zu leiden. Ein Engagement in den USA kostete viel Geld und brachte wenig. Man zog sich von dort ebenso zurück wie aus Argentinien. Die Sparte Fahr musste verkauft werden. Man brauchte auch Geld für Investitionen in neue Produkte. Das Ergebnis dieser Anstrengungen waren die ab 1989 verkauften Agro-Reihen mit dem *AgroPrima* der unteren Mittelklasse, dem *AgroXtra* zwischen 60 und 120 PS und den Großtraktoren *AgroStar* zwischen 90 und 230 PS.

Optisch fiel der *AgroXtra* besonders auf. Er war der erste Traktor der Welt mit einer sogenannten Freisichthaube. Diese war so gestaltet, dass sie nach von abfiel. Dadurch öffnete sich dem Fahrer ein vergrößertes Blickfeld nach vorn. Um das zu erreichen, war es nötig, den Motor und die übrigen Bauteile unter der Haube möglichst kompakt zu gestalten.

IN DER GEHOBENEN MITTELKLASSE | *Aus deutschen Landen*

SAME
DIE GROSSEN KONZERNE
SAME Deutz-Fahr

Wachstum durch Übernahmen Die Entwicklung dieses Konzerns ist eigentlich ein kleines Wunder. SAME war alles andere als ein Marktführer, dennoch waren die Übernahmen des in die Krise geratenen Traktorensegments von Lamborghini 1972 und des nach dem Tod des Gründers führungslos gewordenen Schweizer Traktorenbauers Hürlimann im Jahr 1979 nichts Ungewöhnliches. Ein Paukenschlag war aber die Übernahme von Deutz-Fahr, einem der Branchenriesen, der 1995 mit seiner gesamten Landmaschinenabteilung gekauft wurde. Deutz-Fahr und seine Vorgänger hatten bis dahin über eine Million Traktoren hergestellt. Davon konnte SAME nur träumen. Neben den Standorten in Deutschland und Italien produziert der Konzern in Kroatien Mähdrescher und hat in Polen und Indien eigene Fertigungsstätten für Traktoren. Die Schlepperfertigung von Deutz-Fahr verlegte SAME 1996 ins Mähdrescherwerk nach Lauingen.

Die Aussaat mit schwerem Gerät erfordert zur Schonung des Bodens vom **Agrotron** eine **Zwillingsbereifung** aller vier Räder.

SAME DEUTZ-FAHR

Die TTV-Generation 1995 erfolgte dann die überraschende Übernahme durch SAME. Die Traktorenproduktion wurde bald darauf nach Lauingen verlegt. Die bestehende Modellpalette wurde zunächst fortgeführt. Im Jahr 2000 reagierte Deutz-Fahr auf die Herausforderung des Vario-Getriebes von Fendt und führte mit dem *Agrotron TTV* einen eigenen Traktor mit stufenlosem, leistungsverzweigtem Getriebe vor. Von

Der **Deutz-Fahr Agroplus 410 S** gehört zu den neuesten Modellen. Seine Einsatzmöglichkeiten sind vielseitig, liegen aber vor allem im Bereich **Wein- und Obstbau**.

Der **Agrotron TTV 1160** von 2001 hat ein stufenloses Getriebe mit Leistungsverzweigung, für Transportaufgaben ist eine Höchstgeschwindigkeit von 50 Kilometern pro Stunde möglich. Die Kabine ist 6,5 Quadratmeter groß!

Der **Bedienhebel eines Agrotron-Schleppers** von **Deutz-Fahr** mit einer Vielzahl von Funktionen erinnert eher an einen Videospiel-Joystick.

Lamborghini war die Agrocompact-Reihe ins Programm aufgenommen worden. Prunkstück der neueren Modelle ist die hervorragend isolierte Kabine, die sehr bequem ausgestattet wurde.

Neben dem Aufbau von Fabriken in Polen, Kroatien, Indien und China wurde auch der Markt der ehemals sowjetischen Staaten ins Auge gefasst. Mit Großtraktoren wie dem 2009 vorgestellten *AgroXXL,* einem fast 20 Tonnen schweren Vierachser, soll das gelingen. Dieser Knicklenker mit einem V-8-Motor leistet stolze 600 PS. 2010 wurde mit den Modellen der neuen Baureihe Agrofarm TTV das stufenlose Getriebe auch in den Bereich der Mittelklassetraktoren eingeführt.

 IN DER GEHOBENEN MITTELKLASSE | Der Rolls-Royce unter den Traktoren

Der Rolls-Royce unter den Traktoren

 Kein Traktor verließ die Werkshallen von Hans Hürlimann, ohne dass er die höchsten Qualitätsstandards erfüllt hätte. Hürlimann stellte praktisch alle Bauteile selbst her. Das kostete viel Geld, doch am Ende standen Fahrzeuge, für die der Firmengründer, Bauernsohn und gelernte Mechaniker seine Hand ins Feuer legen konnte.

Schweizer Präzisionsarbeit

Nichts könnte geeigneter sein, das Firmenziel der schweizerischen Traktorenschmiede von Hans Hürlimann zu beschreiben, als das Bonmot vom „Rolls-Royce" unter den Traktoren, das seine Maschinen seit Langem auszeichnet.

Seinen ersten eigenen Traktor baute der 1901 geborene Hürlimann 1929 in seiner Freizeit. Der *1 K8*, so der Name dieses Modells, wurde so erfolgreich, dass man begann, eine kleinere Serie zu bauen. Der Motor stammte von der französischen Firma Bernard. Doch damit gab sich Hürlimann nicht zufrieden. Ab 1936 konnte er seine Traktoren auch mit eigenen Motoren ausliefern. Aber bereits 1939 änderte er die Strategie wieder. Die Firma Saurer in Arbon am Bodensee hatte einen Dieselmotor mit Direkteinspritzung auf den Markt gebracht, den musste er haben. So kam es, dass Hürlimann den ersten Traktor mit Direkteinspritzer-Diesel überhaupt baute. Der Krieg in ganz Europa zwang die Schweizer jedoch schon bald, auf Benzin und Holzgas umzusteigen.

Der **Hürlimann 165.7** ist nahezu baugleich mit dem **Agrotron 165.7** von Deutz-Fahr. Der 7,1-Liter-Motor hat einen Turbolader und Ladeluftkühlung. Es gibt zwei Wendegetriebe-Varianten: mit 24 und mit 40 Gangabstufungen.

Der **H 12** von **Hürlimann** war deshalb ungewöhnlich, weil er mit einem Petrol-Motor ausgestattet war. In Amerika war das damals noch Standard, in Europa längst nicht mehr.

Marktführer in der Schweiz In den 1950er- und 1960er-Jahren erlebte Hürlimann seine goldenen Zeiten. Mit dem *D 100* gelang ein großer Verkaufserfolg. Dieses Modell wurde zum meistgekauften Traktor in der Schweiz. Die produzierten Maschinen wurden immer besser, größer und stärker. Längst schon passten die Spitzenmodelle nicht mehr zum Schweizer Markt mit seinen vielen engen Flächen. Sie wurden ins Ausland verkauft. Eines dieser Modelle war der *D 600* mit einem 65 PS starken Motor. In dieser Leistungsklasse bewegten sich damals nur wenige Hersteller wie Hanomag oder Deutz, vielleicht noch ein paar Amerikaner.

Als Beispiel für die technische Meisterschaft der Schweizer sei die Ganzranklenkung genannt, die einen Lenkeinschlag von 85 Grad ermöglichte und dem Fahrzeug eine extreme Wendigkeit verlieh.

Die teure Produktion verursachte in den Jahren der Agrarkrise massive Probleme. Hürlimann arbeitete enger mit Lamborghini zusammen. Diese Kooperation deutet schon die weitere Entwicklung an. 1977 starb der Firmengründer Hans Hürlimann und die Erben hielten es für das beste, die Firma an SAME abzugeben. 1983 wurde der letzte „echte" Hürlimann gebaut, seitdem handelt es sich um Lamborghini- oder SAME-Modelle, die im italienischen Treviglio montiert werden.

Das ist das Modell **1K10,** mit dem **Hans Hürlimann** sein Debüt als Traktorenschmied gab.

 IN DER GEHOBENEN MITTELKLASSE | *Traktoren aus dem hohen Norden*

Traktoren aus dem hohen Norden

 Ein finnischer Hersteller unter den Marktführern in Südamerika? Was seltsam klingt, hat einen guten Grund. Valtra ist aber auch in der EU sehr stark. Unter dem Dach dieses Konzerns sind heute alle wichtigen Traktorenbauer Skandinaviens zuhause – und seine Geschichte ist fast so spannend wie ein Schwedenkrimi.

Drei Wurzeln aus dem Land der Tre Kronors

Der erste schwedische Traktor wurde 1913 von Munktell, einem Hersteller von Dampfmaschinen und Lokomobilen, gebaut. Dieses acht Tonnen schwere Ungetüm bot gerade einmal 30 PS Leistung. Für die Firma war das der Eintritt in die Zunft der Schlepperbauer. Doch die Weltwirtschaftskrise zwang Munktell, sich einen Partner zu suchen. Man fand ihn in einer Stockholmer Motorenfabrik, die von den Brüdern Bolinder betrieben wurde. Deren Motorensparte vereinigte sich mit Munktell, eine andere Abteilung blieb selbstständig.

In den 1930er-Jahren entstanden zahlreiche Traktoren, während des Zweiten Weltkriegs musste man Holzgastraktoren bauen, da die Rohstoffzufuhr nur noch sehr eingeschränkt funktionierte. Die Jahre waren schwer für Bolinder-Munktell – zu schwer, um allein zu bleiben.

Bald kam Volvo, eines der bekanntesten schwedischen Unternehmen, ins Spiel. Volvo wurde 1927 in Göteborg gegründet. Schon in den ersten Jahren wurden auch Traktoren ins Programm aufgenommen. Ab 1945 arbeiteten Bolinder-Munktell und Volvo zusammen. Die *Bauernschlepper BM 10* und andere Modelle wurden gebaut. 1950 kaufte Volvo seine Partner auf. So entstand die Marke Volvo BM.

Mit dem Modell **33D** schuf **Valmet** 1957 einen modernen Traktor mit 37,5 PS Leistung und Hydraulik. Er besaß Einzelradfederung und hatte eine relativ hohe Bodenfreiheit.

Ab 1966 baute **BM Volvo** mit dem **T 800** einen Großtraktor mit Sechszylindermotor in zwei Motorisierungsvarianten mit 106 oder 115 PS.

 IN DER GEHOBENEN MITTELKLASSE | *Traktoren aus dem hohen Norden*

Mit einer mechanischen **Anbaudrillmaschine** Premia 300 von Kuhn ist dieser **Valtra** unterwegs. Seit 2003 gehört Valtra zum amerikanischen AGCO-Konzern.

Vom Winterland zum Zuckerhut

Weil „Valtion Metallitehtaat" außerhalb Finnlands niemand aussprechen konnte, wurde die Firma ab 1951 einfach „Valmet" genannt. Das Unternehmen gehörte dem Staat und umfasste eine Reihe Metall verarbeitender Betriebe. Auf dem Programm standen unter anderem Traktoren, denn in den 1950er-Jahren wollten auch die finnischen Bauern von den Vorteilen der Motorisierung profitieren. Gebaut wurden zunächst Traktoren der damals üblichen 15- und 22-PS-Klassen.

Mit dem Modell *33D* gelang 1957 ein moderner Traktor mit Hydraulik, Einzelradfederung und 37,5 PS Leistung. Valmet lieferte diesen Typ auch nach Brasilien aus. Dort herrschte Ende der 1950er-Jahre ein großer Nachholbedarf, weshalb sich viele europäische und amerikanische Hersteller dazu entschlossen, dort mit eigenen Fertigungsstätten präsent zu sein. Valmet baute in der Nähe von São Paulo ein Werk auf. Das sollte sich lohnen, denn die dort produzierten einfachen und widerstandsfähigen Traktoren bewährten sich sehr gut. In den ersten 15 Jahren wurden über 50 000 Valmet-Traktoren in Brasilien gebaut. Die Modelle unterschieden sich von den im Mutterland gebauten. 1967 war Valmet mit dem *Valmet 900* der erste

Die **N-Serie,** die mit Modellen im mittleren Leistungsbereich zwischen 88 und 150 PS aufwarten kann, wurde 2005 eingeführt. ▸

Eigentlich ist er eher Rentiere gewohnt, doch der **Valtra T 162 Versu** mit modernem Lastschaltgetriebe kommt sicherlich auch mit Kängurus bestens zurecht. ▸▸

Hersteller, der eine serienmäßige Sicherheitskabine verkaufte.

Ende der 1970er-Jahre zwang die Agrarkrise viele Hersteller zum Zusammenschluss. Valmet vereinbarte mit Volvo BM ein Zusammengehen mit dem Ziel, einen gemeinsamen nordischen Traktor herauszubringen. 1985 übernahm Valmet den 50-prozentigen Anteil von Volvo und brachte damit die Schweden unter sein Dach. Einige Geschäfte in Afrika entwickelten sich recht positiv. Die folgenden Jahre waren durch Kooperationsabkommen gekennzeichnet. Mit Steyr wurden Komponenten gemeinsam entwickelt. Später kam Massey Ferguson dazu und alle drei entwickelten eine neue Großtraktoren-Baureihe.

Valtra entsteht 1997 wurde Valmet umbenannt. Grund dafür waren vor allem einige Umstrukturierungen, die der finnische Staat mit seinen Betrieben vorgenommen hatte. Die Bezeichnung „Valmet Traktoren" wurde bald mit „Valtra" abgekürzt. In diesem Jahr 1997 wurde die Carraro-Tochter Agritalia – ein Hersteller, der auch für John Deere, Case IH, Massey Ferguson und Renault/Claas tätig ist – mit der Produktion der kompakten Baureihe 3000 beauftragt.

2003 wurde Valtra an den AGCO-Konzern verkauft. In diesem Jahr wurden in Brasilien die neuen B-Baureihe eingeführt, außerdem die Serien M und C. Die auch heute noch gebaute T-Reihe kam ein Jahr früher auf den Markt, die Großtraktoren der S-Klasse 2001. Doch das ganze Programm war etwas unübersichtlich. Hinzu kam, dass AGCO mit Fendt und Massey Ferguson schon zwei wichtige Marken unter dem Konzerndach untergebracht hatte. In den folgenden Jahren fand auch Valtra seinen Platz im Konzerngefüge. Brasilien und Skandinavien sind weiter die wichtigsten Märkte. Die Jahresproduktion stieg nach der Übernahme durch AGCO von etwa 16 000 auf 25 000.

Das Programm wurde verschlankt auf die vier Baureihen A, N, S und T. Doch mit Leistungswerten zwischen 74 und 370 PS ist für jeden Anspruch etwas dabei.

Valtra wird immer mehr als junge, pfiffige Marke aufgebaut. Die Finnen sind die einzigen Hersteller der Branche, bei denen man sich seine Fahrzeugfarbe aussuchen kann.

Dieses Bild zeigt, wie die Kabinenfederung Serien T, M und C von **Valtra** aufgebaut ist. Komfort ist heute ein wichtiges Kriterium beim Traktorkauf.

IN DER GEHOBENEN MITTELKLASSE | *Frankreich baut für die anderen*

Frankreich baut für die anderen

Die ersten Traktoren in Frankreich waren Fordson-Schlepper, die im Ersten Weltkrieg importiert wurden, um den Arbeitermangel auf den Höfen auszugleichen. Ein französischer Autobauer folgte 1919 Fords Beispiel. Heute werden in Frankreich viele Traktoren gefertigt. Doch am Ende steht kein französischer Name auf der Motorhaube.

Der **Atles 935 RZ** besaß einen Sechszylindermotor von **Deutz,** der mit seinen 260 PS zu den Großtraktoren zählte. **Claas** hat ihn nach der Übernahme weitergebaut. Auch als Spielzeugversion kann man ihn kaufen.

Renault und Claas

Im Ersten Weltkrieg hatte Louis Renault mit seinen Taxis, die 1914 frische Kräfte von Paris an die Marnefront brachten, Geschichte geschrieben. Damals stellte er seine Firma ganz in den Dienst der Rüstung. Unter anderem baute er Panzerwagen mit Kettenlaufwerken. Nach Kriegsende entwickelte er daraus einen Traktor für die Bewirtschaftung seines landwirtschaftlichen Betriebs. Er war so zufrieden, dass weitere Exemplare folgten und verkauft wurden.

1933 baute Renault den ersten französischen Traktor mit Dieselmotor. Es folgten Fahrzeuge für die verschiedensten Einsatzzwecke. Raupenschlepper wurden ebenfalls noch hergestellt. Anfang 1945 gelangte Renault in den Besitz des Staates. Traktoren wurden weitergebaut und Renault

Der **erste Traktor Frankreichs** hatte einen Raupenantrieb, damals ein Grund zum Staunen.

sollte in dem einsetzenden Verkaufsboom eine wichtige Rolle spielen. Im Produktionsort Le Mans setzte man auf einen modernen Maschinenpark. Die Absatzzahlen waren beeindruckend: Um 1967 verließen jedes Jahr über 20 000 fertige Traktoren die Werkshallen.

Versuche, auf dem lukrativen deutschen Markt Fuß zu fassen, blieben lange erfolglos. Die konservativen Bauern kauften lieber einheimische Produkte – und sie hatten damals noch genügend Auswahl. 1963 versuchte man es über einen Umweg. Der Hersteller Porsche, der zu Mannesmann gehörte, war in eine Krise geraten, weshalb ihn die Konzernmutter gern verkaufen wollte. Renault griff zu und sicherte sich nebenbei die Ersatzteilversorgung der MAN-Traktoren. Doch auch die Porsche-Diesel-Renault-Modelle verkauften sich nicht wie gewünscht.

Technische Neuerungen 1967 wurde die *Tracto-Control* eingeführt. Anders als bei bisherigen Regelhydraulik-Syste-

Louis Renault

Einfallsreicher Konstrukteur Der 1877 geborene Franzose war ein – heute würde man sagen – Technikfreak. 1898 baute er sein erstes Auto zusammen, die Voiturette (siehe Bild). Viele wichtige Erfindungen im Automobilbau gehen auf ihn zurück, so die Kardanwelle und die Trommelbremse. Seinen ersten Traktor, einen Raupenschlepper, baute er 1919, weil er einen für sein eigenes Landgut benötigte. Daraus entstand ein neuer Produktionszweig. Nach Louis Renaults gewaltsamem Tod 1944 gelangte die Firma Renault in die Hand des französischen Staates.

Monsieur **Louis Renault** fährt mit seinem ersten selbst produzierten Automobil spazieren, der **Voiturette**.

 IN DER GEHOBENEN MITTELKLASSE | *Frankreich baut für die anderen*

Firma Claas

Saatengrün als Markenzeichen Das Unternehmen im norddeutschen Harsewinkel entwickelte sich nach dem Zweiten Weltkrieg zu einem der führenden Landmaschinenhersteller Europas. 1968 konnte bereits der 200 000ste Mähdrescher ausgeliefert werden. Auch Ballenpressen sind wichtige Produkte. Mit der wachsenden Verbreitung des Maisanbaus stieg Claas auch in die Fertigung von Feldhäckslern ein, anfangs von gezogenen Maschinen, später von Selbstfahrern. Durch die Übernahme der Traktorensparte von Renault im Jahr 2003 wurde das Programm sinnvoll abgerundet.

men geschah hier die Regelung nicht über den Oberlenker, sondern über die beiden Unterlenker. Durch diese direkte Steuerung des Krafthebers wurden Messverluste vermieden. Der Schlupf verringerte sich und so stieg die Feldleistung.

Bereits 1983 wurde mit der *Ecocontrol* ein System eingeführt, das den Kraftstoffverbrauch optimierte. Zwei Jahre später wurde die Traktoren- und Landmaschinensparte vom Konzern getrennt und als Renault Agriculture neu aufgestellt. Doch weiterhin tat sich das Unternehmen mit dem Export schwer. Ende der 1980er-Jahre geriet es in der Agrarkrise fast unter die Räder. Von ehemals annähernd 4000 Mitarbeitern blieben nur noch 1800 übrig.

Die Klein- und Spezialtraktoren ließ man bei der Carraro-Tochter Agritalia bauen, wo sich auch andere Hersteller bedienten. Ab 1994 lieferte Renault Modelle des Typs Ceres an John Deere, die dort unter der Baureihenbezeichnung 3000 verkauft wurden. Mit Massey Ferguson wurde eine Gemeinschaft zum Bau von Traktorenkomponenten gegründet. Im gleichen Jahr wurde ein neues Lastschaltge-

Mit dem **Xerion** war **Claas** in die Traktorenfertigung eingestiegen. Dieser Spezialschlepper kann seine Kabine um 180° umdrehen.

Der **Ares 577 ATZ** von **Claas** zeichnet sich durch seine vierfache Kabinenfederung aus. Er ist der größte Vertreter der **Baureihe Ares 500** mit einem Vierzylindermotor, der eine Leistung von 124 PS beschert. Der Traktor hat ein Hexashift-Lastschaltgetriebe mit 24 Gängen in beide Richtungen.

 IN DER GEHOBENEN MITTELKLASSE | *Frankreich baut für die anderen*

Dank der Übernahme von **Renault Agriculture** kann Claas ein breit gefächertes Programm in der Hochleistungs-Landtechnik anbieten. Hier arbeiten zwei **Claas-Traktoren** im Ernteeinsatz mit dem **Häcksler Jaguar 370** zusammen.

triebe eingeführt, das eine automatische Wendeschaltung besaß. Dieses *Tractronic*-Getriebe kam in den großen und Mittelklassemodellen zum Einbau.

In den Jahren 1997 bis 1999 traten neue Baureihen an den Start, deren größte die „Atles"-Reihe mit weit über 200 PS wurde. Daneben gab es in der „Götter"-Reihe die Spezialschlepper *Dionis, Fructus* und *Pales,* die Standardschlepper *Ceres, Ares, Temis* und *Celtis.* Neben verbesserten Getriebevarianten wurde nun auch eine Load-Sensing-Hydraulik angeboten. Die Kabine wurde gefedert gelagert und erhielt mit dem Electropilot eine Joysticklenkung. Mithilfe von GPS bot der *Tractostat* eine automatische Spurführung.

Claas fährt Renault 2003 kam es dann zum Paukenschlag. Die deutsche Landmaschinenfirma Claas, die sich bislang nur mit dem relativ erfolglosen Geräteträger *Huckepack* und den Xerion-Systemschleppern in der Traktorenbranche gezeigt hatte, stieg zunächst bei Renault Agriculture ein und übernahm das Unternehmen dann komplett. Die lange Jahre roten, ab den 1980er-Jahren orangefarbenen Traktoren erhielten nun eine saatengrüne Lackierung und die Aufschrift „Claas". Produziert wurden die Schlepper weiter in Le Mans, abgesehen von den kleinen Modellen.

Zunächst wurden die Baureihen fortgeführt, später auf drei reduziert: den *Nectis* (als Nachfolger von *Dionis* und

Fructus, wurde bei Agritalia produziert), den *Celtis* für die Grünlandwirtschaft und den *Atles* als Großtraktor. Der Systemschlepper *Xerion* blieb weiter im Programm und wurde bis heute immer wieder überarbeitet.

Zwischen 209 und 260 PS leisten seit 2006 die Sechszylindermodelle *Axion*, die es auf Wunsch mit stufenlosem Getriebe gibt. Der *Axion* bildet die stärkste Standardschlepper-Baureihe im Programm. Zwischen 100 und 180 PS sind die drei *Arion*-Reihen angesiedelt. Der *Arion* wurde 2008 Schlepper des Jahres und weist viele Merkmale der Premiumklasse über 200 PS auf. 2008 ging die *Axos*-Reihe an den Start, die den *Celtis* ersetzte. 2010 löste die Baureihe *Nexos* den *Nectis* ab. Claas feiert in Deutschland Erfolge, von denen Renault nie zu träumen wagte, doch auch das Auslandsgeschäft – vor allem in Osteuropa – brummt.

Der **Arion** von **Claas** wurde 2008 zum Schlepper des Jahres gewählt – eine Auszeichnung, auf die Claas durchaus stolz sein kann. Arion ist die Mittelklassebaureihe der Firma aus Harsewinkel.

 IN DER GEHOBENEN MITTELKLASSE | *Frankreich baut für die anderen*

Massey Ferguson – rote Schlepper aus Beauvais

Massey Ferguson gehört zu den bekanntesten und weltweit am weitesten verbreiteten Traktormarken. Die Anfänge der Firma umspannen zwei Kontinente und mehrere Länder. Eine der historischen Wurzeln liegt in der kanadischen Provinz Ontario, wo Mitte des 19. Jahrhunderts Daniel Massey und Alanson Harris Werkstätten für die Reparatur und Produktion von Landmaschinen gründeten. Es war die Zeit, in der die Getreidemäher und später die Mähbinder aufkamen und in der die nordamerikanische Landwirtschaft eine rasche Mechanisierung erlebte. Als Antriebs- und Zugkraft dienten zu dieser Zeit noch hauptsächlich Pferde, gegen Ende des Jahrhunderts kamen zunehmend auch Dampfmaschinen zum Antrieb stationärer Maschinen zum Einsatz.

Landmaschinen aus Kanada Die zweite Hälfte des 19. Jahrhunderts war für Landmaschinenhersteller in Nordamerika eine goldene Zeit. Die Nachfrage ließ die erfolgreichen Unternehmen schnell wachsen. Zugleich drängten ständig neue Anbieter auf den Markt. Die Folge war ein scharfer Wettbewerb. Auch die von Massey und Harris gegründeten Unternehmen sahen sich als erbitterte Rivalen. Ihren Kampf um Marktanteile beendeten sie jedoch 1891 durch die Fusion der beiden Firmen.

Das neu entstandene Unternehmen Massey-Harris konnte seine ohnehin schon starke Marktposition noch durch Zukäufe ausbauen. Produziert wurde schon seit Längerem nicht mehr nur für den kanadischen, sondern auch für den internationalen Markt. Die Massey-Harris-Maschinen wurden bis nach Europa und Australien verschifft. Geschichte schrieb das in Toronto ansässige Unternehmen jedoch nicht zuletzt mit seinen Mähdreschern. Ab

Seit dem Zusammenschluss von **Massey-Harris** und **Ferguson** war das Unternehmen sowohl auf dem Mähdrescher- als auch auf dem Traktorenmarkt einer der weltweit wichtigsten Anbieter.

Im englischen Coventry hatte **Ferguson** das größte Traktorenwerk der Welt aufgebaut. Die „kleinen grauen Fergies", wie man die dort hergestellten Schlepper nannte, wurden zu Tausenden in alle Welt verschickt.

1910 hatte Massey-Harris gezogene und ab 1938 selbstfahrende Mähdrescher im Angebot.

Massey-Harris und Ferguson Der wirklich erfolgreiche Einstieg in den Traktorenmarkt gelang dem kanadischen Landmaschinenkonzern erst 1928 mit der Übernahme der in Racine im US-Bundesstaat Wisconsin ansässigen Firma J. I. Case Plow Works, die die sogenannten Wallis-Traktoren im Programm hatte. Massey-Harris schuf sich damit ein festes Standbein auf dem schnell wachsenden nordamerikanischen Schleppermarkt. Auf dem europäischen Markt blieben die Massey-Harris-Traktoren damals eine Randerscheinung. Dies sollte sich jedoch ändern. 1953 kam es zur Fusion mit der Firma des erfolgreichen Unternehmers und Erfinders Harry Ferguson. Ferguson besaß zwei große Produktionsstätten: im englischen Coventry und im amerikanischen Detroit. Die beiden Fabriken wurden die Hauptwerke für die Traktorenproduktion von Massey-Harris-Ferguson, aus dem ein paar Jahre später Massey-Ferguson und schließlich Massey Ferguson wurde.

Dieses **Massey-Harris-Modell** stammt noch aus der Zeit, als das Unternehmen versuchte, mit der Lizenzfertigung von Parrett-Traktoren in der Branche Fuß zu fassen. Doch erst die Übernahme der **J. I. Case Plow Works** bescherte den erhofften Erfolg.

IN DER GEHOBENEN MITTELKLASSE | *Frankreich baut für die anderen*

Die meisten **Massey-Ferguson-Traktoren** werden heute im französischen Beauvais hergestellt. Manche kleinen Traktoren werden aber auch von anderen Unternehmen produziert, wie dieser **MF 2615,** der von **TAFE** in Indien gebaut wird.

Aufstieg und Fall Massey Ferguson entwickelte sich in den 1960er- und 1970er-Jahren zu einem der bedeutendsten, weltweit operierenden Traktoren- und Landmaschinenhersteller. Der Konzern erwarb Anteile an zahlreichen anderen Unternehmen der Branche. Dazu gehörten 1960 Landini in Italien sowie 1970 der deutsche Traktorenbauer Eicher.

Dem Boom folgte jedoch in den 1980er-Jahren die Krise. 1982 musste das Werk in Detroit geschlossen werden. Zahlreiche Unternehmensbeteiligungen wurden verkauft. Selbst der Firmenname wurde geändert. 1986 wurde aus dem kanadischen Konzern Massey-Ferguson Limited die Varity Corporation. Der Markenname „Massey Ferguson" für die Traktoren und Landmaschinen blieb jedoch erhalten. Ziel der Namensänderung war es, neue Investoren anzulocken. Der gleiche Grund führte 1991 zum Umzug der Konzernzentrale von Toronto nach Buffalo im US-Bundesstaat New York. Aber weder in den USA noch in Kanada wurden zu dieser Zeit noch Massey-Ferguson-Traktoren produziert. Zum Hauptwerk stieg nach und nach Beauvais in Frankreich auf.

Ein Neuanfang Die Landwirtschaftskrise der 1980er-Jahre hatte für viele Hersteller das Ende der Unabhängigkeit oder sogar das Aus bedeutet. Es gab jedoch auch einige Namen, die in der Szene neu auftauchten. Dazu gehörte das in Duluth, Georgia, ansässige Unternehmen AGCO, das durch Zukäufe einen raschen Aufstieg verzeichnete. 1993 übernahm AGCO die Landtechniksparte von Varity. Massey Ferguson wurde zur wichtigsten Traktorenmarke von AGCO.

Heute deckt Massey Ferguson das gesamte Leistungsspektrum ab, von Großtraktoren bis zu kleinen Spezialtraktoren für die Rasenpflege. Die Klein- und Kompakttraktoren werden oft von anderen Unternehmen für Massey Ferguson hergestellt. Dazu gehören die Reihe 1600, die von Iseki in Japan produziert wird, die Reihe 2600, die aus dem TAFE-Werk im indischen Madurai stammt, und die immerhin bis zu 100 PS leistenden Modelle der Reihe 3600, die von Agritalia im italienischen Rovigo hergestellt werden. Im brasilianischen Canoas produziert AGCO selbst Kompakttraktoren für den Weltmarkt. Die oberste Leistungsklasse wird von der aus Beauvais stammenden Reihe 8600 repräsentiert. Diese Schlepper decken den Bereich von 240 bis 340 PS Nennleistung ab.

Die **2600er-Reihe** ist für leichtere Aufgaben wie Mäh- und Ladearbeiten, gedacht. ▸▸

Der **MF 8680** gehört zur obersten Leistungsklasse von Massey Ferguson. Mit einer Höchstleistung von 350 PS ist er für Arbeiten mit ganz großen Maschinen konzipiert. Die Dreiecke des Logos repräsentieren die Ur-Unternehmen **Massey, Harris** und **Ferguson**. ▸▸

 IN DER GEHOBENEN MITTELKLASSE | *Diesseits und jenseits des Atlantiks*

Diesseits und jenseits des Atlantiks

 Alle großen Traktorenhersteller sind heute international tätig. Manche Traktorenmarken können nicht einmal mehr einem Erdteil zugeordnet werden, da sie durch Fusionen mehrerer Unternehmen, meist aus Europa und Nordamerika, entstanden. Zu diesen interkontinentalen Marken gehören so berühmte Namen wie Case IH und New Holland.

Die Roten und die Rot-Weißen

Case IH und Steyr sind zwei Traktorenmarken, die heute eng miteinander verbunden sind, obwohl sie ganz unterschiedliche Ursprünge haben. Case IH repräsentiert zwei einstmals unabhängige Traktorenmarken, nämlich das in Racine, Wisconsin, ansässige Unternehmen Case sowie den weltweit operierenden Landtechnikkonzern International Harvester. Case war früh zu einem der bedeutendsten amerikanischen Traktorenhersteller aufgestiegen. In Europa blieb die Firma jedoch lange eine Randerscheinung. Erst 1972 gewann Case mit der Übernahme des briti-

In Nordamerika gehörte **Case** bereits zu den bedeutendsten Traktorenherstellern, bevor das Unternehmen auch in Europa größere Bekanntheit erlangte.

Nach der Vereinigung von **Case** und **International Harvester** bekamen alle Traktoren der Marke **Case IH** als Lack das frühere IHC-Rot. »

 IN DER GEHOBENEN MITTELKLASSE | *Diesseits und jenseits des Atlantiks*

schen Traktorenherstellers David Brown und dem Werk im englischen Meltham eine größere Präsenz in Europa. International Harvester war dagegen schon seit Anfang des 20. Jahrhunderts ein bekannter Name auf dem alten Kontinent. McCormick und Deering, zwei der Landmaschinenhersteller, die sich 1902 zur International Harvester Company vereinigten, verschifften bereits im 19. Jahrhundert ihre Maschinen über den Atlantik und trugen zu der zögerlich einsetzenden Mechanisierung der europäischen Landwirtschaft bei.

Expansion nach Europa Die IHC-Konzernzentrale lag zwar in Chicago, aber man begann bald damit, in Europa Produktionskapazitäten aufzubauen. 1906 erfolgte die Eröffnung einer Fabrik für Heuerntemaschinen in Schweden. Zwei Jahre später erwarb IHC in Neuss am Rhein ein Grundstück, auf dem ein Werk entstand, in dem ab 1911 Heuwender, Heurechen, Düngerstreuer und Getreidemäher hergestellt wurden. Ab 1935 kamen aus dem Neusser Werk für den deutschen Markt konzipierte Traktoren. Der Herstellung von Erntemaschinen diente anfangs auch das 1910 erworbene Werk in Croix im Norden Frankreichs. Nach dem Zweiten Weltkrieg ging man dort zum Bau selbstfahrender Mähdrescher über. Ein bedeutendes Werk eröffnete IHC 1946 in Doncaster. Außerdem sahen die 1950er-Jahre die Errichtung von IHC-Fabriken im französischen Saint Dizier sowie im englischen Bradford.

Case und IHC Die Investitionen in Europa zahlten sich aus. In den 1970er-Jahren nahmen die International-Harvester-Traktoren die ersten Plätze in den Verkaufsstatistiken einiger Länder ein. 1975 errangen die roten IHC-Schlepper sogar in ganz Westeuropa die Marktführerschaft. Ein Arbeitskampf in den amerikanischen Werken und die Krise der 1980er-Jahre brachten den Konzern jedoch an den Rand des Abgrunds. 1985 erfolgte die Übernahme durch Case, aus der die neue Marke Case IH entstand. Die anschließende Phase der Konsolidierung führte zum Abbau von Überkapazitäten und zur Schließung mehrerer Werke.

Dieser **Case IH CVX** wird im österreichischen Sankt Valentin hergestellt. Zu seinen Besonderheiten gehört das **stufenlose Getriebe**.

Dieser **Case IH JX1070C** wurde von 2004 bis 2008 hergestellt. Bei Steyr und New Holland gab es fast baugleiche Modelle.

🚜 **Steyr in Sankt Valentin** Auch andere europäische Traktorenhersteller sahen sich zu dieser Zeit mit neuen Herausforderungen konfrontiert. Dazu gehörte das österreichische Unternehmen Steyr, das seit Kriegsende – und seit 1957 im niederösterreichischen Sankt Valentin – Traktoren montierte und sich zum Marktführer in Österreich aufgeschwungen hatte. Die Geschichte der Firma Steyr reicht ebenfalls bis ins 19. Jahrhundert zurück. Sie nahm ihren Anfang in der knapp 20 Kilometer von Sankt Valentin entfernten Stadt Steyr, wo Josef Werndl 1830 eine Waffenfabrik gründete. 1926 wurde diese Firma in Steyr-Werke AG umbenannt. 1934 kam es zur Fusion mit anderen bedeutenden Industrieunternehmen und zur Gründung der Steyr-Daimler-Puch AG. Im Produktionsprogramm des großen österreichischen Konzerns befanden sich Autos, Fahrräder, Lastwagen und Schienenfahrzeuge. Je näher der Kriegsausbruch rückte, desto wichtiger wurde die Rüstungsproduktion. 1939 ging ein neues Rüstungswerk in Sankt Valentin in Betrieb.

Statt Waffen baute Steyr-Daimler-Puch nach dem Krieg Traktoren in Sankt Valentin. Die Steyr-Traktoren richteten sich vor allem an die österreichischen Landwirte, obwohl auch der Export eine wichtige Rolle spielte. Kooperationen mit anderen Unternehmen, beispielsweise mit KHD, Massey Ferguson und Valmet, hielten in den 1970er- und 1980er-Jahren die Entwicklungskosten unter Kontrolle. Wie andere große Konzerne, die in verschiedenen

Den 115 PS starken **Case IH MXU110** konnte man auch, etwas anders ausgestattet, als rot-weißen **Steyr 4115 Profi** kaufen.

 IN DER GEHOBENEN MITTELKLASSE | *Diesseits und jenseits des Atlantiks*

Branchen tätig waren, gliederte auch Steyr-Daimler-Puch einzelne Unternehmensbereiche in der Rechtsform einer GmbH aus, um deren Schlagkraft und Flexibilität zu erhöhen. Für das Werk in Sankt Valentin und den Traktorenbau zuständig wurde 1990 die Steyr Landmaschinentechnik GmbH.

Steyr und Case Die Zusammenarbeit zwischen der Steyr Landmaschinentechnik GmbH und der Case Corporation begann 1995. Das Werk in Sankt Valentin lieferte Kompakttraktoren im roten Case-IH-Anstrich für den süddeutschen, französischen und schweizerischen Markt. Case sah in den Steyr-Traktoren eine gute Ergänzung des eigenen Programms. 1996 erfolgten deshalb die Übernahme von Steyr und die Gründung des Tochterunternehmens Case Steyr Landmaschinentechnik GmbH. In Sankt Valentin gab es nun mehr zu tun. Gebaut wurden nicht mehr nur rot-weiße Steyr-Traktoren, sondern auch rote Case-IH-Schlepper. Die Steyr-Baureihen M 900, M 9000 und 9100 wurden auch als CS-Serie unter dem Namen Case IH verkauft.

Die Verbindung der Marken Steyr und Case IH blieb auch nach der Fusion von Case und New Holland zu Case New Holland erhalten. 2000 führten die Traktorenkonstrukteure in Sankt Valentin das stufenlose Getriebe *s-matic* mit der CVT-Reihe ein. Bei Case IH wurde diese Baureihe unter der Bezeichnung CVX übernommen. Das Case-IH- und das Steyr-Programm entsprechen sich jedoch nicht gänzlich. Zu den Unterschieden zwischen den Modellen gehören nicht nur äußerliche Merkmale wie die Motorhaube, sondern auch die Ausstattung, die bei den rot-weißen Schleppern etwas gehobener ist. Case IH liefert dagegen Baureihen im obersten und untersten Leistungsbereich, die nicht in einer Steyr-Ausgabe erhältlich sind.

Die **Bedienkonsole** des **Case IH Maxxum** befindet sich rechts vom Fahrersitz. Die große Anzahl von Elementen zeugt von einer komplexer werdenden Technik.

Die **CVT-Modelle** stellen die Oberklasse der **Steyr-Traktoren** dar. Die Einführung des stufenlosen Getriebes erfolgte 1999, also in dem Jahr, in dem Case und New Holland fusionierten.

Das Blau haben die **New-Holland-Traktoren** von Ford geerbt. Die New-Holland-Landmaschinen, wie diese Ballenpresse vom Typ **BC5060,** kann man dagegen auch in Rot und Gelb sehen.

New Holland im Ford-Blau

New Holland gehört zu den jüngsten Traktorenmarken, besitzt aber als Nachfolger der Traktorenhersteller Fiat und Ford eine lange und bedeutende Geschichte. Fiat war 1899 in Turin entstanden und hatte sich als Ziel die Produktion von Automobilen gesetzt. Bald stieg das aufstrebende Unternehmen aber auch in andere Industriezweige ein. Dazu gehörte 1919 die Traktorenbranche. Der erste Schlepper aus dem Hause Fiat war der *702* mit 30 PS Leistung. 1929 belief sich die jährliche Produktionszahl auf ungefähr 1000 Exemplare. 1932 brachte Fiat mit dem *700C* einen der ersten europäischen Raupentraktoren auf den Markt. Im gleichen Jahr erfolgte die Verlagerung der Produktion von Turin nach Modena, wo CNH noch heute eine Filiale unterhält.

Der Aufstieg von Fiat Eine erhebliche Expansion der Traktorenproduktion erfolgte in den 1950er-Jahren. Als Antrieb dienten sowohl Benzin- als auch Dieselmotoren. Zusätzlich zu den herkömmlichen Landwirtschaftstraktoren brachte Fiat auch Schlepper für die Industrie, die Forstwirtschaft, den Wein- und den Obstbau auf den Markt. Außerdem hatte das Unternehmen neben den bereiften Schleppern auch Raupentraktoren im Angebot. Als meistverkaufter Traktor Italiens in den 1950er-Jahren erwies sich der *Fiat 18*, der den Beinamen *la piccola*

IN DER GEHOBENEN MITTELKLASSE | *Diesseits und jenseits des Atlantiks*

(die Kleine) bekam. Der Schlepper leistete nur 12 bis 16 PS, entsprach aber dem, was viele kleine Landwirte zu dieser Zeit suchten.

Auch der Export gewann zunehmend an Bedeutung. In den nordamerikanischen Markt einzudringen war jedoch keineswegs einfach. Fiat kaufte deswegen den bedeutenden amerikanischen Landmaschinenhersteller Hesston und gewann dadurch ein großes Händlernetz in den USA, das zum Vertrieb der importierten Traktoren als Hesston-Schlepper genutzt werden konnte. Im Gegenzug vertrieb Fiat Hesston-Landmaschinen unter dem eigenen Namen in Europa.

Ford und der Schlepperbau Ein weiterer Vorfahr der New-Holland-Traktoren war Ford. Henry Ford hatte mit seinen Fordson-Traktoren die frühen Traktorenhersteller das Fürchten gelehrt. Erst die Verlagerung der Produktion nach Irland und später nach England verschaffte der Konkurrenz eine Verschnaufpause, die sie nutzte, um den Fordson-Schleppern mit technisch höherwertigen Modellen die verlorenen Marktanteile wieder abzuringen. Henry Ford wagte 1939 einen zweiten Einstieg in die Traktorenproduktion in den Vereinigten Staaten, diesmal in Zusammenarbeit mit Harry Ferguson. Produziert wurde in Dearborn, unter dem Dach der Ford Motor Company. Die neuen Ford-Traktoren waren durchaus erfolgreich. Die konkurrierenden Unternehmen wie John Deere, Case, IHC, Allis-Chalmers, Massey-Harris und andere waren nun jedoch besser gerüstet, weswegen den Ford-Schleppern nicht mehr der gleiche Triumph gelang wie beim ersten Mal. Außerdem klappte die Zusammenarbeit mit Harry Ferguson nur so lange wie Henry Ford lebte. Nach dem Tod des Firmengründers kam es zwi-

Mit seinen großen Reifen und dem Allradantrieb kommt dieser **TG285** selbst durch das schwierigste Gelände. Sein Sechszylindermotor, der bis zu 311 PS leisten kann, liefert die nötige Antriebskraft.

DIE GROSSEN KONZERNE
Case New Holland

Erfolgreicher Zusammenschluss Case New Holland entstand 1999 durch den Zusammenschluss der Case Corporation mit New Holland N. V. Das Unternehmen befindet sich zu 89,3 Prozent im Eigentum von Fiat Industrial und ist für die Herstellung von Produkten der Landtechnik und der Bauwirtschaft zuständig. Die Marken im landtechnischen Zweig sind Case IH, New Holland und Steyr. Baumaschinen werden unter den Markennamen Case IH, New Holland und Kobelco vertrieben. Wichtige Produktionsstandorte für den Landtechniksektor sind: Ankara (Türkei), Antwerpen (Belgien), Basildon (Großbritannien), Benson (USA), Coex (Frankreich), Curitiba (Brasilien), Dublin (Irland), Fargo (USA), Grand Island (USA), Harbin (China), Jesi (Italien), New Delhi (Indien), New Holland (USA), Piracicaba (Brasilien), Plock (Polen), Queretaro (Mexiko), Racine (USA), Sankt Valentin (Österreich), Saskatoon (Kanada), Schanghai (China), Zedelgem (Belgien).

Case New Holland steht heute für die Landtechnik- und Baumaschinensparte von **Fiat** und ist weltweit an zahlreichen Standorten vertreten.

Aus dem **New-Holland**-Werk im englischen Basildon stammt dieser **T6050**. Der Allzwecktraktor kann eine Leistung von 126 PS vorweisen.

schen den Partnern zum Bruch; gerichtliche Streitigkeiten folgten. Ferguson gründete daraufhin sein eigenes, sehr erfolgreiches Unternehmen, das später in Massey-Ferguson aufging. Aber auch ohne Ferguson genoss Ford einen ansehnlichen Platz unter den Traktorenherstellern. 1985 entschloss man sich dazu, das Angebot um Landmaschinen und Mähdrescher zu erweitern und kaufte deshalb das Landtechnikunternehmen Sperry New Holland.

Von der Kleinstadt zum Weltmarkt New Holland hatte eine wechselhafte Geschichte. Es war nach der Gründung in der kleinen Stadt New Holland im östlichen Pennsylvania schnell zu einem bedeutenden Landmaschinenproduzenten aufgestiegen. Die Wirtschaftskrise in den 1930er-Jahren setzte dem Unternehmen jedoch erheblich zu. 1947 erfolgte die Übernahme durch die Sperry Corporation, die unter dem Namen Sperry New Holland nun eine eigene Landtechniksparte hatte.

 IN DER GEHOBENEN MITTELKLASSE | *Diesseits und jenseits des Atlantiks*

Sperry New Holland gewann in Europa vor allem nach der Übernahme des belgischen Mähdrescherherstellers Claeys eine große Bekanntheit. Das Claeys-Werk in Zedelgem ist heute noch ein wichtiges CNH-Werk.

Aus Sperry New Holland wurde Ford New Holland. Allerdings entschloss sich Ford bereits 1991 dazu, die Landtechniksparte wieder abzutreten – einschließlich der Traktoren. Käufer war diesmal Fiat, das als Auflage der Wettbewerbshüter seine Anteile an Hesston verkaufen musste. Das neue New Holland unter dem Dach des

Die Modelle der **T8000er-Reihe** von **New Holland** gehören zur obersten Leistungsklasse und lassen sich für eine Vielzahl von Aufgaben einsetzen. Dieses Exemplar ist für die Arbeit auf Reihenfruchtfeldern ausgestattet.

Ein **großer Einschlagwinkel** der Vorderräder ist wichtig, weil dadurch eine hohe Wendigkeit möglich ist. **New Holland** bietet mehrere Achsversionen an, damit der Traktor den unterschiedlichen Anforderungen angepasst werden kann.

Fiat-Konzerns vertrieb noch einige Jahre die roten Fiat-Schlepper und die blauen Ford-Traktoren. Mitte der 1990er-Jahre begann jedoch der Name New Holland die Marken Fiat und Ford auf den Motorhauben zu ersetzen. Das Blau wurde die Farbe aller Traktoren. Auch nach der Fusion mit Case IH zu CNH blieb die Marke New Holland erhalten.

New Holland bietet auf dem europäischen Markt neben Traktoren auch Ballenpressen, Feldhäcksler, Mähdrescher und Teleskoplader an. Die größten in den meisten europäischen Ländern angebotenen New-Holland-Traktoren sind die *T8000*-Schlepper, deren stärkstes Modell 325 PS leistet. Die wichtigsten europäischen Traktorenwerke sind Jesi in Italien und Basildon in England.

Nur mit dem Einsatz modernster Motorentechnik wie der **Common-Rail-Hochdruckeinspritzung** ist es möglich, die wachsenden Ansprüche in Hinsicht auf Leistung und Umweltschutz zu erfüllen. »

Italien – der heimliche Traktorenriese

In der Landtechnikbranche hat Italien so viele Unternehmen hervorgebracht wie nur wenige andere Länder. Einige der bedeutendsten Traktorenmarken haben ihren Ursprung südlich der Alpen. Auch in innovativer Hinsicht kamen viele Impulse von italienischen Herstellern.

Die ersten **SAME-Traktoren** waren noch für die kleinen Landwirte konzipiert. Dazu gehört dieser **Sametto** aus den 1950er-Jahren, der mit einer Motorleistung von 12 PS auskam. Immerhin war er stark genug, um mit einem zweischarigen Pflug zu arbeiten.

SAME – der Allradpionier aus Treviglio

SAME wurde nach Aussage eines der Unternehmensgründer zu dem Zweck geschaffen, in Italien für eine Traktoren- und Motorenindustrie auf hohem Qualitätsniveau zu sorgen. Das Ziel der Herstellung von Traktoren ist im Firmennamen „Società Accomandita Motori Endotermici" (Verbrennungsmotoren-Kommanditgesellschaft) jedoch noch nicht enthalten. Allerdings hatten Francesco und Eugenio Cassani bereits Erfahrung auf diesem Gebiet. Die beiden Brüder hatten 1927 einen Dieseltraktor konstruiert und damit einen Staats-Wettbewerb gewonnen.

SAME entstand 1942 in der kleinen, östlich von Mailand gelegenen Stadt Treviglio. Francesco Cassani hatte große Pläne. Er war schon früh davon überzeugt, dass die Zukunft dem Allradantrieb gehörte. Als aber 1948 der erste Traktor aus der Fabrik in der Via Madreperla in Treviglio rollte, handelte es sich um ein kleines, nur zehn PS starkes Modell. Noch dazu hatte dieses Gefährt nur drei Räder. Aber es handelte sich um einen Traktor, den viele kleine italienische Landwirte zu dieser Zeit wollten und sich leisten konnten. Der *SAME 3 R 10* konnte mit allen Anbaugeräten arbeiten, die der kleine Bauer auf seinen engen Wiesen und Feldern einsetzen konnte. Es waren solche Fahrzeuge, die in der

Nachkriegszeit für einen erheblichen Schub in der Motorisierung der Landwirtschaft sorgten. Eine vierrädrige Version des Modells, *4 R* genannt, kam für Arbeiten in Weinbergen und Obstplantagen ebenfalls auf den Markt.

Mit vier Rädern 1952 war es dann soweit: SAME brachte den *D.A. 25*, ein Zweizylindermodell mit 25 PS Leistung, auf den Markt. Neben einer Ausführung mit Hinterradantrieb war das Modell auch mit Allradantrieb erhältlich. Der *D.A. 25* verfügte über ein Getriebe mit sieben Vorwärtsgängen und erreichte auf der Straße eine Höchstgeschwindigkeit von 24.3 km/h. Die Bedeutung, die Cassani dem Allradantrieb beimaß, äußerte sich sogar in symbolischer Form in einem frühen Logo, das einen Tiger mit vier Augen zeigte.

Aber SAME spielte auch in anderer Hinsicht eine Vorreiterrolle in Italien, nämlich bei der Verwendung luftgekühlter Motoren. Diese Kühlungsart hatte bereits beim *3 R 10* Verwendung gefunden. Allerdings blieben die meisten anderen Hersteller bei der Wasserkühlung.

Im Leistungsbereich stiegen die Schlepper aus Treviglio immer weiter. 1965 brachte SAME den *Centauro 60* auf den Markt. Dieses Modell leistete 57 PS. Der *Leone 70* und der *Minitauro 55* bauten auf dem *Centauro* auf. 1968 folgte der *Drago*, dessen Sechszylindermotor bis zu 98 PS leisten konnte.

Aufstieg zum Großkonzern Wie andere Unternehmen der Branche erlebte auch SAME nach den Zeiten des schnellen Wachstums Perioden der Stagnation. Das Unternehmen hatte von Anfang an großen Wert darauf gelegt, die wichtigsten Bauteile selbst zu produzieren, um die Unabhängigkeit von Zulieferern zu bewahren. Diese Strategie leistete wahrscheinlich einen Beitrag zum Überleben, während andere Traktorenhersteller verschwanden. In den 1970er-

Beim **Frutteto** handelt es sich um einen modernen **Schmalspurtraktor**, der für den Obst- und Weinbau sowie für kommunale Aufgaben entwickelt wurde. Die Flüssigkühlung hat sich mittlerweile auch bei SAME wieder durchgesetzt.

 IN DER GEHOBENEN MITTELKLASSE | *Italien – der heimliche Traktorenriese*

Jahren konnte SAME sogar zwei bedeutende Marken übernehmen, nämlich Lamborghini und Hürlimann. Die Produktion der Schlepper dieser beiden Marken wurde nach Treviglio verlagert und der Firmenname wurde in SAME – Lamborghini – Hürlimann (S+L+H) geändert. Eines der bedeutendsten Ereignisse in der Unternehmensgeschichte war sicherlich die Übernahme von Deutz-Fahr. Dies bedeutete auch eine erhebliche Expansion des Unternehmens. Einige Deutz-Fahr-Baureihen entsprechen im Großen und Ganzen SAME-Serien und entstammen auch den Produktionsanlagen in Treviglio.

Die neue **Dorado-Generation** besteht aus Kompaktschlepper, die auf die Anforderungen von Feld- und Hofarbeiten abgestimmt sind. Es gibt sie sowohl mit Hinterrad- als auch mit Allradantrieb, mit Kabine und mit offenem Fahrerstand.

Mit dem **Iron** bietet **SAME** eine Baureihe aus Allzweckschleppern, die den Leistungsbereich von 130 bis 220 PS abdeckt. Angetrieben werden die Schlepper von Deutz-Motoren.

Lamborghini – der Starke aus Cento

Ferruccio Lamborghini wurde 1916 in Renazzo, einem Ortsteil der Kommune Cento in der italienischen Provinz Ferrara, geboren. Maschinen aller Art und vor allem Motoren interessierten ihn schon früh. Während seiner Stationierung auf Rhodos im Zweiten Weltkrieg hatte er Gelegenheit, sein Talent bei der Fahrzeugreparatur unter Beweis zu stellen. Nach Kriegsende kehrte er nach Cento zurück und gründete eine Reparaturwerkstatt. Als Sohn eines Landwirts erkannte er bald, dass eine enorme Nachfrage nach Traktoren bestand. Sein erster serienmäßig produzierter Traktor war der *L 33*, der 1951 vom Band lief. Der Benzinmotor mit sechs Zylindern kam auf eine Leistung von ungefähr 33 PS. Das Modell wog 1270 Kilogramm und erreichte eine Höchstgeschwindigkeit von 15 km/h. 1952 folgten die beiden Modelle *DL 15* und *DL 20*, bei denen ein Dieselmotor als Antrieb diente. Mit dem *DL 25 C* führte Lamborghini drei Jahre später seinen ersten Raupentraktor ein, der jedoch keine hohen Verkaufszahlen erzielte. Erfolgreicher war der im folgenden Jahr erschienene *DL 30 C*, der ebenfalls auf Raupen lief. Dieses Modell zeichnete sich, abgesehen von dem neuen Styling,

Vom Traktoren- zum Autobau

„Freund"licher Hinweis Ferruccio Lamborghini interessierte sich nicht nur für Traktoren. Schon früh schraubte er an seinen Autos herum und brachte sie auf Leistung. 1948 nahm er mit einem Fiat *Topolino* an der *Mille Miglia* teil, wobei allerdings von seinem Wagen nur Schrott übrig blieb. Durch seinen Erfolg im Traktorengeschäft wurde Lamborghini in den folgenden Jahren zu einem der reichsten Männer Italiens. In seiner Garage standen Stoßstange an Stoßstange einige der nobelsten Automarken: Alfa Romeo, Lancia, Mercedes, Jaguar, Maserati und Ferrari. An seinem Ferrari hatte er jedoch etwas auszusetzen. Wenn er schnell fuhr, rutschte die Kupplung beim Beschleunigen. Als er seinen Freund Enzo Ferrari, der in Maranello, nicht weit von Cento, seine Werkstatt hatte, darauf hinwies, soll dieser geantwortet haben: „Das Auto läuft sehr gut. Das Problem ist, dass du zwar Traktoren lenken kannst, aber keinen Ferrari." Dies gab Lamborghini den Anstoß, in den Bau von Luxussportwagen einzusteigen.

Die **Lamborghini-R1-Reihe** bietet kleine Allzwecktraktoren für den Einsatz in kleinen landwirtschaftlichen Betrieben, in Gewächshäusern, Baumschulen, Obstplantagen und für die Landschaftspflege.

durch seine gelbe Farbe aus. Die bisherigen Lamborghini-Schlepper waren rot und blau lackiert. Die beiden Farben behielt man bei den anderen Modellen weiterhin bei, bis man schließlich auf das Silber, das die heutigen Lamborghini-Traktoren auszeichnet, umschwenkte.

Stark und schnell Lamborghini ist heute nicht nur wegen der Traktoren berühmt, sondern vielmehr noch wegen der luxuriösen Sportwagen. Der Einstieg in die Autobranche erfolgte 1963 mit der Gründung der Firma Automobili Ferruccio Lamborghini S.p.A. mit Sitz in Sant'Agata Bolognese.

1970 geriet die Traktorensparte in die Krise. Bei Lamborghini konnte der Konkurs durch einen staatlichen Eingriff vermieden werden. 1972 wurde das Unternehmen an SAME verkauft. 1980 konnten die Lamborghini-Traktoren den dritten Platz auf dem italienischen Schleppermarkt erobern. Seit der Verlagerung der Produktion nach Treviglio entsprechen einige Baureihen in technischer Hinsicht Schlepperserien der Marken SAME und Hürlimann. Dazu gehörte beispielsweise die von 1998 bis 2004 hergestellte Champion-Reihe, die den Hürlimann-Modellen *H-1200 SX* bis *H-2000 SX* entsprach, oder die ebenfalls ab 1998 produzierte Lamborghini Victory-Serie, die unter der Marke SAME als Diamond-Reihe vertrieben wurde.

Lamborghinis Markenzeichen, der Stier, wird noch heute verwendet. Ferruccio Lamborghini hatte dieses Emblem gewählt, weil er im Sternzeichen des Stieres geboren worden war und außerdem damit auf den legendären Kampfstier Murciélago anspielen wollte.

In Hinsicht auf die Motorleistung gehört die **R6-Reihe** von **Lamborghini** in das höhere Segment. Die Sechszylindermotoren von Deutz erbringen Höchstleistungen zwischen 141 und 192 PS.

 IN DER GEHOBENEN MITTELKLASSE | *Italien – der heimliche Traktorenriese*

Landini – der Traktorenfabrikant aus Fabbrico

Landini ist nicht nur eine der bedeutendsten Traktorenmarken Italiens, sondern auch eine der ältesten. Der Hersteller durchlebte wie die gesamte Branche eine wechselvolle Geschichte. Die Anfänge des Unternehmens gehen bis ins 19. Jahrhundert zurück. In dem ländlich geprägten, etwa 3400 Einwohner zählenden Ort Fabbrico in der italienischen Provinz Reggio Emilia gründete der 25-jährige Giovanni Landini 1884 einen Reparatur- und Produktionsbetrieb für Maschinen und Geräte, die in Weinbergen Verwendung fanden. 1910 baute er seinen ersten Glühkopfmotor, der allerdings noch auf ein fahrbares Gestell montiert war und zum Antrieb stationärer Maschinen diente. Der

Bis zu 40 km/h können die **Landini-Powerfarm-Modelle** auf der Straße erreichen. Von solchen Geschwindigkeiten hätten die ersten Landini-Fahrer nicht zu träumen gewagt.

Mit den **Glühkopfmotoren** fing alles an. Der **Vélite** erwies sich als ein Bestseller im Vorkriegs-Italien.

Glühkopfmotor war keine technische Neuerung, denn er wurde bereits in anderen Bereichen eingesetzt, aber Giovanni Landini kommt das Verdienst zu, ihn als Erster in Italien für landwirtschaftliche Zwecke eingesetzt zu haben. Der Unternehmer und Konstrukteur hatte mit dem Motor noch mehr vor, konnte seine Pläne allerdings nicht mehr realisieren, denn 1924 verstarb er. Seinen drei Söhnen fiel die Aufgabe zu, sein Werk fortzusetzen. Kurz nach Giovanni Landinis Tod entstand der erste Landini-Traktor mit der Typenbezeichnung *25/30 HP*. Als Antrieb diente ein Glühkopfmotor.

Erfolge mit dem Glühkopf Vorerst blieb es jedoch bei einem Prototyp. Die Serienproduktion begann 1932 mit dem *40 HP*. In Italien spielte Landini mit den einfachen, robusten Glühkopftraktoren eine ähnliche Rolle wie Lanz in Deutschland. Die ersten Modelle waren groß und für weniger gut gestellte Landwirte unerschwinglich. 1935 brachte Landini den *Vélite* auf den Markt. Dieser Schlepper leistete 25 PS an der Zugstange und 30 PS an der Riemenscheibe. Mit einem Gewicht von 2300 Kilogramm war er um 1,2 Tonnen leichter als der ein Jahr früher erschienene *Super Landini*. Mit dem *Vélite* überholte Landini bei den Verkaufszahlen sogar Fiat und stieg zum Traktorenhersteller Nummer Eins in Italien auf.

Nach dem Zweiten Weltkrieg, der für Landini wie für viele andere Unternehmen eine Zäsur darstellte, nahm man in Fabbrico die Produktion der Glühkopftraktoren wieder auf. Der Erfolg der Vorkriegszeit mochte sich jedoch nicht mehr einstellen. Der Grund dafür war die Glühkopftechnik, die mittlerweile in die Jahre gekommen war.

In ganz Europa setzte sich der Dieselmotor als Antriebsaggregat durch. Landini reagierte zu spät darauf. Erst 1957 schloss das Unternehmen mit dem englischen Motorenhersteller Perkins ein Lizenzabkommen zur Produktion von Dieselmotoren, die von nun an als Antrieb der Traktoren aus Fabbrico fungierten. Andere Hersteller – Fiat an der Spitze – waren jedoch in der Zwischenzeit schon vorangeprescht.

Landini wird aufgekauft Die Übernahme durch ein anderes Unternehmen war nur eine Frage der Zeit, und 1959 war es soweit: Landini wurde Teil des großen, schnell expandierenden kanadischen Landtechnikkonzerns Massey Ferguson. Dies war keine schlechte Partie, denn Perkins war kurz vorher ebenfalls von Massey Ferguson aufgekauft worden. Der Markenname Landini blieb erhalten und die Traktorenfabrik bekam alle Hände voll zu tun. In Italien wurden die Schlepper aus Fabbrico zum größten Teil im blauen Lack weiterhin unter dem Namen Landini verkauft. Ins Ausland wurden sie im roten Anstrich mit dem Namen Massey Ferguson auf der Motorhaube verschickt.

Landini gehört zu den erfolgreichen Anbietern von Raupentraktoren. Auch heute noch bietet es solche Schlepper für Arbeiten in schwierigem Gelände an.

ARGO

Konsequente Entwicklung zum Konzern Argo gehört zu den bedeutendsten Unternehmen der europäischen Landtechnikbranche. Die Firma wurde 1988 von den Brüdern Valerio und Pierangelo Morra gegründet. Zu den bedeutendsten Ereignissen der Firmengeschichte gehören zweifellos der Erwerb eines Mehrheitspakets an Landini 1994, der Kauf von Valpadana 1995, die Übernahme des Mähdrescher- und Ballenpressenherstellers Laverda 2000 sowie der Kauf des Doncaster-Werks und des Markennamens McCormick von CNH im Dezember 2000. Die global operierende Argo S.p.A. fungiert heute als eine Holdinggesellschaft. Für die Traktorenproduktion sind die Unternehmen Argo Tractors und Valpadana zuständig. Die Produktion der Schlepper erfolgt in den Werken in Fabbrico, San Martino in Rio und Luzzara.

In den 1980er-Jahren geriet Massey Ferguson jedoch selbst in die Krise und konnte den Absturz nur knapp vermeiden. 1989 musste sich der geschrumpfte kanadische Konzern vom größten Teil der Beteiligung an Landini lösen. Fünf Jahre später gingen die Anteile in die Hände des italienischen Unternehmens Argo über. Fabbrico ist heute einer der wichtigsten Produktionsstandorte für Traktoren in Italien. Seit 2007 werden in dem Landini-Werk auch die McCormick-Traktoren hergestellt.

Unter dem Argo-Dach Im traditionellen Landini-Blau wird heute ein breites Spektrum von Schleppern angeboten. Die Baureihe der Mistral-Traktoren schließt das Angebot nach unten ab. Es handelt sich dabei um vier Modelle im Leistungsbereich von 35,5 bis 54 PS. Die Motoren für diese Kleinschlepper stammen von dem japanischen Hersteller Yanmar. Die Mistral-Modelle entsprechen der GM-Reihe von McCormick.

Die oberste Leistungsklasse wird von den sechs Modellen der Serie 7 vertreten. Diese Schlepper werden von Fiat-Powertrain-Motoren mit sechs Zylindern und einem Hubraum von 6,7 Litern angetrieben. Die Maximalleistung liegt im Bereich von 145 bis 213 PS. Die Serie 7 deckt den gleichen Leistungsbereich wie die McCormick-Reihen XTX und TTX ab.

Landini ist seit Langem nicht nur stark im Segment der landwirtschaftlichen Traktoren vertreten, sondern auch im Bereich der Schlepper für den Wein- und Obstbau. Bereits 1959 brachte Landini mit dem *C35* einen Raupentraktor auf den Markt, der für Arbeiten auf abschüssigem und schwierigem Gelände konzipiert war. Als sich Landini im Massey-Ferguson-Besitz befand, wurde das Angebot in diesem Bereich sogar noch ausgebaut. Mit der Trekker-Serie bietet Landini heute mehrere Raupenmodelle mit verschiedenen Motoroptionen und Ausstattungen an. Die Ketten gibt es bei vier der Traktoren in einer schmaleren F- und einer breiteren M-Ausführung. Die Modelle der Trekker-Serie können optional mit einem einfachen Überrollbügel oder mit einem Dach ausgerüstet werden.

Zu den Allzwecktraktoren im **Landini-Blau** gehört der **Powermondial**. Lieferant für die Vierzylindermotoren ist der englische Hersteller Perkins. Die Leistung liegt bei 93 bis 110 PS.

Der **Landini Blizzard 75** wurde von 1992 bis 2000 in Fabbrico hergestellt. Der Perkins-Motor erbrachte eine Höchstleistung von 71 PS.

# IN DER GEHOBENEN MITTELKLASSE | *Italien – der heimliche Traktorenriese*

McCormick – ein Name mit weltgeschichtlichem Klang

Die McCormick-Traktoren werden heute im italienischen Fabbrico hergestellt, in dem gleichen Werk, aus dem auch die Landini-Schlepper kommen. Seine Ursprünge hat der Markenname McCormick jedoch ganz woanders. Er geht auf Cyrus McCormick, den amerikanischen Mähmaschinenkonstrukteur und Unternehmer, zurück. Sein Name stand auch noch auf den Landmaschinen, nachdem sich McCormick und andere Unternehmen zur International Harvester Company zusammengeschlossen hatten. Als IHC Anfang des 20. Jahrhunderts in die Traktorenfertigung einstieg, war der Name McCormick zunächst ebenfalls auf den

Motorhauben einiger Modelle zu lesen. Einer der Gründe dafür war, dass IHC wegen der überwältigenden Marktmacht, die das Unternehmen zu dieser Zeit auf dem Landmaschinensektor besaß, die getrennten Vertriebswege der ursprünglichen Firmen McCormick und Deering beibehalten musste. Ein anderer Grund lag im Marketing, das die Marke McCormick, die bereits vor der Fusion weltweite Bekanntheit genoss, als ein immaterielles Wirtschaftsgut sah. Die IHC-Traktoren wurden deshalb auch lange als McCormick-Schlepper bezeichnet.

Die Zeiten sind längst vorbei, als McCormick eine amerikanische Marke war. Die heutigen **McCormick-Schlepper** stammen, wie dieser **TTX230,** aus dem italienischen Fabbrico.

 IN DER GEHOBENEN MITTELKLASSE | *Italien – der heimliche Traktorenriese*

Der Name McCormick verschwand jedoch im Lauf der Jahre von der Bildfläche. Selbst die einst übermächtige International Harvester Company fiel der Wirtschaftskrise und einer ungeschickten Unternehmenspolitik zum Opfer. Vom Firmennamen blieb jedoch das „IH" im Markennamen „Case IH" übrig. Außerdem blieb das Werk im englischen Doncaster, das von IHC 1946 eröffnet worden war und in dem 1949 mit dem *Farmall M* die Traktorenproduktion begonnen hatte. Doncaster gewann an Bedeutung, als in den 1980er-Jahren Überkapazitäten dazu führten, dass das IHC-Werk in Bradford geschlossen und 1993 die Traktorenproduktion in Neuss am Rhein beendet wurde.

McCormick in Doncaster Aber 1999 fand die Fusion zwischen Case IH und New Holland statt. Diesmal war auch Doncaster betroffen. Case New Holland bekam von den Wettbewerbshütern die Auflage, das Werk zu verkaufen. Die italienische Argo-Gruppe, zu der bereits Landini gehörte, übernahm die Produktionsanlagen bereitwillig – und dazu den Markennamen McCormick. Aus den in Doncaster produzierten Case-IH-Schleppern wurden McCormick-Traktoren. Der 150 Jahre alte Markenname hatte eine Wiederbelebung erfahren. Das Produktprogramm umfasste zunächst zwei Baureihen: die CX-Serie im Leistungsbereich von 53 bis 102 PS sowie die besser ausgestattete MC-Serie, deren Modelle 84 bis 102 PS leisteten. 2002 konnte Argo ein weite-

Die roten **McCormick-Traktoren** werden von Fabbrico aus in alle Welt exportiert. Das breite Produktspektrum beinhaltet Modelle sowohl für den obersten Leistungsbereich als auch Kleintraktoren für die Rasenpflege.

res Werk von Case New Holland übernehmen, nämlich Saint Dizier in Frankreich, das zum Sitz der französischen Tochtergesellschaft wurde und für die Herstellung von Getrieben zuständig war.

McCormick in Fabbrico Es sollte sich aber bald zeigen, dass dem Doncaster-Werk keine langfristige Zukunft beschieden war. Eine schwache Nachfrage in Europa und ein Rückgang der Exporte in die USA erforderten eine Verlagerung der Produktion in das modernisierte Werk im italienischen Fabbrico. Der letzte McCormick-Traktor lief am 14. Dezember 2007 von der Produktionsstraße in Doncaster.

Die McCormick-Produktpalette hat sich seit dem Umzug nach Fabbrico bedeutend erweitert. Landwirtschaftliche Traktoren im McCormick-Rot werden im Leistungsbereich von 35 bis über 200 PS angeboten. Darüber hinaus stehen Spezialschlepper für Plantagenarbeiten und kleine Raupentraktoren zur Verfügung. Die oberste Leistungsklasse wird von den Modellen der TTX-Serie abgedeckt. Die drei TTX-Schlepper werden von Perkins-Motoren mit sechs Zylindern und einem Hubraum von 6,7 Litern angetrieben. Die Maximalleistung beträgt 180, 198 und 213 PS. Mit dem Powermanagementsystem kann die Leistung bei Zapfwellenarbeiten auf 199 bis 225 PS erhöht werden.

Beim **MC 135 Power6** handelt es sich um ein Sechszylindermodell, das mit Turbolader und Ladeluftkühlung ausgestattet ist. Die maximale Leistung liegt bei 126 PS.

IN DER GEHOBENEN MITTELKLASSE | Der Fels in der Brandung

Der Fels in der Brandung

Ohne Fusionen und große Zukäufe ist John Deere, das Unternehmen mit dem springenden Hirsch im Logo, zum bedeutendsten Traktorenhersteller der Welt aufgestiegen. Auf dem europäischen Markt konnten die grünen Schlepper jedoch erst in den 1960er-Jahren richtig Fuß fassen.

Der springende Hirsch in Europa

Deere & Co. heißt eigentlich das Unternehmen, das für die Produktion der Traktoren mit dem Namen John Deere auf der Motorhaube zuständig ist. Umgangssprachlich dient aber meist der Markenname, der auf den Unternehmensgründer zurückgeht, als Bezeichnung des ganzen Unternehmens. John Deere nimmt in der Geschichte der Landtechnik eine Sonderrolle ein, denn das Unternehmen mit Sitz in Moline im amerikanischen Bundesstaat Illinois überstand die Krisen und Zeiten der Stagnation ohne Verlust der Unabhängigkeit oder die Notwendigkeit, mit einem anderen Betrieb zu fusionieren.

John Deere und Lanz Auf das europäische Festland kamen die grünen John-Deere-Traktoren relativ spät. 1956 erwarb der amerikanische Landtechnikkonzern die Aktienmehrheit an der Heinrich Lanz AG in Mannheim. Der einstige Marktführer in Deutschland war in der Nachkriegszeit durch sein Festhalten an der Glühkopftechnik ins Hintertreffen geraten. Als man sich bei Lanz endlich zum Umstieg auf Dieselmotoren entschied, war die Konkurrenz kaum mehr einzuholen. Lanz fehlten zum Schluss die nötigen Modelle, die ein Überleben hätten sichern können. Die Übernahme durch John Deere bedeutete zwar das Ende der Unabhängigkeit, eröffnete aber neue Zukunftsperspektiven für das Werk. John Deere seinerseits gewann einen Zugang zum westeuropäischen Markt, der sonst mit einem

Der John Deere 6430 Premium stammt aus dem ehemaligen Lanz-Werk. Die Modelle der Baureihe gehören zu den Bestsellern und Exportschlagern aus Mannheim.

Neben Traktoren produziert **John Deere** auch Landmaschinen wie diese **Rundballenpresse** vom Typ 568.

John Deere machte in den letzten Jahrzehnten große Fortschritte in der Motorenentwicklung, weshalb heute selbst bei den leistungsstärksten Modellen die **Motoren aus eigener Fertigung** kommen. Eine wichtige Rolle spielt dabei das Werk im französischen Saran.

DIE GROSSEN KONZERNE
John Deere

Mit Erfolg eigenständig Als einziger der großen international tätigen Traktorenbauer hat es Deere & Co. bis heute geschafft, seine Unabhängigkeit zu bewahren. Autonomie war in der Zeit der Besiedelung des Westens eine gelebte Notwendigkeit. Wer auf Hilfe baute, konnte angesichts der großen Entfernungen zum Nachbarn lange warten. Der Geist dieser Frontier-Generation war es, der den typischen amerikanischen Selfmade-Man erzeugte. Diese Grundhaltung hat sich John Deere bewahrt. Wenn man dennoch einmal zur Zusammenarbeit bereit war, dann immer aus einer Position der Stärke heraus – so etwa bei der Übernahme des Raupenspezialisten Lindeman und beim Einstieg in den deutschen Traktormethusalem Lanz. Nur zwei Mal gab es ernsthafte Überlegungen, mit einem anderen Großen der Branche zusammenzugehen: 1970 kam es mit KHD zu Gesprächen, in den beiden folgenden Jahren mit Fiat. Doch am Ende machten die Amerikaner einen Rückzieher und blieben allein.

größeren Aufwand hätte geschaffen werden müssen. Der deutsche John-Deere-Ableger wurde ab 1960 unter dem Namen John Deere-Lanz geführt. So hießen auch die Modelle, die mit modernen Viertakt-Dieselmotoren ausgestattet in Mannheim produziert wurden. Später erfolgte die Umbenennung der deutschen Tochter in Deere & Company und die Einführung eines internationaler ausgerichteten Produktionsprogramms.

 IN DER GEHOBENEN MITTELKLASSE | *Der Fels in der Brandung*

🚜 **Motoren und Schlepper** John Deere gewann auch in anderen europäischen Ländern Produktionsstandorte. Dazu gehörten das ehemalige Werk von Lanz Iberica in Getafe bei Madrid sowie eine neue Fabrik, die 1963 im französischen Saran errichtet wurde. In allen drei europäischen Werken wurden in den 1960er-Jahren Traktoren hergestellt. Eine einsetzende Spezialisierung der Werke führte jedoch dazu, dass man sich in den einzelnen Betrieben auf bestimmte Kompetenzen konzentrierte. Getafe wurde für den Bau von Getrieben, Achsen und Krafthebern zuständig. In Saran begann 1965 die Produktion von Motoren. 2008 konnte man dort die Fertigung des 2 000 000sten Motors feiern.

Mannheim fiel die Schlepperherstellung anheim. Zunächst waren die Modelle aus Mannheim noch für den europäischen Markt bestimmt. Den US-amerikanischen Bedarf an Mittelklasseschleppern deckte das Werk in Dubuque in Iowa. Die Modelle der oberen Leistungsklasse, die vor allem für den nordamerikanischen Markt bestimmt waren, wurden zum größten Teil in Waterloo, das ebenfalls im Bundesstaat Iowa liegt, gefertigt. Um höheren Leistungsansprüchen unter den europäischen Landwirten Genüge zu leisten, verschickte man von 1960 bis 1964 aus Waterloo die Einzelteile des *John Deere 3010* und montierte sie in Mannheim, angepasst an die örtlichen Bestimmungen und Verhältnisse, zusammen. Mit dem *John Deere 3120* führte Mannheim 1965 den ersten eigenen Sechszylinderschlepper ein.

🚜 **Aus Mannheim in die weite Welt** Parallel zur Internationalisierung des Traktorenmarkts kam es zu einer stärkeren Spezialisierung. 1992 führte Mannheim die sehr erfolgreiche Baureihe 6000 ein. Diese Vier- und Sechszylindermodelle lagen im Leistungsbereich von 75 bis 130 PS. Die noch stärkeren Modelle der 7000- und 8000-Serien wurden von Waterloo aus in alle Welt geliefert. Diese Aufgabenteilung zwischen Mannheim und Waterloo blieb auch in der Folgezeit bestehen. Heute gehen ungefähr 90 Prozent der in Mannheim hergestellten Schlepper in den Export.

Die **John-Deere-Kabine** bietet eine fast ungehinderte Aussicht. Vor allem bei Arbeiten mit dem Frontlader ist das Dachfenster von Nutzen. ▸▸

Die Modelle der **7030-Reihe** werden in Ausführungen für den europäischen Markt in Mannheim und für den amerikanischen Markt in Waterloo gefertigt.

Vom Sozialismus zum Weltmarkt

Osteuropäische Traktorenhersteller

VOM SOZIALISMUS ZUM WELTMARKT | *Das Erbe der Sowjets*

Das Erbe der Sowjets

Konkurrenz belebte im Einflussbereich der Sowjetunion nicht das Geschäft. Die sozialistischen Staaten teilten die Produktionszweige brüderlich auf, sodass nur bestimmte Länder Traktoren bauen durften. Einige Betriebe schafften die Wende zum Kapitalismus, andere stürzten ab. Inzwischen herrscht Aufbruchstimmung, denn der osteuropäische Agrarmarkt ist riesig – und das Inventar veraltet.

Im damaligen **Stalingrad** wurden Traktoren gebaut. Die Mitarbeit von Frauen war selbstverständlich.

 Ein russisches Sprichwort sagt: „Es gab eine Zeit, in der liebten sie den Akkordeonspieler. Jetzt ist die Zeit gekommen, in der sie den Traktorfahrer lieben." Inzwischen ist der Ruhm des Traktoristen ebenso verblasst wie der des Helden der Sowjetunion, doch die osteuropäische Landtechnik rappelt sich wieder auf.

Traktoren im Fünfjahresplan

Als Don Camillo als kommunistischer Funktionär verkleidet in der Sowjetunion eine Traktorenfabrik besuchte, konnte er nur betrübt feststellen: „Für uns Italiener ist es beschämend, festzustellen, dass eines der kleineren Traktorenwerke der Sowjetunion Fiat, unseren größten Betrieb der Motorenindustrie, sozusagen lebend auffrisst." In der Tat waren die sowjetischen Bemühungen um eine Motorisierung der Landwirtschaft enorm. Zu tief saß die Erinnerung an die vielen Hungertoten der ersten Revolutionsjahre.

1919 schloss die junge Sowjetunion einen Liefervertrag mit Ford für dessen *Fordson*-Schlepper ab. Bis 1927 verschickte Ford über 24 000 Traktoren. Eine weitere Abmachung von 1924 sah die Lizenzfertigung dieses Modells in den bekannten Putilow-Werken in Leningrad vor. Doch Ende der 1920er-Jahre war die *Fordson*-Technik überholt. Deshalb wurden neue Modelle entwickelt, die allerdings noch einige Kinderkrankheiten hatten. Stalin legte aber Wert darauf, technisch vom kapitalistischen Westen unabhängig zu sein.

Sozialistische Traktoren 1930 wurde in Stalingrad das „Stalingrader Traktorenwerk" (STS) fertiggestellt, wo täglich 144 Traktoren produziert wurden. Auf dem Firmengelände fanden zwölf Jahre später die heftigsten Kämpfe der Schlacht um Stalingrad statt. Das Werk wurde vollkommen zerstört. Nach dem Wiederaufbau lief der Raupenschlepper *DT-54* vom Fließband. 1961 änderte die Firma ihren Namen in Wolgogradskij Traktornij Sawod, also „Wolgograder Traktorenwerk" (WgTS). Im Zuge der von Nikita Chruschtschow eingeleiteten Entstalinisierung war die Stadt umbenannt worden. Ab 1963 wurde die Produktion auf den *DT-75* umgestellt, eine Traktorenlegende, die noch über vierzig Jahre später in modernisierter Form gebaut werden sollte.

1943 wurde östlich von Moskau in Wladimir eine Traktorenfabrik gegründet, weil die bestehenden Werke während der Kriegshandlungen zerstört worden waren. Zum wichtigsten Produktionsort wurden aber ab 1946 die Minsker Traktorenwerke, von denen gleich die Rede sein wird.

In Jugoslawien, das als blockfreier Staat unabhängig von Moskau wirtschaftete, ging man einen anderen Weg. Dort schloss man Lizenzabkommen mit westlichen Herstellern. So wurde etwa ab 1959 in Belgrad in dem Werk Industrija Traktora i Masina ein Schlepper mit der Bezeichnung *ITM 533* hergestellt, bei dem es sich um einen Nachbau des Massey Ferguson *FE 35* handelte. Ab 1972 wurden in dem Werk Tvornica Motora i Motornih Vozila in Dakovo Lizenznachbauten von Deutz-Modellen produziert.

Der alte **MTS-82** und sein Besitzer. Die Landtechnik der ehemaligen Sowjetunion hat einen großen Modernisierungsbedarf. Heute schicken sich aber auch einheimische Hersteller an, hochklassige Produkte zu verkaufen.

Die Firmen der GUS-Staaten

Nach dem Zerfall der Sowjetunion befand sich das größte Traktorenwerk im kleinen Weißrussland. Die Russische Föderation und die Ukraine konnten ebenfalls Traktorenfabriken ihr Eigen nennen. Doch die Fertigungsanlagen waren veraltet und gegenüber dem Westen nicht konkurrenzfähig. Jetzt war Tatkraft gefragt.

Belarus, der weißrussische Riese

1946 wurde das Minsker Traktorenwerk gegründet. In der Landessprache hieß die Fabrik Minskij Traktornij Sawod und wurde deshalb MTS abgekürzt. Im englischsprachigen Raum wird mit MTZ transkribiert, das bürgert sich auch im deutschen Sprachraum ein. Diese drei Buchstaben finden sich auf der Motorhaube wieder. MTS wurden zum bedeutendsten Traktorenproduzenten der Sowjetunion. Weit über drei Millionen Fahrzeuge verließen die Fabrikhallen in der Hauptstadt der Weißrussischen Sowjetrepublik. Davon wurde etwa eine halbe Million in die sozialistischen Bruderstaaten oder in Satellitenstaaten in der Dritten Welt exportiert. Nicht nur das Dorf von Don Camillo bekam ein solches Modell geliefert, mehr als 70 000 Stück sind in die DDR gegangen.

Auch nach **Vietnam** wurde der **MTS-50** exportiert. Die Sowjetunion leistete nach dem Sieg der Vietkong über den kapitalistischen Süden und die USA wichtige Aufbauhilfe für den sozialistisch gewordenen Staat in Südostasien.

Ursprünglich gegründet, um den Wiederaufbau der weißrussischen Sowjetrepublik nach den Verwüstungen des Zweiten Weltkriegs zu unterstützen, entwickelte sich die **Minsker Traktorenfabrik** zur wichtigsten der Warschauer-Pakt-Staaten. Im Bild ein **MTS-5**.

Am Anfang der Werksgeschichte standen Raupenschlepper, bis 1953 mit dem *MTS-2* ein Modell mit Luftbereifung herauskam. Der *MTS-1* war eine Dreiradversion dieses Typs. Die Sowjets hatten versucht, die in den Vereinigten Staaten beliebte Bauart bei sich einzuführen, doch wie im restlichen Europa wollte das nicht klappen. Beide Versionen hatten einen 37 PS starken Dieselmotor. Etwa fünf Jahre später folgte das Modell *MTS-5*, das es mit elektrischem oder Benzinanlasser gab. Es hatte ein besseres Getriebe und eine Hydraulikeinrichtung.

Massenhaft gebaut Ein echtes Erfolgsmodell war der *MTS-50* beziehungsweise die Allradvariante *MTS-52*. Er wurde von 1961 bis 1985 gebaut. Dabei kam es natürlich zu verschiedenen Überarbeitungen. Beispielsweise wurde seine Leistung Ende der 1960er-Jahre von 50 auf 60 PS erhöht. Der *MTS-50* ist überall anzutreffen, wo die Sowjets Einfluss hatten.

Dem Mittelklassemodell stellte das Minsker Traktorenwerk 1974 einen stärkeren Typ gegenüber. Der *MTS-80* beziehungsweise als Allradversion mit der Bezeichnung *MTS-82* leistete 80 PS. Anders als der nur 25 Kilometer pro Stunde langsame kleinere Typ bekam der 80-PS-Traktor ein Getriebe mit 18 Vorwärts- und vier Rückwärtsgängen, mit dem eine Spitzengeschwindigkeit von 35 Kilometern pro Stunde möglich war. Er soll der meistgebaute Traktor aller Zeiten sein. 1984 folgte noch ein 100-PS-Schlepper *MTS-100* mit der Allradversion *MTS-102*.

 VOM SOZIALISMUS ZUM WELTMARKT | *Die Firmen der GUS-Staaten*

Der **Belarus 1522** als Denkmal. Dieses Modell war ein Fahrzeug der gehobenen Mittelklasse. Er gehört bereits in die Ära nach dem Fall der Mauer.

Nach dem Zusammenbruch der Sowjetunion baute das Minsker Werk zunächst noch die etablierten Modelle weiter. Weißrussland beziehungsweise Belarus war als ehemalige Sowjetrepublik plötzlich ein eigener Staat geworden, natürlich noch mit sehr engen Verbindungen nach Russland. Für das große Traktorenunternehmen im kleinen Weißrussland wurde nun der Export zum wichtigsten Betriebsziel. Von den über 55 000 gebauten Exemplaren gingen nur etwa 15 Prozent nicht ins Ausland. Fast die Hälfte der Produktion ist für ehemalige Bruderrepubliken und heutige GUS-Staaten bestimmt. Immerhin etwa 5000 Stück erreichen den Markt der Europäischen Union.

Der **Belarus 1221,** der ab 1994 in **Minsk** produziert wurde, besaß einen Sechszylinder-Motor, der 130 PS leistete. Die Bezeichnung „MTS" wurde nicht mehr verwendet. Das Unternehmen passte sich an den Weltmarkt an und übernahm den Namen des Landes als Firmenbezeichnung. Auch in Westeuropa werden Belarus-Traktoren angeboten.

Belarus stellt um 1994 wurde mit dem 130 PS starken *MTS-1221* eine wichtige Neuerscheinung vorgestellt. Der Name Belarus wurde nun offensiv für die Traktoren der Firma verwendet. Die Baureihen wurden neu eingeteilt. Die kleinsten Modelle bekamen eine 300er-Ziffer, höhere Ziffern standen für größere Modelle. So waren die Typen der Baureihe 500 Nachfolger des *MTS-50*, die 800er folgten auf die *MTS-80*.

 VOM SOZIALISMUS ZUM WELTMARKT | *Die Firmen der GUS-Staaten*

Ein echtes Kraftpaket: Mit dem über zehn Tonnen schweren **Belarus 3022** zeigen die Weißrussen, dass sie auch für große landwirtschaftliche Betriebe da sein wollen. Der 303 PS starke Motor stammt von **Deutz** und hat 30 % Drehmomentanstieg.

Im Segment der gehobenen Mittelklasse wurden die Modelle *1522* und später *1523* angesiedelt. Der *1522* besitzt einen Sechszylindermotor, der eine Leistung von 155 PS erbringt. Das 16-Gang-Getriebe mit acht Rückwärtsgängen konnte auch durch ein 24-Gang-Triebwerk ersetzt werden, das dann zwölf Rückwärtsgänge besaß. Die Weiterentwicklung *1523* ist drei PS stärker.

Mit den Modellen *2822* und *3022* wurden ab 2007 280 beziehungsweise 303 PS starke Modelle für große Landwirtschaftsbetriebe ins Programm genommen. Ein wichtiger Pluspunkt war der Sechszylindermotor von Deutz. Die über sechs Meter langen und zehn Tonnen schweren Giganten wurden mit Allradantrieb, Fronthydraulik und einem Getriebe mit 36 Vorwärts- und 24 Rückwärtsgängen ausgestattet. Wegen des hohen Gewichts war es bei weicheren Böden stets sinnvoll, vorn und hinten eine Zwillingsbereifung aufzuziehen.

Kleinvieh macht auch Mist
Neben den mittleren und großen Modellen wurde das Segment der einfacheren Traktoren immer wichtiger. Das Ende der Herrschaft der KPdSU bedeutete vielerorts auch eine Auflösung der landwirtschaftlichen Großbetriebe. Immer mehr kleine Bauern versuchten ihr Glück mit eigenem Land. Für sie waren und sind billige und vielseitige Modelle wichtig, die unter 80 PS liegen. Auch in den Schwellenländern wird vielerorts diese Art von Traktoren gern

Auch Hochglanzbroschüren haben inzwischen Einzug gehalten. **Werbung** ist in der Marktwirtschaft ein unverzichtbares Mittel, die Traktoren an den Mann zu bringen.

gekauft. Technischer Schnickschnack kostet eben Geld, das die meisten Landwirte nicht haben. Wichtige Kunden im Ausland sind deshalb in Afrika und Asien zu finden. Eine Neuentwicklung in dieser Kategorie ist der *Belarus 622* mit 62 PS, der einen Lamborghini-Motor hat. Die Fahrerkabine wurde umgestaltet und bietet eine hervorragende Sicht nach draußen.

Ein wesentlicher Schritt für alle Traktorenproduzenten war es, die zu Sowjetzeiten notorische Mangelhaftigkeit der Fahrzeuge auszumerzen. Damals gab es hier riesige Probleme, die während der Erntezeit natürlich doppelt ärgerlich waren. Außerdem sollten die strengen EU-Standards und die Abgasvorschriften genauestens umgesetzt werden, um den Export auch in Richtung Westen aufbauen zu können. Hier hatte man besonders die neuen osteuropäischen Mitglieder im Visier. Handelte es sich doch um ehemalige Abnehmer aus der Zeit des Warschauer Pakts. Allerdings sucht Belarus auch in anderen Agrarländern wie Großbritannien oder Deutschland nach neuen Kunden. Das Minsker Traktorenwerk soll, so jedenfalls die Berechnungen der Firma, einen Marktanteil von acht bis zehn Prozent auf dem Traktorenmarkt der Gegenwart besitzen.

Auch nach dem Zusammenbruch des Sowjetsystems blieb Belarus ein großer Produzent. Inzwischen sind fast 30 000 Arbeiter mit der Montage von Landmaschinen befasst. Belarus stellt in Zweigfirmen eine Vielzahl landwirtschaftlicher Geräte her. Weitere Fahrzeuge im Programm sind spezielle Forsttraktoren, Kommunalschlepper, Spezialtraktoren und Einachsmotormäher. Eines der wichtigsten Ziele von Belarus ist der Bau des größten europäischen Traktors, der allerdings bislang nur auf dem Papier existiert – und einen Namen trägt: *Belarus 3522*.

Ein **Belarus 900.3** mit Hinterradantrieb und gekröpfter Vorderachse für eine größere Bodenfreiheit. Dieses Modell verkauft sich in England recht gut, in anderen Ländern wird er oft gar nicht angeboten.

VOM SOZIALISMUS ZUM WELTMARKT | Die Firmen der GUS-Staaten

UTB

Hinter den Siebenbürgen In Rumänien hat sich ab 1925 in Brașov, dem ehemaligen Kronstadt, die Maschinenbaufirma I.A.R. etabliert. Dort wurde ab 1946 ein Nachbau des *Hanomag R 40* hergestellt, er war der erste in Rumänien gefertigte Traktor. Schon bald geriet Rumänien in die Hand der Sowjets und es kam zu Änderungen. Die Stadt wurde umbenannt, ebenso die Fabrik. Sie hieß nun UTOS (Uzina Tractorul Orasul Stalin), also Traktorenfabrik von Stalinstadt. Zehn Jahre, von 1951 bis 1961, trug Brașov diesen Namen. Die rumänischen Traktorenwerke wurden per Dekret des Rats für gegenseitige Wirtschaftshilfe zum Traktorenproduzenten bestimmt, der die anderen Mitgliedstaaten zu beliefern hatte. Es entstanden – in den anderen Ländern wegen Qualitätsmängeln oft nicht gerade geschätzte – Universal-Schlepper wie der *U-445* oder der *U-550*.

Der **T-150-K** wurde Anfang der 1970er-Jahre eingeführt. Er ist mit vier gleich großen Rädern ein klassischer Systemschlepper. In einer neuen Generation mit verbesserter Technik wird der T-150 heute noch produziert. Seine Leistung ist von 150 auf 175 PS gestiegen. »

Schwergewichte aus der Ukraine

Die Charkow Traktorenwerke mit dem Kürzel ChTS (Englisch XTZ, HTZ oder KhTZ) wurden 1931 eröffnet. Die Großstadt Charkow oder Charkiw liegt im Osten der Ukraine. Gestartet wurde mit einem Kerosintraktor mit 30 PS. Ab 1937 wurde der 52 PS starke *NATI-1TA*-Raupenschlepper gebaut, der auch in Stalingrad montiert wurde. Er hatte viele Bauteile aus der Panzerproduktion und wurde im Krieg auch als Artilleriezugmaschine eingesetzt. Nach dem Wiederaufbau wurden mit dem *DT-54* und anderen Modellen, die später hinzukamen, weiter Raupenschlepper gebaut. Interessanterweise produzierte dieses Werk

Der **Raupenschlepper 181** wurde mit einem V8-Motor aus Jaroslawl ausgestattet. Seine Leistung liegt bei 180 PS. Die Fahrerkabine hat eine Klimaanlage von Webasto. Der Kraftstofftank fasst 430 Liter.

gleichzeitig auch kleine Rasen- und Gartentraktoren. In den 1970er-Jahren wurde die Produktion auf einen Schlag umgestellt. Jetzt wurden die schweren *T-150* gebaut, die ab 1970 in Varianten als Raupenschlepper und als *T-150 K* mit vier gleich großen Rädern angeboten wurden. In dieser Form war der *T-150* ein starker Systemtraktor, wie es ihn auch bei westlichen Herstellern gab. Der Sechszylindermotor leistete zuerst 150, dann 165 PS. Überarbeitete Nachfolgerversionen werden bis heute gebaut, nun mit einem 175-PS-Motor aus Jaroslawl.

1994 wurde das Traktorenwerk privatisiert. Neben dem *T-150 K* rückten neue Modelle ins Programm. Die Radtraktoren wurden als Systemschlepper gebaut und reihen sich leistungsmäßig über dem *T-150 K* ein. Wichtig sind weiterhin Raupenschlepper, die sich in Charkow um den modernisierten *T-150* gruppieren und im Bereich um 180 PS angesiedelt sind.

Der **16331** ist ein Systemtraktor mit einem **KAMAZ-240-Motor.** Von diesem Traktor gibt es ein mit Deutz-Motor ausgestattetes Schwestermodell mit der Bezeichnung **16131,** das sich sehr viel besser bewährt hat.

VOM SOZIALISMUS ZUM WELTMARKT | *Die Firmen der GUS-Staaten*

Tradition und Neues aus Sankt Petersburg

Die Putilow-Werke in Sankt Petersburg waren in der Zarenzeit die wichtigste Waffenschmiede des Reiches. Auch Lokomotiven wurden dort gebaut. 1916 fanden hier große Streiks gegen den Krieg und die autokratischen Machthaber statt, die die Russische Revolution mit auslösten. Ab 1924, als die Kommunisten an der Macht waren, wurden dort *Fordson*-Traktoren in Lizenz gefertigt. Doch in diesem riesengroßen Fabrikkomplex stellten fleißige Hände noch jede Menge andere Produkte her. Im Gedenken an einen ermordeten Parteifunktionär wurden die Putilow-Werke 1934 umbenannt in Kirow-Werke, dort hergestellte Traktoren trugen den Markennamen ‚Kirowez'. 1934 wurde die Ford-Konstruktion ersetzt. Das neue Modell hieß *Universal* (*U-1*, später *U-2*) und wurde bis zum Überfall Nazideutschlands auf die Sowjetunion gebaut. Danach galten alle Anstrengungen der Rüstung.

Nach dem Zweiten Weltkrieg übernahmen die Kirow-Werke die Produktion von Raupenschleppern und bewährten Modellen aus anderen Unternehmen. So wurden die Typen *MTS-2* und *MTS-5* zum Teil hier gebaut. Einen besonders wichtigen Bauauftrag erteilten die Kader den Kirow-Werken 1962 mit dem Bau der Knickschlepper-Baureihe *K 700*. Hierbei handelte es sich um schwere Systemtraktoren mit vier gleich großen Rädern und einem Gewicht von etwa zwölf Tonnen. Dieses Modell diente zuerst für Zugaufgaben der

Der **K 701** ist ein Traktorgigant mit Zwölfzylindermotor, der einen Hubraum von mehr als 22 Litern besitzt. Dank **Knicklenkung** ist er trotz seiner Größe recht wendig. Er wurde ab 1975 für die Bearbeitung riesiger Felder gebaut. ▶▶

Der **K 744,** hier das **Modell R3** (das „P" auf der Motorhaube ist ein kyrillisches „R"), ist ein schwerer landwirtschaftlicher Traktor, der den K 700 ablöste. Er hat einen V8-Motor mit Turbolader und ist fast siebeneinhalb Meter lang.

Roten Armee, aber es konnte auch auf dem Acker eine sehr gute Figur machen. Der Achtzylinder-Diesel erreichte 230 PS. 1975 wurde ein Nachfolgemodell vorgestellt, das einen Zwölfzylindermotor hatte. Sein Hubraum maß über 22 Liter. Die Motorleistung wurde mit 300 PS angegeben.

Die Tradition der Knicklenker setzte sich in Sankt Petersburg fort. 2009 stellte Kirowez (oder Kirovets) die neue Baureihe 9000 mit stufenlosem Getriebe vor. Fünf Modelle mit Nennleistungen zwischen 341 und 503 PS haben Sechs- beziehungsweise Achtzylindermotoren von Mercedes-Benz. Die Hubkraft des Heckkrafthebers beträgt 10 000 Kilogramm, die Hydraulikpumpe hat einen Durchfluss von 190 Litern in der Minute. Die Serienfertigung lässt noch etwas auf sich warten.

ATM, einstiger Partner von Kirowez

Nach dem Systemwechsel in Russland und der Öffnung gegenüber dem Weltmarkt mussten neue Wege beschritten werden. Nun waren Modelle gefragt, die auch gegenüber den Importen aus den USA und Europa bestehen konnten. 1997 wurde in Sankt Petersburg die Firma ATM aus der Taufe gehoben, die sich zunächst vor allem als Handelsvermittlerin und Vertrieblerin verstand. Sie arbeitete mit

Dreipunktaufhängung mit leistungsfähiger Hydraulik und Zapfwelle sind auch bei den russischen Traktoren selbstverständlich Standard. Die Knicklenkung wird ebenfalls hydraulisch betätigt.

 VOM SOZIALISMUS ZUM WELTMARKT | *Die Firmen der GUS-Staaten*

Kirowez hat die **Terrion-Schlepper** bis 2009 im Auftrag montiert. Dann siedelte der Hersteller in eine eigene Fabrik nach Tambow um. Auch Mähdrescher von Sampo werden dort in Lizenz gebaut.

Kirowez eng zusammen. 2001 wurde in Deutschland die Tochter ATM United Technologies GmbH gegründet. Unter deren Dach sollte die Konstruktionsarbeit für eine neue Traktorengeneration geleistet werden. Zum Chef wurde ein ehemaliger Entwicklungsleiter von Schlüter und Fendt gemacht, der seine Mannschaft mit Konstrukteuren der deutschen International Harvester verstärkte, die nach der Schließung des Standorts in Neuss frei waren. So wurden die Traktoren für Sankt Petersburg in Berlin konstruiert. ATM ließ bei Kirowez ab 2003 die neuen Modelle *ATM 3180* mit 180 PS und ab 2005 den *ATM 5280* mit 280 PS bauen. 2007 bekamen die Modelle den Namen *Terrion*. Beide wurden zu den besten russischen Traktoren gewählt.

2008 wurde das Produktionsabkommen zwischen ATM und Kirowez beendet. In Tambow, über 400 Kilometer südlich von Moskau, war eine eigene Fabrik errichtet worden, in der die *Terrion*-Traktoren nun gebaut werden. Das Programm wird um ein 200-PS-Modell und eines, dessen Leistung bis zu 400 PS betragen wird, erweitert. Die angepeilte Jahresproduktion ist mit 2500 Stück noch überschaubar. Viele Bauteile stammen von Herstellern aus Deutschland, Finnland und Italien. In der Exportversion werden Motoren von Deutz verwendet.

Der **Terrion ATM 3180** wurde in Russland 2006 zum Traktor das Jahres gewählt. Er ist eine Kooperation aus deutscher Ingenieurskunst und russischer Fertigungsarbeit. Die Motorleistung beträgt 180 PS.

VOM SOZIALISMUS ZUM WELTMARKT | *Die Firmen der GUS-Staaten*

Agromash, der Full-Liner

Einer der neuen Industriegiganten, die nach dem Zusammenbruch der Sowjetunion entstanden, ist die 1996 gegründete Agromash. Zu dieser sprunghaft wachsenden Holding gehören inzwischen auch international so bedeutende Unternehmen wie Vogel & Noot oder Versatile. Traktoren werden an mehreren Standorten hergestellt. Dazu gehören als Gruppe der „Concern Traktorenwerke" die Fabriken in Wladimir, Lipetsk und in Wolgograd. Wichtigster Produktionsort ist jedoch die Concern Traktorenfabrik in Tscheboksary, der Hauptstadt der Tschuwaschischen Republik. Sie ist zugleich die größte Traktorenfabrik Russlands. Allerdings nimmt sich die Agromash-Produktionszahl für das Jahr 2006 von 3900 Traktoren auf den ersten Blick bescheiden aus. Doch damals lag die Produktionszahl Russlands bei nur 6600 Stück, der Agromash-Anteil lag also bei 60 Prozent. Die Traktorenfabrik in Wolgograd, dem ehemaligen Stalingrad, war bis zum Einmarsch deutscher Truppen die wichtigste des Landes.

DT 75-E heißt dieser Raupentraktor. Das erste Exemplar wurde bereits 1973 gebaut. Eine modernisierte Form wird von **Agromash** noch heute verkauft.

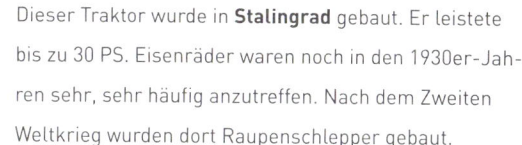

Dieser Traktor wurde in **Stalingrad** gebaut. Er leistete bis zu 30 PS. Eisenräder waren noch in den 1930er-Jahren sehr, sehr häufig anzutreffen. Nach dem Zweiten Weltkrieg wurden dort Raupenschlepper gebaut.

Anfang mit alten Modellen Zu Beginn baute man weiter alte Modelle der Sowjetzeit, zum Beispiel den *DT-75E*, der allerdings nicht mehr nur 75, sondern 95 PS leistete. Dieser fast sieben Tonnen schwere Raupenschlepper wurde ab 1973 unter der Marke Belarus in Wolgograd produziert und auch in die DDR geliefert. Raupenschlepper blieben im Programm, so wurde 2007 der 315 PS starke Raupenschlepper *6CT-315* vorgestellt, der 14 Tonnen auf die Waage brachte.

Doch immer interessanter wurden kleinere Traktoren in den Leistungsbereichen zwischen 25 und 100 PS. Als Motoren wurden zum Teil eigene Produktionen aus einem Werk in Sibirien verwendet, es gab aber auch Motoren von Cummins oder Sisu. Das ist auch heute noch so. Vom Allradantrieb über die Kabinenheizung bis hin zur Hydraulik werden Ausstattungsmerkmale angeboten, die einen Grundkomfort sichern, doch mit westlichen Neuerscheinungen können und wollen diese Traktoren nicht mithalten. Sie erbringen Basisarbeit für den Aufbau einer neuen Landwirtschaft.

Neuerdings produziert Agromash auch einen Geräteträger in der Art der Lanz Alldogs, allerdings liegt der kompakte Dieselmotor mit 45 PS am Heck des Fahrzeugs. Die Farbe, die nun alle Modelle einheitlich bekommen, ebenso die Landmaschinen des Konzerns, ist ein leuchtendes Mittelblau. Da die Firma als Nationalmarke aufgebaut werden soll, kann man für die Zukunft sicher einige interessante Zukäufe und neue Modelle erwarten.

VOM SOZIALISMUS ZUM WELTMARKT | *Satellit und neue Chance*

Satellit und neue Chance

Die Bruderstaaten des Ostblocks hatten ihre Produktion eng aufeinander abgestimmt und es war festgelegt worden, welcher Betrieb was herstellen durfte. Viele Firmen mit alter Tradition wurden fortgeführt. In der Umbruchzeit nach dem Ende des Kalten Krieges sind neue Anbieter entstanden, die alten mussten aufgeben oder sich radikal umstellen.

Vörös Csillag Traktorgyár

In Ungarn war mit HSCS eine traditionsreiche Traktorenfirma zuhause, die in den ersten Nachkriegsjahren Glühkopftraktoren produzierte. Der Typ *G 35*, ab 1948 in der überarbeiteten Version *GS 35*, wurde zunächst mit den Buchstaben HSCS auf der Frontseite weitergebaut. Später wurden die Buchstaben weggeschliffen, zuletzt kam ein roter Stern an diese Stelle. Das Werk wurde in „Roter Stern" umbenannt, auf Ungarisch heißt das „Vörös Csillag Traktorgyár".

In den 1950er-Jahren wurden dort Allradtraktoren entwickelt. Mit dem 28 PS starken Zweizylindertraktor *UE-28* entstand ein Modell, das zum Vorläufer der Dutra-Baureihe werden sollte. Er hatte einen zuschaltbaren Allradantrieb und bekam in einer späteren Version eine Fahrerkabine. Die Motorhaube des *UE-28* war weit nach vorn gestreckt, seine vier Räder waren alle gleich groß. Ein schwerer Nachteil dieses Typs war die niedrige Motorleistung. Deswegen musste schon nach kurzer Zeit ein neues Modell erarbeitet werden.

Ein wichtiger Schritt nach vorn war der jetzt produzierte *Dutra D4K*, der einen Vierzylindermotor von Csepel besaß. Dieses Triebwerk erbrachte eine Leistung von 65 PS – mehr als doppelt soviel wie das des *UE-28*. Bei diesem 460 Zentimeter langen Fahrzeug lag der Motor auf dem Rahmen vor der Vorderachse. Die Schnauze wurde dadurch sehr lang, aber die Zugkraft verbesserte sich. 1964 wurde mit dem *Dutra D4K B* eine stärkere Variante mit Sechszylindermotor eingeführt. Die eigenen Exemplare

HSCS ist im 19. Jahrhundert in Österreich entstanden. In Frankreich und anderen Ländern bekam der von HSCS gebaute Glühkopfschlepper den Beinamen „**Le Robuste**". In Ungarn entstanden später die Traktoren **Roter Stern**.

erhielten Csepel-Motoren, ins nichtsozialistische Ausland gelangten auch Fahrzeuge mit Motoren von Steyr, Scania oder Perkins. Die Motorleistung des *Dutra D4K B* betrug 90 PS, diese Maschine war also für schwere Böden gut geeignet. Er ersetzte viele ältere Raupenschlepper. Doch bei vielen Traktoristen war der unbequeme *D4K* nicht gerade beliebt.

Auch die Lautstärke konnte nicht gefallen. In der DDR wurden deshalb die *ZT 300* gebaut. Auch die Zugmaschinen der Leningrader Baureihe *K 700* sprangen in die Bresche. So waren die meisten *Dutra D4K* Ende der 1970er-Jahre von den Äckern verschwunden. In Ungarn wurden aber noch lange Zeit Nachfolgemodelle gebaut.

Traktoren in ähnlicher Bauart wie die *K 700*er stellte auch die Fahrzeugfabrik Raba in Györ her. Sie wurde im Westen bekannt durch ihre Kooperation mit dem US-amerikanischen Hersteller Steiger.

Der **Dutra D4K** gehört wegen seiner langen Schnauze zu den interessantesten Traktorenmodellen der 1960er- und 1970er-Jahre. Die Fahrer waren nicht begeistert, denn der D4K war laut und bot kaum Komfort.

VOM SOZIALISMUS ZUM WELTMARKT | *Satellit und neue Chance*

Der polnische Bär

Auf Lateinisch heißt „Ursus" Bär. Bei dieser 1893 gegründeten Firma geht der Name jedoch auf eine starke und treue Romanfigur des damals beliebten Romans „Quo vadis" zurück, den der polnische Literaturnobelpreisträger von 1905 Henryk Sienkiewicz verfasst hatte. Ab 1922 wurden in der Fabrik vor den Toren Warschaus Traktoren gebaut. Nach dem Zweiten Weltkrieg wurde dieser Sektor zum wichtigen Produktionszweig. Montiert wurde der Glühkopfschlepper *C-45*, bei dem es sich um eine Raubkopie des *D 9506* von Lanz handelte. Dies konnte so einfach geschehen, weil Lanz während des Krieges in den Werken von Ursus diesen Typ produzieren ließ. In den 1960er-Jahren entstanden Traktoren in Zusammenarbeit mit Zetor, daneben mit wenig Erfolg zwei Modelle von Massey Ferguson in Lizenz.

In den 1970er-Jahren wurde die Fertigung mit großem Aufwand modernisiert. Auch amerikanische Gelder flossen. 1980 lag die Jahresproduktion bei 60 000 Exemplaren. Ab 1984 wurden neue Modelle ins Programm genommen, zu denen etwa der Typ *914* gehörte, den es auch mit Turbomotor gab. Daneben wurden Schmalspur- und Spezialschlepper gebaut. Mit der Öffnung des Eisernen Vorhangs folgte ein tiefer Absturz. 2006 verließen nicht einmal 1600 Traktoren die Werkshallen. 2010 gelang mit der Vorstellung einer neuen Modellreihe ein Befreiungsschlag.

Der **Ursus 3514** verfügte über einen Dreizylindermotor mit 47 PS. Er hatte einen Allradantrieb und eine hydrostatische Lenkung. Acht Vorwärts- und zwei Rückwärtsgänge waren nicht unbedingt üppig.

Crystal

Zukunftsmarkt Polen In den 1990er-Jahren begann in Polen bei der Firma Crystal der Traktorenbau. Seit 1984 gibt es das Werk, doch befassten sich die Mitarbeiter bis dahin lediglich mit der Herstellung von Ersatzteilen. Crystal kaufte viele Bauteile für seine Schlepper hinzu, so wurde Zetor zum Motorenlieferanten. In Form und Lackierung lehnte man sich an Deutz-Fahr an. Die Traktoren der Firma bekamen den Namen Orion. Ihre Common-Rail-Motoren erfüllen die strenge Abgasnorm Euro 3. Angeboten werden Modelle zwischen 90 und 270 PS. Sie haben ein Wendegetriebe, je nach Leistungsklasse mit 24 bis 40 Gängen. Bis auf den kleinsten haben alle Allradantrieb. Vier verschiedene Lackierungen sind serienmäßig möglich. Daneben werden weiterhin Ersatzteile hergestellt, die an Ursus, ZTS und Zetor geliefert werden. Polen ist ein interessanter Zukunftsmarkt, denn dort gibt es große Anbauflächen und fruchtbaren Kulturboden.

Revolution auf dem Traktor! Auf diesem interessanten historischen Foto sieht man sehr schön, dass der **C-45** nichts anderes war als ein abgekupferter **Lanz.** Das Modell wurde nach 1945 in großen Stückzahlen hergestellt.

Traktoren in der DDR

In der Besatzungszone Deutschlands, die nach Ende des Zweiten Weltkriegs von der Sowjetunion verwaltet wurde, gab es viel zu wenige Traktoren, um die Felder ausreichend bearbeiten zu können. Die wichtigsten Firmen lagen in den westlichen Sektoren oder waren dorthin ausgewandert. So behalf man sich mit einem Nachbau des von FAMO aus Breslau zusammen mit Hanomag entwickelten 40-PS-Schleppers, der als *Pionier* bekannt wurde und die technische Bezeichnung *RS 01/40* trug. Das Prinzip für die Typenbezeichnung, das in der ersten Phase des Traktorenbaus durchgehalten wurde, war einfach: *RS* für Radschlepper, *01* als die Ordnungszahl des gebauten Modells und die Ziffer nach dem Schrägstrich gab die PS-Leistung an.

Die nächsten beiden Modelle hießen *Brockenhexe* und *Aktivist*. Außerdem wurden Raupenschlepper und Geräteträger hergestellt. Dieser Geräteträger war überall in den Warschauer-Pakt-Staaten sehr beliebt. Ein wichtiges Modell war der *Famulus*, ein Allrounder im 40- bis 50-PS-Bereich, den es in verschiedenen Versionen gab.

Als die Politiker entschieden hatten, welches Werk in welchem Land was bauen durfte, war die DDR bei den Traktoren leer ausgegangen. Jetzt wurden Importe aus der Sowjetunion und Rumänien nötig. Doch richtig glücklich wurde man mit diesen Fahrzeugen nicht. Aus diesem Grund wurde 1962 vom Politbüro die Entwicklung eines zuverlässigen Traktors mit 100 PS gefordert. Zwei Jahre später stand der Prototyp auf den Reifen, doch die Prüfung des Modells zog sich bis 1967 hin. Bei seiner Einführung war der *ZT 300* ein hervorragender Traktor auf der Höhe der Zeit. Sein Motor war ein in Lizenz von MAN gebauter Mittenkugelmotor, den ein ruhiger Lauf und große Kraftreserven auszeichneten. Seine Leistung lag bei 90 PS, ab 1978 waren es 100 PS. Das Getriebe bestand aus drei Gruppen mit je drei Vorwärts- und zwei Rückwärtsgängen.

1971 wurde eine Allradversion eingeführt, die unter dem Namen *ZT 303* bekannt wurde. Eine spezielle Variante für Einsätze im Gebirge war der *ZT 305-A*. Es dauerte bis 1984, ehe ein Nachfolgemodell herausgebracht wurde, das *ZT 320* und in der Allradvariante *ZT 323* hieß.

Nach der Wiedervereinigung wollte niemand mehr die ZTs haben. In Schönebeck wurden Trac-Fahrzeuge nach Konstruktionen von Schlüter und Mercedes-Benz (MB trac) montiert, doch dann kam 2004 das Ende. Seit 2010 baut die Firma Mali in Schönebeck Spezialtraktoren.

„Gastarbeiter" **MTS-50** bei der Obsternte. Die DDR bekam Traktoren aus der Sowjetunion und Rumänien, eigene Modelle wurden nicht gebaut.

Der **RS 01/40** war der erste in der DDR gefertigte Traktor. Die 40-PS-Maschine wurde nach Plänen der ehemals in Breslau ansässigen Firma **FAMO** von aus Schlesien geflohenen früheren Mitarbeitern gebaut und bis 1956 weiterproduziert.

VOM SOZIALISMUS ZUM WELTMARKT | *Satellit und neue Chance*

Zetor – der Erfolg aus Brünn

Als die Tschechoslowakei 1918 unabhängig wurde, hatte sie mit den Škoda-Werken eine bedeutende Waffenfabrik auf ihrem Boden. Eine andere entstand in Brünn, das auf Tschechisch Brno heißt. Sie wurde Československá Zbrojovka, zu Deutsch „Tschechoslowakische Waffenfabrik" genannt und stellte neben Waffen aller Art auch Fahrzeuge und Konsumprodukte her.

Traktoren liefen erst ab 1946 vom Band. Das war so ähnlich wie bei Steyr, das von der Waffenfertigung auf Friedensproduktion umstellen musste und auf Traktoren verfiel. Die Firma bekam den Namen Zbrojovka Brno. Da die Autos der Vorkriegszeit mit einem „Z" abgekürzt waren, sollte der Buchstabe auch bei den Traktoren verwendet werden. Der Zet-Traktor wurde geboren, und weil sich das nicht gut anhörte, wurde ein Zetor draus. Das erste Modell war der *Zetor 25* mit einem 25 PS starken Zweizylindermotor. Er wurde mit Modernisierungen bis 1962 gebaut. Viele der 158 000 gebauten Exemplare gingen nach Finnland, andere in die sozialistischen Bruderstaaten. Doch dieses Modell war erst der Anfang. Über 1,1 Millionen Traktoren haben die Arbeiter aus Brünn bis heute gebaut.

Innovativ und leistungsstark Ende der 1950er-Jahre wurden die Super-Modelle mit 35, dann 42 und 50 PS einge-

Der **Zetor 25 A** war die zweite Generation des ersten Modells der Firma. Er wurde zwischen 1951 und 1961 gebaut. Sein Zweizylindermotor leistete 27 PS. Die Höchstgeschwindigkeit lag bei 32 Kilometern pro Stunde.

Den **Zetor 7745** bauten die Tschechen zwischen 1985 und 1993. Er hatte einen Vierzylindermotor mit vier Litern Hubraum. Es gab ihn mit Hinterrad- oder, wie hier gezeigt, mit Allradantrieb.

führt. Ein gewaltiger Sprung nach vorn war die Baureihe UR I, die ab 1962 produziert wurde. Sie bestand aus drei Modellen mit Zwei-, Drei- und Vierzylindermotor, die im Baukastenprinzip zusammengesetzt waren. Viele Bauteile der Modelle waren gleich. Zetor gehörte zu den ersten Firmen, die diesen Weg gingen, um Kosten zu sparen. Die Modelle hatten ein Zehngang-Getriebe mit zwei Rückwärtsgängen, Doppelkupplung, Lenkbremse und die Heckhydraulik Zetormatic mit einer Übertragung des Gewichts des angebauten Geräts auf die Hinterachse. Dadurch wurde die Zugkraft verstärkt. Die beiden größeren gab es auch mit Allradantrieb. Die Modelle konnten in Blau oder Rot gekauft werden.

In den 1970er- und 1980er-Jahren wurden die Traktoren weiter verbessert. Es kamen wichtige Ausstattungsmerkmale hinzu, so eine voll integrierte Sicherheitskabine mit Heizung, die gummigelagert auf dem Traktor befestigt wurde, um die Schwingungen und Stöße während der Fahrt abzufedern. 1989 wurde ein Modell mit Turbomotor vorgestellt. Bei den Typen der späten Achtziger war eine Höchstgeschwindigkeit von 35 Kilometern pro Stunde möglich. Die Allradmodelle erhielten eine hydrostatische Lenkung und sogar ein Radio konnte nun eingebaut werden.

Limb

Start-up im Aufsteigerland Im slowenischen Ptuj, früher Pettau, begann 2005 die Firma Limb mit der Fertigung von Traktoren, die für die Landwirtschaft oder, speziell ausgestattet, für die Forstwirtschaft verwendet werden. Die Vierzylindermotoren mit 60 oder 82 PS werden von Perkins bezogen, die Wendegetriebe stammen von Carraro. Dazu kommen Allradantrieb, starke Hydraulik und eine Höchstgeschwindigkeit von 40 Kilometern pro Stunde.

 VOM SOZIALISMUS ZUM WELTMARKT | *Satellit und neue Chance*

Jetzt als Firma Zetor 1990 wurde die Traktorensparte aus dem Konzern ausgegliedert. Welcher Name bot sich für das neue Unternehmen an? Natürlich Zetor. Im Gegensatz zu vielen anderen Herstellern im ehemaligen Ostblock konnten sich die Tschechen behaupten, denn ihre Modelle entsprachen auch höheren Ansprüchen und die Konstruktionsabteilung arbeitete hervorragend. Die selbst gebauten Motoren werden auch von anderen Schlepperbauern gekauft, um die eigenen Modelle damit zu bestücken. Sie sind schon seit dem Beginn des Traktorenbaus eines der Prunkstücke von Zetor. Bereits die frühen Typen waren recht leise, sparsame Direkteinspritzer.

In den 1990er-Jahren wurden für John Deere Traktoren gebaut. Internationale Kooperationen brachten Zetor nach Brasilien, Indien und den Iran. In Polen wurde – wie schon seit den 1960er-Jahren – mit Ursus zusammengearbeitet. Im Jahr 2000 geriet das Unternehmen in eine schwere Krise, doch wurde mit der slowakischen HTC Holding Slovensko ein neuer Eigner gefunden.

Die neue Traktorengeneration von Zetor gliedert sich in vier Modellgruppen auf: Die kleinsten Typen heißen *Proxima PRO*, die mittelgroßen nennen sich *Proxima Plus*, es folgen die *Proxima Power* und die Königsklasse heißt *Forterra*. Der neueste Typ ist der *Proxima Power*, der sich durch ein Wendegetriebe und ein besonderes Technikpaket auszeichnet. Die gesamte Modellpalette bewegt sich im Leistungsbereich zwischen 65 und 135 PS. Wichtige Kunden sind die deutschsprachigen Länder, der Traditionskunde Finnland und die USA. In den letzten Jahren sind auch Frankreich und Großbritannien dazugekommen.

Unter der Finanzkrise hatte Zetor sehr stark zu leiden. Die Jahresproduktion sank auf gerade einmal 3700 Stück. Es bleibt abzuwarten, wie sich die Zukunft dieser technisch überzeugenden Marke entwickelt.

Zetor Proxima Plus steht für eine Reihe von Mittelklassetraktoren mit einem Vierzylindermotor. Features wie Allradantrieb, Wendegetriebe und Fronthydraulik sind selbstverständlich enthalten.

Der **Motor** ist eines der besonderen Highlights der **Zetor-Schlepper**. Die darunter liegende Allradvorderachse stammt von Carraro, einem der führenden Anbieter. »

Klein und flexibel

Traktoren aus Asien

KLEIN UND FLEXIBEL | *Im Land der aufgehenden Sonne*

Im Land der aufgehenden Sonne

Einige asiatische Länder haben eine bedeutende Landtechnikindustrie hervorgebracht. Besonders auf dem Markt für kleine, kompakte Traktoren besitzen asiatische Unternehmen eine erhebliche Präsenz. Oft treten sie jedoch nicht unter dem eigenen Namen auf, sondern produzieren Baureihen für große, international bekannte Marken.

Der **M130X** gehört zu den großen Standardtraktoren aus dem Hause **Kubota**. Mit seinem Vierzylindermotor schafft er eine Leistung von 140 PS.

Die Industrienation Japan war das erste asiatische Land, das internationale Bedeutung in der Landtechnikbranche gewann. Andere Länder wie Korea, Indien und schließlich China folgten nach. Vor allem im Bereich der Kleintraktoren ist das Verhältnis zu den europäischen und amerikanischen Herstellern jedoch nicht nur von Konkurrenz, sondern auch von Kooperation geprägt.

Kubota – mit Allrad aus Osaka

Kubota gehört zu den weltweit bekanntesten japanischen Traktorenmarken. Dies hängt zum einen damit zusammen, dass

Kubota-Traktoren weltweit verkauft werden und in manchen Ländern einen erheblichen Anteil am Markt für Kommunaltraktoren errungen haben. Ein anderer Grund für die Bekanntheit des Namens liegt wohl darin, dass das Unternehmen in einer Reihe von Industriezweigen tätig ist. An mehreren Standorten sind Tausende von Mitarbeitern mit der Produktion und dem Vertrieb von Traktoren, Rasentraktoren und professionellen Mähgeräten, Mähdreschern, Landmaschinen, Mehrzweckfahrzeugen, Motoren, Baumaschinen, Rohren, Pumpen, Trinkwasseraufbereitungsanlagen, Klimaanlagen, Verkaufsautomaten und vielem anderem beschäftigt. Im Jahr 2003 konnte Kubota die Produktion des 20 000 000sten Motors feiern.

Von der Gießerei zum Weltkonzern Die Ursprünge des Unternehmens gehen bis 1890 zurück. In diesem Jahr gründete Gonshiro Kubota in dem wichtigen japanischen Handels- und Industriezentrum Osaka eine Gießerei. Der Firmenname lautete anfangs Oide Chuzo-jo (Oide-Gießerei), wurde aber 1893, nach der Aufnahme von Stahlrohren in das Produktionsprogramm, in Kubota Tekko-jo (Kubota-Eisenwerk) umbenannt.

Die Motorenproduktion begann 1922, zunächst mit Standmotoren für industrielle und landwirtschaftliche Zwecke. Die Kubota-Ölmotoren wurden vom japanischen Handels- und Industrieministerium mit dem Prädikat „hervorragendes Inlandsprodukt" ausgezeichnet.

Kubota diversifizierte die Produktpalette beständig. Als das Unternehmen 1939 in Japan an die Börse ging, war es bereits zu einem bedeutenden Unternehmen mit mehreren Werken aufgestiegen. Ein wichtiger Schritt zu einer stärkeren Präsenz in der Landwirtschaftsbranche stellte kurz nach dem Zweiten Weltkrieg die Entwicklung eines Kulti-

Die **Kubota-Schlepper** sind leicht an dem typischen **Orange** zu erkennen, wie dieser Universaltraktor **M9540** mit einer Nennleistung von 99 PS.

KLEIN UND FLEXIBEL | *Im Land der aufgehenden Sonne*

vators dar. 1953 erfolgte erneut eine Umbenennung der Firma, nun in „Kubota Tekko K. K." Im gleichen Jahr begann auch der Einstieg in die Baumaschinenbranche, in der das Unternehmen in der Folgezeit ein schnelles Wachstum verzeichnete und weltweite Bekanntheit erlangte. Seit 1990 lautet die englische Bezeichnung des Unternehmens „Kubota Corporation".

Einstieg in den Traktorenbau Den ersten Traktor baute Kubota 1960. Dabei handelte es sich um einen Schlepper, der den Bedürfnissen der japanischen Landwirtschaft angepasst war. Verglichen mit amerikanischen und sogar westeuropäischen Verhältnissen war die japanische Landwirtschaft kleinflächig strukturiert. Deshalb waren vor allem kleine und wendige Schlepper gefragt. Bereits neun Jahre später begann der Export in die Vereinigten Staaten. Mit dem *L200*, der nur 21 PS leistete, stieß Kubota in eine Nische im amerikanischen Traktorenmarkt vor. Das Modell wurde sofort ein Bestseller. Auf diesen Erfolg aufbauend gründete Kubota 1972 ein amerikanisches Tochterunternehmen und führte zwei Jahre später einen kleinen, nur 12 PS leistenden Allradschlepper ein. Der Vierradantrieb hatte zu dieser Zeit zwar bei den Großtraktoren eine weite Verbreitung erlangt, bildete aber bei den Schleppern dieser Größe noch eine Ausnahme.

Nordamerika war für Kubota ein wichtiger Markt. Neben den Vertriebsniederlassungen wurde deswegen in Gainesville im Bundesstaat Georgia eine Produktionsstätte für Traktoren und Arbeitsgeräte gegründet.

Im Lauf der Zeit entstanden in vielen Ländern der Welt Kubota-Werke. In Thailand werden heute Traktoren, Mähdrescher, Landmaschinen und Diesel-

Dieses Modell der **L40-Reihe** ist mit einem hydrostatischen Getriebe ausgestattet. Als Einsatzgebiet kommen vor allem kommunale Aufgaben infrage.

» Als Standardtraktoren für leichte landwirtschaftliche Pflegearbeiten und gewerbliche Einsätze sind die Modelle der **L-Reihe** konzipiert. Sie zeichnen sich durch eine besonders hohe Wendigkeit aus. «

motoren hergestellt. Aus China kommen Traktoren, Mähdrescher und Pumpen. Kleine Dieselmotoren werden in Indonesien produziert. Für die Fertigung von Traktoren, Mähdreschern und Landmaschinen ist das Tochterunternehmen in Vietnam zuständig. Ein wichtiger Ableger in Europa ist die 1988 gegründete Kubota Baumaschinen GmbH in Zweibrücken, die Maschinen für die Bauwirtschaft produziert und vertreibt.

Die Buchstabenserien Mit der M-Serie bietet Kubota Traktoren mit einer Leistung von 66 bis 140 PS an. Dabei handelt es sich um landwirtschaftliche Allzweckschlepper, die zum Teil in mehreren Ausführungen angeboten werden. Neben der Standardversion steht für einige Modelle eine Schmalspurausführung für Arbeiten in Obstplantagen, Weinbergen und unter anderen beengten Verhältnissen zur Verfügung. Die Wendigkeit wird durch das *Bi-Speed*-Lenksystem erhöht. Diese Technik sorgt dafür, dass sich bei einem Lenkeinschlag von ungefähr 30 Grad bei zugeschaltetem Allradantrieb die Umfangsgeschwindigkeit der Vorderräder erhöht. Dadurch wird der Wenderadius extrem klein gehalten. Eine andere Ausführung ist die *LowProfile*-Version, die ohne Kabine angeboten wird und vergleichsweise niedrig ist.

Eine weitere Baureihe ist die L40-Serie, zu der Traktoren mit einer Leistung von ungefähr 37 bis 59 PS zählen. Diese Modelle, die standardmäßig über Kabinen verfügen, sind für Arbeiten in kleinen landwirtschaftlichen Betrieben, in Kommunen und im Landschaftsbau konzipiert. Für kommunale Aufgaben, Landschaftsgestaltung, Gartenbau, Rasenpflege und Ähnliches eignen sich die Baureihen L, STV, B und BX, die den Leistungsbereich von 12 bis 42 PS abdecken.

KLEIN UND FLEXIBEL | *Im Land der aufgehenden Sonne*

Iseki – die Kompakten von der Insel

Matsuyama ist eine der größten Städte auf Shikoku, der kleinsten der vier großen japanischen Inseln. In der heute eine halbe Million Einwohner zählenden Stadt entstand 1926 die Firma Iseki, deren Ziel zunächst der Vertrieb von Landmaschinen war. Ungefähr zehn Jahre später begann Iseki mit der Herstellung eigener Geräte, die anfangs vor allem mit der Reisverarbeitung zu tun hatten. Eine erhebliche Ausweitung des Programms erfolgte 1967 mit dem Bau von Maschinen zum Reispflanzen und zur Reispflege, von Mähdreschern, Bindern und Traktoren. Mit der Gründung des Tochterunternehmens N. V. Iseki Europe S. A. 1971 in Brüssel fasste das Landtechnikunternehmen erfolgreich Fuß in Europa.

Viele Marken Die Zentrale des Unternehmens liegt heute in Tokio. Neben den vier japanischen Hauptfabriken besitzt Iseki außerdem ein Werk in China. Der Hauptgeschäftsbereich ist nach wie vor die Produktion von Traktoren, Maschinen für die Reisproduktion und den Ackerbau, Erntemaschinen, Maschinen für die Verarbeitung von Erntegut sowie Mähern. Iseki baut nicht nur Traktoren, die unter eigenem Namen vertrieben werden, sondern stellt auch für andere Traktorenmarken Modelle her, vor allem, um deren Produktpalette im unteren Leistungsbereich

Mit einem Frontlader präsentiert sich dieser **Iseki TJ 75**. Dank der zahlreichen Anbaugeräte lässt sich der kleine wendige Traktor für unterschiedlichste Aufgaben einsetzen.

Über eine vollklimatisierte Kabine und Allradantrieb verfügt dieser **Iseki**-Traktor vom Typ **TG 5470**, der für kommunale Aufgaben konzipiert wurde.

Iseki in rot

Traktorenbau für Massey Ferguson Viele asiatische Traktorenhersteller erwarben weltweit den Ruf, qualitativ hochwertige Produkte herzustellen. Einige der großen Traktorenproduzenten lassen deshalb Kompakttraktoren von diesen Unternehmen produzieren. Für die Marke Massey Ferguson ließ AGCO bereits ab 2002 von Iseki die 1400er-Serie fertigen. Die Baureihe bestand aus neun Modellen im Leistungsbereich von 17 bis 55 PS. Die als Antrieb dienenden Drei- und Vierzylindermotoren stammten ebenfalls aus der Iseki-Produktion.
2004 kam die neue 1500er-Reihe von Massey Ferguson auf den Markt. Diese Modelle, die in unterschiedlichen Ausführungen erhältlich waren, stammten wiederum aus Matsuyama. Die Iseki-Motoren dieser Kompaktschlepper erzielten eine Leistung von 20 bis 59 PS. Nachfolger dieser Baureihe ist seit 2009 die ebenfalls von Iseki gebaute 1600er-Serie, die sich durch eine noch höhere Motorleistung und eine größere Auswahl bei den Getriebevarianten auszeichnet.

zu ergänzen. Traktorenmarken, für die das japanische Unternehmen produzierte, sind AGCO, Bolens, Challenger, Massey Ferguson und White. Umgekehrt importierte Iseki Schlepper von Landini aus Italien und Massey Ferguson aus Frankreich, um sie in Japan unter eigenem Namen zu vertreiben.

Klein aber stark In Europa vertreibt Iseki vor allem Traktoren für kommunale Aufgaben, für Einsätze auf Golfplätzen und für Rasenpflegearbeiten. Dabei wird besonderer Wert auf Flexibilität, Wendigkeit und eine relativ große Leistungsstärke gelegt. Das stärkste Modell ist der *TJ 75*, dessen drei Liter großer Vierzylinder-Turbomotor von Iseki eine Maximalleistung von 90 PS erreichen kann. Der Allradantrieb gehört zur Standardausstattung, ebenso das Wendegetriebe mit 24 Gängen in beide Fahrtrichtungen.

Andere Schlepper mit kleinen Maßen, aber geballter Kraft sind die Modelle der TG-5000-Serie. Die Gesamtlänge des größten Modells beträgt nur 345 Zentimeter. Sein Motor bringt es jedoch auf eine Höchstleistung von 55 PS. Die TG-Schlepper werden neben einer Version mit einem Lastschaltgetriebe auch in einer Ausführung mit einem stufenlosen hydrostatischen Getriebe gebaut.

Weitere Serien kleiner Kompaktschlepper sind die Baureihen TM 3100, TM 3200 und TH 5000 mit einer Leistung von 15 bis 38 PS.

KLEIN UND FLEXIBEL | Traktoren vom asiatischen Kontinent

Traktoren vom asiatischen Kontinent

Der steigende Bedarf an Traktoren in den riesigen Anbauflächen Asiens ließ auch in anderen Ländern eine eigene Industrie entstehen. In Korea, Indien und der Türkei entwickelten sich die Firmen vor allem aus dem Engagement westlicher Unternehmen heraus. Ein Einsteiger mit gewaltigen Zuwachszahlen ist – wer wohl? Natürlich die Volksrepublik China.

Daedong Kioti – orangefarbene Schlepper aus Korea

Daedong heißt ein Unternehmen, das 1947 von Sam Man Kim in Jinju im Süden Koreas gegründet wurde. Zu den ursprünglichen Unternehmenszielen gehörten die Metallverarbeitung und die Produktion von landwirtschaftlichen Gerätschaften. Aber bereits zwei Jahre nach der Gründung ging man zur Produktion von Motoren und von motorisierten Landmaschinen über. Ein zweirädriger Motorkultivator wurde ab 1962 produziert.

Kooperation mit Ford und Kubota 1968 schloss Daedong ein Kooperationsabkommen mit Ford und begann mit der Herstellung von Traktoren. Das Ziel der Firma war es nun, zum wichtigsten Landtechnikunternehmen in Korea aufzusteigen. In den 1980er-Jahren kam es zu einer weiteren Kooperation, dieses Mal mit dem japanischen Konzern Kubota. In einem Joint-Venture produzierten die beiden Unternehmen die Kubota-Baureihe 02,

Das **Daedong-Logo** ist auf der Kühlerhaube vieler asiatischer Traktoren zu sehen. Schlepper aus Asien spielen weltweit eine immer wichtigere Rolle.

Der **Daedong FX751** wird von einem 67 PS starken Turbomotor angetrieben. Das 374 Zentimeter lange und drei Tonnen schwere Modell verfügt standardmäßig über einen Allradantrieb.

LS

Unter vielen Namen in alle Welt

Zu den großen südkoreanischen Traktorenherstellern gehört das Unternehmen LS, dessen Schlepper in Europa und Nordamerika jedoch oft unter anderen Namen auftauchen. LS stellt beispielsweise für McCormick die auf dem nordamerikanischen Markt vertriebene CT-Serie her. Es handelt sich dabei um Kompaktschlepper im Leistungsbereich von 23 bis 57 PS. Andere Marken, für die LS produziert, sind Montana, Farmtrac und TAFE. Das Unternehmen vertreibt Traktoren weltweit jedoch auch unter eigenem Namen. Die Ursprünge von LS reichen bis in das Jahr 1947 zurück. Der Traktorenbau begann jedoch erst 1977 im Zuge einer Kooperation mit Fiat, damals noch unter dem Dach der LG-Gruppe. Später kam es auch zu einer Zusammenarbeit mit Mitsubishi. Das Produktprogramm umfasst sowohl landwirtschaftliche Allzwecktraktoren mit einer Leistung bis zu 97 PS als auch kleine Kompaktschlepper für die Rasenpflege und ähnliche Aufgaben. Das Traktorenwerk liegt in der südkoreanischen Stadt Jeonju und besitzt eine jährliche Kapazität von 20 000 Einheiten.

Relativ spät erschienen die Modelle des koreanischen Herstellers **LS** auf dem Traktormarkt. Bei dem Modell **P7030** auf diesem Foto handelt es sich um einen Allzweckschlepper für anspruchsvolle landwirtschaftliche Arbeiten.

Die großzügig verglaste Kabine dieses **Kioti-Traktors** bietet ungehinderte Sicht. Auch die Vorderräder befinden sich im Blickfeld des Fahrers. Für das passende Raumklima sorgen eine Heizung und eine Klimaanlage mit Frischluftzufuhr.

KLEIN UND FLEXIBEL | *Traktoren vom asiatischen Kontinent*

wobei Daedong hauptsächlich für die Herstellung des Getriebes zuständig war.

Ebenfalls im Süden Südkoreas gelegen ist die Stadt Daegu, in der Daedong 1984 ein neues Werk gründete. Diese Produktionsanlage widmete sich dem Bau von Traktoren, Mähdreschern und Landmaschinen. Seit ihrer Fertigstellung verlassen jährlich ungefähr 25 000 Traktoren das Werk.

Einen entscheidenden Schritt zur Ausdehnung des Marktes unternahm Daedong 1993 mit der Gründung eines Tochterunternehmens in den Vereinigten Staaten, in denen von nun an die orangefarbenen Schlepper unter dem Markennamen Kioti vertrieben wurden. Heute gibt es auf dem nordamerikanischen Kontinent über 250 Händler, die den Verkauf von Kioti-Schleppern übernommen haben. Die Traktoren werden inzwischen weltweit vertrieben. In viele Länder werden die Schlepper in einzelnen Bauteilen verschifft und an ihrem Bestimmungsort den jeweiligen örtlichen Vorschriften angepasst zusammenmontiert. Nicht überall wird der Markenname Kioti verwendet. Vielerorts erfolgt der Verkauf unter dem Namen Daedong.

Kleintraktoren für Europa In Europa bietet Daedong Kioti-Traktoren in einem Leistungsbereich von 23 bis 93 PS an. Als Zielgruppe gelten Kommunen, kleine landwirtschaftliche Betriebe, Unternehmen des Garten- und Landschaftsbaus, Anbieter von Hausmeisterdiensten, Pferdehöfe und

Beim **DK551** handelt es sich um einen Kompakttraktor, der wahlweise mit Kabine oder mit einem offenen Fahrerstand erhältlich ist. Der Vierzylinder-Turbomotor bietet eine Leistung von 54 PS. Das Modell ist sowohl in einer Ausführung mit Hinterrad- als auch in einer Version mit Allradantrieb verfügbar.

Baumschulen. Auch einige Industriebetriebe zählen zu den Käufern von Kioti-Schleppern. Neben ihrer Wendigkeit zeichnen sich die orangefarbenen Kleintraktoren aus Südkorea durch den Allradantrieb und die leistungsstarken Motoren aus. Einige Modelle sind optional mit einem hydrostatischen Getriebe erhältlich.

„Lauf dem Rudel voraus!", lautet das Motto, das mit dem **Kioti-Logo** oft verbunden wird. Die Kompakt- und Spezialtraktoren sollen höchsten Ansprüchen genügen.

Der **Kioti DS4510** ist ein Kompakttraktor mit 46 PS. Er verfügt über ein Getriebe mit acht Gängen in beide Fahrtrichtungen. Als Höchstgeschwindigkeit kann der kleine Schlepper 23 km/h erreichen.

KLEIN UND FLEXIBEL | Traktoren vom asiatischen Kontinent

Foton – Schlepper aus China

In den letzten Jahrzehnten stieg China in den Kreis der bedeutendsten Industrienationen der Welt auf. Eine zunehmend wichtige Rolle spielt das Reich der Mitte seitdem auch in der Landtechnikbranche. Chinesische Traktoren und Landmaschinen sind immer häufiger auf dem internationalen Markt zu sehen. Vor allem in Westeuropa und Nordamerika konkurrieren sie oft mit anderen asiatischen Anbietern im Bereich kleiner, wendiger Schlepper beispielsweise für Hobbylandwirte, Baumschulen und Landschaftsgestalter. Aber auch Traktoren, die sich an professionelle Landwirte richten, werden zunehmend von chinesischen Produzenten angeboten.

Ein junges Unternehmen Zu den bedeutendsten chinesischen Traktorenherstellern, die internationale Bedeutung erlangten, gehört die Firma Foton Lovol, deren Zentrale in der ungefähr 8,5 Millionen Einwohner zählenden Stadt Weifang in der ostchinesischen Provinz Shandong liegt. Die Gründung des Unternehmens geht auf das Jahr 1998 zurück. Vier Jahre danach begann Foton Lovol mit dem

Der **Foton 824** stammt zwar aus China, beim Motor handelt es sich jedoch um ein Modell des britischen Herstellers Perkins. Der 84 PS starke Schlepper wird in Ausführungen mit und ohne Kabine angeboten. Die Zapfwellenleistung liegt bei 76 PS.

Export nach Nepal und trat damit zum ersten Mal auf dem internationalen Markt auf. Heute exportiert das Unternehmen in über 110 Länder und Regionen Traktoren, Mähdrescher, Radlader, Bagger, Baggerlader, Kräne und andere Produkte. Auf dem heimischen Markt stieg Foton Lovol zum wichtigsten Hersteller von Traktoren und Mähdreschern auf. Im Ausland werden die Traktoren unter verschiedenen Markennamen verkauft, neben Foton beispielsweise unter EuroLeopard, Europard, Eurotrac, Lovol und Nortrac.

Baureihen von klein bis groß Für den Export werden mehrere Foton-Baureihen angeboten. Ein Vertreter der größeren Modelle aus dem oberen Leistungsbereich ist der *FT125*. Der Schlepper erzielt mit seinem Sechszylindermotor eine Nennleistung von 125 PS. Der Allradantrieb steht serienmäßig zur Verfügung. Von dem italienischen Hersteller Carraro wird die gefederte Vorderachse geliefert. Beim *FT125* handelt es sich um einen Allzwecktraktor für landwirtschaftliche Betriebe.

Vor allem für Aufgaben im Gartenbau und der Landschaftsgestaltung ist die FT25-Serie mit einer Nennleistung von 20 bis 25 PS konzipiert. Die kleinen Schlepper sind sowohl mit Hinterrad- als auch mit Allradantrieb erhältlich. Mit einem Wenderadius von nur 260 Zentimetern sind sie für den Einsatz unter engen Bedingungen geeignet. Darüber hinaus bietet Foton Lovol im Leistungsbereich von 35 bis 90 PS eine weitere Baureihe mit unterschiedlicher Ausstattung für landwirtschaftliche und andere Betriebe.

Der **Foton 254** wird mit einem offenen Fahrerstand angeboten. Vor Sonne und Regen schützt den Fahrer ein Dach. Der Dreizylindermotor erbringt eine Leistung von 25 PS. Mit 21 PS wird die Leistung an der Zapfwelle angegeben.

# KLEIN UND FLEXIBEL | *Traktoren vom asiatischen Kontinent*

Der **Mahindra 4035** wird seit 2009 im indischen Bundesstaat Maharashtra hergestellt. Der Dreizylindermotor des Modells stammt aus eigener Produktion. Seine Leistung wird mit 40 PS angegeben. Der Allradantrieb ist beim Mahindra 4035 Standard.

Mahindra – Indiens große Traktorenschmiede

Indien kann mehrere Traktorenhersteller von Weltrang vorweisen. Einer davon ist Mahindra & Mahindra, ein Unternehmen, das unter dem Dach der Mahindra-Gruppe zuhause ist. Mit einer jährlichen Kapazität von 150 000 Traktoren ist das Unternehmen nicht nur der größte Traktorenhersteller Indiens, sondern auch einer der bedeutendsten der Welt. Die Schlepper werden in Länder auf allen Kontinenten exportiert.

Lizenzfertigung und Joint-Venture Mahindra & Mahindra entstand 1948 in Bombay, dem heutigen Mumbai. Das ursprüngliche Unternehmensziel war es, Mehrzweckfahrzeuge herzustellen. Einen Anfang machte die Lizenzfertigung des amerikanischen Willys MB, des „Urahns" aller Jeeps. Aber auch andere leichte Nutzfahrzeuge wurden bald in das Produktionsprogramm aufgenommen, sodass sich das Unternehmen schnell als einer der wichtigsten Hersteller von leichten Nutzfahrzeugen in Indien etablieren konnte.

1963 gründete Mahindra & Mahindra gemeinsam mit dem großen internationalen Landtechnikkonzern

Beim **Mahindra B 275 DI** handelt es sich um einen Traktor für kleine landwirtschaftliche Betriebe, dessen Motorleistung mit 39 PS angegeben wird. Das Modell verfügt standardmäßig über einen Hinterradantrieb.

Moderne Produktionsmethoden erlauben den kostengünstigen Bau der **Mahindra-Schlepper** in den indischen Werken. Die roten Traktoren sind heute auf allen bewohnten Kontinenten zu finden. Indien hat sich mittlerweile in der Traktorenbranche zu einer wichtigen Exportnation entwickelt. »

IHC und einem anderen indischen Unternehmen die International Tractor Company of India (ITCI) mit der Absicht, in Indien Traktoren herzustellen. Die Schlepper, die von dem Joint Venture produziert wurden, basierten auf IHC-Modellen.

Unter eigenem Namen 1977 fusionierte ITCI mit Mahindra & Mahindra. Aus dem Traktorenbauer wurde die Landtechniksparte des Konzerns. Die Einführung der Traktorenmarke Mahindra erfolgte 1982. Die Mahindra-Traktoren werden heute in den zwei Hauptwerken in Mumbai und in Nagbur im Bundesstaat Maharashtra sowie in einigen kleineren Werken produziert. Seit 2004 besitzt das Unternehmen einen Anteil von 80 Prozent an einem chinesischen Produzenten, der jährlich 12 000 Schlepper herstellt. Die Position auf dem heimischen Markt konnte Mahindra & Mahindra durch den Kauf eines großen Anteils am indischen Traktorenproduzenten Punjab Tractors ausbauen.

Mahindra-Traktoren werden heute in mehreren Baureihen im Leistungsbereich von 18 bis 83 PS angeboten. Vor allem auf dem nordamerikanischen und europäischen Markt setzt sich die Zielgruppe aus Betrieben und Personen in den Bereichen Gemüsebau, Hausmeisterdienste, Landschaftsbau, Rasenpflege und Ähnlichem zusammen.

KLEIN UND FLEXIBEL | *Traktoren vom asiatischen Kontinent*

Die Produktion von Traktoren und Landmaschinen war ursprüngliche das alleinige Unternehmensziel von **TAFE,** das auch im Firmenlogo versinnbildlicht ist.

TAFE – drei Marken aus Indien

Die Abkürzung TAFE steht für „Tractors and Farm Equipment" (Traktoren und Landmaschinen). Das in Chennai, dem ehemaligen Madras, ansässige Unternehmen wurde 1960 gegründet und zählt zu den weltweit bedeutendsten Herstellern von Traktoren im Leistungsbereich von bis zu 100 PS. TAFE exportiert in über 80 Länder, hauptsächlich nach Nordamerika, Osteuropa, Afrika und Südasien.

Das Unternehmen produziert unter dem Markennamen TAFE Traktoren an mehreren Standorten in Indien. Diese Schlepper werden als Modelle mit einer Leistung von 30 bis 60 PS für den einheimischen Markt hergestellt. Etwa 30 bis 80 PS Leistung deckt die für den Export bestimmte Baureihe ab.

Ein bayerischer Name in Indien In Deutschland ist das indische Unternehmen unter vielen Oldtimer-Freunden jedoch aus einem anderen Grund bekannt, nämlich weil in dem TAFE-Werk in Mandideep im indischen Bundesstaat

Mehrere große Traktormarken lassen ihre Kompakt- und Kleinschlepper von Fremdfirmen produzieren. Die Verbindung zwischen **Massey Ferguson** und **TAFE** hat eine lange Geschichte. TAFE stellt nicht nur Massey-Ferguson-Modelle auf Lizenzbasis her, das indische Unternehmen baut für die berühmte Marke auch die **2600er-Reihe.**

Der **TAFE 8502** ist für den Export bestimmt. Der 81 PS starke Vierzylindermotor des Schleppers wird von dem indischen Hersteller Simpson geliefert.

206

Madhya Pradesh Traktoren unter dem Namen Eicher produziert werden. Die bekannte weißblaue Traktorenmarke gelangte Ende der 1950er-Jahre nach Indien, als das bayerische Unternehmen gemeinsam mit der indischen Firma Goodearth ein Joint Venture zur Produktion von Traktoren einging. Während Eicher Goodearth in Indien durchaus erfolgreich war, musste das deutsche Unternehmen 1990 die Produktion der Standardtraktoren einstellen. 2005 verkaufte Eicher Goodearth die Traktorensparte an TAFE. Abgesehen von den Traktoren werden auch Eicher-Dieselmotoren in einem Werk in Rajastan hergestellt.

Massey Ferguson in Indien Weltweit bekannter als Eicher ist eine andere Marke, die von TAFE produziert und vertrieben wird, nämlich Massey Ferguson. Die Lizenzfertigung der MF-Schlepper begann bereits kurz nach der Unternehmensgründung. Die Kooperation blieb auch bestehen, nachdem Massey Ferguson von AGCO übernommen wurde. Heute werden unter dem MF-Logo Traktoren im Leistungsbereich von 35 bis 50 PS hergestellt.

Die Zusammenarbeit mit AGCO geht jedoch noch weiter, denn TAFE produziert für Massey Ferguson die 2010 eingeführte 2600er-Serie. Die Modelle dieser Baureihe sind mit Simpson-Dieselmotoren mit einer Leistung von 38 bis 74 PS ausgestattet, die auch zum Antrieb der TAFE-Schlepper und der MF-Traktoren von TAFE dienen. Die Allzweckschlepper verfügen über einen offenen Fahrerstand mit einem Überrollbügel oder einem Sonnenschutzdach.

KLEIN UND FLEXIBEL | *Traktoren vom asiatischen Kontinent*

Bei der Produktion für andere Marken hat **Türk Traktör** viel Erfahrung. Aus Ankara kommt der 90 PS starke **New Holland TD95D,** der hier in einer Ausführung mit vergrößerter Bodenfreiheit zu sehen ist.

Türk Traktör – Traktorenrekord in Ankara

Türk Traktör ist ein bedeutender Produzent der Landtechnikbranche mit Sitz in der türkischen Hauptstadt Ankara. Die Gründung des Unternehmens erfolgte 1954. Im gleichen Jahr wurde ein Kooperationsabkommen mit dem damals noch bedeutenden amerikanischen Traktorenhersteller Minneapolis-Moline geschlossen. Der erste Schlepper verließ im März des folgenden Jahres das neu errichtete Werk. 1956 war die Produktion bereits auf über 1000 Exemplare angewachsen.

Von Minneapolis-Moline zu Fiat Wirtschaftliche Umstände hatten Anfang der 1960er-Jahre den Ausstieg von Minneapolis-Moline zur Folge. Ein anderer Investor übernahm die Anteile des amerikanischen

Aus den Werkhallen von **Türk Traktör** rollen nicht nur blaue New-Holland-Schlepper, sondern auch rote **Case-IH-Modelle** der **Farmall-Reihe.** Dieses Modell wird mit offenem Fahrerstand ausgeliefert.

Das türkische Unternehmen ist nicht nur mit der Fertigung beschäftigt, sondern unterhält zur Weiterentwicklung der Traktortechnik auch ein **Forschungs- und Entwicklungszentrum**, das mit den CNH-Entwicklungsabteilungen zusammenarbeitet.

Traktorenbauers und 1962 erfolgte bei Türk Traktör die Umstellung auf die Montage von Fiat-Schleppern. In den folgenden Jahren kam es zu Lizenzabkommen mit Fiat, und Mitte des Jahrzehnts wurde die Marke „Türk Fiat" gestartet. 1966 liefen bereits über 2600 Schlepper von den Fertigungsbändern in Ankara. Der Anteil an den inländisch produzierten Bauteilen der Modelle belief sich auf 45 Prozent. Ende der 1960er-Jahre war die jährliche Produktionszahl auf annähernd 6000 angewachsen. In den folgenden Jahren stiegen die Produktionszahlen beständig weiter. 1976 wurden bereits 15 000 Traktoren hergestellt. 1978 konnten die Mitarbeiter von Türk Traktör die Produktion des hunderttausendsten Schleppers feiern. 1982 wurde mit einer Anzahl von 18 313 hergestellten Schleppern ein Rekord aufgestellt. Der weltweiten Krise der Landtechnikbranche entging aber auch Türk Traktör nicht. Die Folge waren wieder sinkende Produktionszahlen. Der Anteil am inländischen Schleppermarkt konnte jedoch auf fast die Hälfte ausgebaut werden. Fiat-Traktoren wurden nun auch nach Italien exportiert.

Von der Krise zu neuen Rekorden In den 1990er-Jahren war die Krise überwunden. 1998 konnte mit 24 008 Schleppern ein neuer Produktionsrekord gefeiert werden. 2007 liefen der 500 000ste Traktor und der 150 000ste Motor von den Produktionsbändern. Seit der Fusion der Fiat-Tochter New Holland mit Case IH produziert Türk Traktör Baureihen für beide Marken. Das Unternehmen gehört heute teilweise zur türkischen Koç-Gruppe sowie zu CNH. Die Produktionskapazitäten liegen bei jährlich 35 000 Traktoren und 25 000 Motoren.

Gegenwärtig befinden sich die Case-IH-Baureihe Farmall mit einer Zapfwellenleistung von bis zu 95 PS sowie die TDD-Serie von New Holland im Produktionsprogramm von Türk Traktör.

Irgendwie anders

Schmalspur- und Spezialschlepper

In Weinbergen und Plantagen

Waren mit den frühesten landwirtschaftlichen Zugmaschinen lediglich flache, große Felder zu bearbeiten, bei denen jeder Stein zum Problem werden konnte, so entdeckten die Traktoren und Spezialfahrzeuge in den letzten Jahren die Berge. In den Alpen, in Weinbergen oder am kommunalen Straßengraben – überall sind heute kompakt gebaute, schmale Traktoren zu finden.

Mit der zunehmenden Motorisierung im Ackerbau regten sich auch in anderen Bereichen der Landwirtschaft Begehrlichkeiten. Mehr Komfort und effektiveres Arbeiten sollten durch neue Fahrzeuge, die auf die eigenen Bedürfnisse abgestimmt waren, möglich gemacht werden. Nicht nur in der mediterranen Welt, sondern auch in Deutschland, Ungarn und den Weinbaugebieten in Amerika wurde nach Lösungen gesucht.

Schmalspurschlepper für Wein- und Obstbau

Vor allem in Frankreich und Italien setzten bereits vor dem Zweiten Weltkrieg die ersten Winzer und Obstbauern Traktoren ein. Im Gegensatz zu den Traktoren, die

Eng und steil sind die Arbeitsgebiete, in denen sich Spezialfahrzeuge heute tummeln. Dazu gehört auch der **Mounty 80** der österreichischen Reform-Werke. Allradantrieb, niedriger Schwerpunkt und viele Möglichkeiten für den Anbau von Arbeitsgeräten kennzeichnen das Fahrzeug.

In den Räumen zwischen den Anbaureihen ist nicht viel Platz. **Schmale, kompakte Traktoren** sind speziell auf die Arbeit in dieser Umgebung abgestimmt. Ihre Breite beträgt oftmals weniger als einen Meter.

zur Feldarbeit herangezogen wurden, mussten diese Fahrzeuge schmaler sein als die handelsüblichen Schlepper, denn die Weinstöcke waren seit Jahrhunderten in einer bestimmten Entfernung voneinander gepflanzt worden. Allerdings wurden auch Fahrzeuge entwickelt, die so konstruiert waren, dass sie einen so hohen Bodenabstand hatten, dass der Fahrer über eine oder zwei Reihen fahren konnte. Solche Modelle sind vor allem in sehr eng gepflanzten Anbaugebieten interessant, wie es sie in Burgund oder im Bordelais gibt. Neben den Radtraktoren werden auch Maschinen mit Kettenantrieb eingesetzt. Diese Traktionsart ist besonders in schwierigem oder steilem Gelände sehr vorteilhaft. In den letzten Jahren hat sich aber immer mehr der Allradantrieb durchgesetzt. Mit den Traktoren kann eine Vielzahl von Aufgaben erledigt werden. Zunächst einmal kann der Traktor bei der Ernte helfen, wenn man einen Anhänger anbringt. Die Trauben werden dann einfach auf die Ladefläche gelegt. So kann die Lese bequemer erfolgen.

Doch auch in der Zeit der Reifung kann ein Winzer nicht untätig bleiben. Die Reihenzwischenräume müssen gepflegt werden, denn dort wuchern Unkraut und Gras. Der Boden wird behandelt und gedüngt, um den Ertrag möglichst hoch zu halten. Auch dafür ist die Hilfe eines Traktors hochwillkommen. Sehr wichtig ist die Bekämpfung von Schädlingen. Hierzu werden meist chemische Mittel eingesetzt, die früher mit einer Handspritze ausgebracht werden mussten. Dank der Hilfe von Traktoren wurde es möglich, diese unangenehme Arbeit schneller zu erledigen. Eine feste Kabine schützt davor, dass sich der Winzer den giftigen Dämpfen aussetzen muss.

 IRGENDWIE ANDERS | *In Weinbergen und Plantagen*

In Frankreich kristallisierte sich der Automobilbauer **Renault** als wichtigster einheimischer Traktorenanbieter heraus. Auch Weinbergschlepper wurden dort gebaut, wie dieser **V 72** aus den 1960er-Jahren mit einem 25-PS-Motor von MWM beweist.

Bacchus, ein Gott in Frankreich

Zu den ersten Ländern, in denen Traktoren für den Weinbau verwendet wurden, zählte die führende Weinbaunation Frankreich. Im Ersten Weltkrieg wurden aus Amerika schmaler gebaute Traktoren importiert, die zwischen den Reihen durchfahren konnten. Doch blieben solche Arbeitshilfen für die meisten Winzer zunächst unerschwinglich. Viele von ihnen hatten ihre Reben auch so nah nebeneinander gesetzt, dass der Einsatz eines Traktors unmöglich war. Aus diesem Grund wurden nach Kriegsende kaum neue Schmalspurschlepper gekauft. Die meisten Arbeiten wurden weiterhin per Hand oder mit der Hilfe von Tieren erledigt.

Erst in den 1950er-Jahren setzte die Motorisierung der Weingüter ein. Zunächst wurden Maschinen zu Transportzwecken angeschafft, wirkliche Schmalspurtraktoren mit ganz enger Spur, die schon für ihr Aufgabengebiet speziell konstruiert waren. Gerade an steilen Hängen war ein normales Fahren nicht mehr möglich. Stattdessen wurden die Fahrzeuge an Seilwinden befestigt und mit dieser zusätzlichen Hilfe zur Arbeit am Berg ertüchtigt.

Renault, Créateur des Tracteurs Zum wichtigsten Hersteller nicht nur von Standardtraktoren, sondern auch Maschinen für die Arbeit am Weinberg, wurde die Firma Renault, die lange Jahre mit ihrer Tochter Renault Agriculture auf dem Markt vertreten war. In Le Mans und Billancourt wurden verschiedene Modelle gebaut, auch Spezialschlepper für Weinberge. Seit den 1990er-Jahren arbeiten die Franzosen eng mit Claas zusammen. Das deutsche Landmaschinenunternehmen stellte keine eigenen Traktoren her. Sukzessive übernahm es deshalb Anteile von Renault. Ab 2003 wurden die in Le Mans gebauten Traktoren unter dem Namen Claas verkauft. Die Typennamen blieben jedoch erhalten.

Die für den Wein- und Obstbau vorgesehenen Modelle trugen die Namen *Dionis* und *Fructus*. Sie wurden mit oder ohne Allradantrieb angeboten und konnten entweder lediglich mit einem Überrollbügel oder mit einer Kabine ausgestattet gekauft werden. Die Leistung dieser Fahrzeuge lag zwischen 50 und 80 PS. Claas bietet inzwischen Weinbergtraktoren unter dem Namen *Nexos* an.

Babiole

Kleine Firmen In Frankreich gab es zunächst viele kleine Anbieter, die regionale Verkaufserfolge errangen. Doch auch große Automobilkonzerne wie Renault und Citroën stellten Modelle vor. Eine dieser Firmen war die Société Babiole aus Ivry-sur-Seine. Dort wurden ab 1950 kompakte Traktoren gebaut, die zunächst mit einem Peugeot-Motor ausgestattet wurden. Doch hielt sich das Unternehmen nur ein paar Jahre auf dem Markt.

Dieser **Dionis 140** von **Renault** mit 76 PS stammt aus dem Jahr 1998. Er wurde mit einem Allradantrieb ausgestattet und besitzt eine Fahrerkabine. Diese war nicht nur als Schutz gegen Witterungseinflüsse gedacht, sondern sie sollte den Fahrer auch vor dem Kontakt mit giftigen Pflanzenschutzmitteln bewahren.

 IRGENDWIE ANDERS | *In Weinbergen und Plantagen*

Deutschlands Weinberge als Herausforderung

❧ Zwar boten Hersteller wie Lanz bereits vor dem Zweiten Weltkrieg Modelle an, die sich speziell für den Weinbau eigneten, doch auch hier begann die flächendeckende Motorisierung erst in den 1950er-Jahren. Besonders Firmen aus Baden-Württemberg entwickelten Fahrzeuge und Geräte, die den Winzern bei der Pflege und der Lese halfen. Häufig gekauft wurden Einachsschlepper, die zum Beispiel von der Firma Irus oder von Holder hergestellt wurden. Sie waren sehr beweglich und kompakt. Mit einem Treibachsanhänger konnten einige Modelle auch zu einer vollständigen Transporteinheit komplettiert werden.

1954 präsentierte Holder aus Metzingen mit dem *A 10* einen Spezialtraktor für den Weinbau, der nicht nur mit einem Vierradantrieb bei gleich großen Rädern ausgestattet war, sondern auch über eine Knicklenkung verfügte und damit besonders enge Radien fahren konnte. Dank seiner niedrigen Bauweise, seinem leichten Gewicht und der geringen Breite war er ideal zu Arbeitseinsätzen zwischen den Reihen geeignet, sei es zur Bodenbearbeitung oder im Zuge der Weinlese, bei der die geernteten Trauben auf einen Anhänger abgelegt werden konnten.

❧ **Ein Puma erobert den Weinberg** Auf dieser Grundlage entstanden bei verschiedenen Herstellern Schmalspurtraktoren für den Weinbau. Einer der wichtigsten Produzenten in Deutschland war lange Jahre die bayerische Firma Eicher. Der Anstoß zu dieser Erfolgsgeschichte kam aus dem Weinland Frankreich. Der Eicher-Importeur Bara registrierte einen großen Bedarf an hochwertigen Weinbergtraktoren, den die französische Industrie aber nicht befriedigen konnte. Er schlug deshalb den Bau eines Weinbergschleppers vor.

Eicher griff diesen Vorschlag auf und konstruierte das Modell *Puma*. Mit einer kleinsten einstellbaren Spurweite von 715 Millimetern eignete sich dieser Traktor auch für eng gepflanzte Weinberge. Später wurden auch Modelle mit Allradantrieb produziert. Eicher eroberte mit seinen Schmalspur-

Besonders schmal gebaut ist dieser **Zickler**, eine speziell produzierte Version des **Puma** von **Eicher**. Er wurde 1966 in einigen Exemplaren gebaut und wurde eingesetzt, um bei besonders schmalen Reihenzwischenräumen arbeiten zu können.

schleppern einen Markt, auf dem das Unternehmen noch lange nach Einstellung der Produktion von Standardtraktoren präsent blieb.

❧ **Kleinanbieter mit Ideen** Eine spezielle Bauart nahm in den späten 1960er-Jahren die schwäbische Firma Hela ins Programm. Der *Varimot* hatte vier gleich große Räder und einen extrem kurzen Radstand, was ihn sehr beweglich machte. Doch spätestens in den 1970er-Jahren setzte sich die traditionelle Traktorenform mit größeren Hinterrädern und

Der **Varimot** wurde von der schwäbischen Firma **Hela** gegen Ende der 1960er-Jahre gebaut. Er hatte vier gleich große Räder.

Bei diesen **Holder F 560** Schmalspurschleppern hat der eine Fahrer eine Kabine, dem anderen genügt ein Überrollbügel. «

 IRGENDWIE ANDERS | *In Weinbergen und Plantagen*

kleineren Vorderrädern durch. Die Herstellung von Weinbau- und Plantagentraktoren für den Obstbau blieb eher eine Marktnische, bei der sich viele kleinere Firmen beweisen konnten, die sich auf diese Bereiche spezialisierten. Dazu gehören etwa Krieger, Bongartz oder Gutbrod.

Die Firma Krieger aus der Pfalz ist einer dieser Spezialisten, die sich durch jahrelange Erfahrung in der Branche einen guten Ruf erworben haben und schon früh mit Einachsschleppern einen vor allem regionalen Markt ansprachen. Ende der 1950er-Jahre wurden auch Vierradtraktoren

Dieser **Nectis 237 VE** wurde in Frankreich gebaut. **Claas** hatte 2003 die Traktorenproduktion von Renault Agriculture übernommen. Die Nectis-Reihe ist für den Obst- und Weinbau vorgesehen und löst die Nexos-Serie ab.

für den Weinbau angeboten. Die heutigen Mittelklassetraktoren zeigen technische Merkmale wie einen Radeinschlag von 52 Grad, leise Drei- oder Vierzylindermotoren, ein umfangreiches Hydraulikpaket und ein Fahrerinformationssystem.

Claas clever Ein Späteinsteiger bei solchen Spezialschleppern in Deutschland ist die Firma Claas. Allerdings werden diese Fahrzeuge in Frankreich produziert, sind sie doch Abkömmlinge der französischen Renault-Tochter Renault Agriculture. Dort war der Weinberg- und Plantagenbereich traditionell von Bedeutung. Nach den Modellen mit der Bezeichnung *Fructus* befinden sich jetzt die *Nexos*-Typen auf dem Markt. Es gibt die drei Versionen VE, VL und F mit Breiten zwischen 1,00 und 1,46 Metern. Sie verfügen über modernste Traktorentechnik. Claas kann sich auf erfahrene Ingenieure verlassen, die die Anforderungen an moderne Weinberg- und Obstbauschlepper genau kennen. Nicht zuletzt deshalb wachsen die Marktanteile dieses Unternehmens stetig.

Porsche & Hanomag

Kleine Modelle eines Großen
Eher ein Exot blieb der Plantagenschlepper, den die Firma Allgaier nach Plänen von Ferdinand Porsche gebaut hat. Dieser vollverkleidete Schmalspurschlepper wurde in südamerikanischen Plantagen eingesetzt. Die Verkleidung war deshalb angebaut worden, um Äste abzuweisen und zu verhindern, dass sich der Traktor irgendwo verfängt. In Europa fand sich für das Gefährt kein Markt. Auch die auf der Basis von Standardmodellen produzierten Weinbergschlepper von Allgaier hatten für das Betriebsergebnis keine große Bedeutung.
Lediglich ein kleines Zwischenspiel blieben auch bei dem niedersächsischen Schlepperproduzenten Hanomag die Weinbergschlepper. Eigentlich handelte es sich dabei lediglich um Umbauten des rheinischen Händlers Frank, der in den 1960er-Jahren für seine Kunden Standardmodelle zu Schmalspurschleppern umbaute.

 IRGENDWIE ANDERS | *In Weinbergen und Plantagen*

Der **Farmer 200 V** aus dem Jahr 1974 steht am Anfang einer bedeutenden Produktion von Schmalspurtraktoren der Firma **Fendt.** Angesichts der steilen deutschen Weinberge war er mit Allradantrieb ausgestattet.

Fendt führt

Einer der wichtigsten Hersteller von Schmalspurtraktoren und in vielen europäischen Ländern der Marktführer ist die Firma Fendt. Im Allgäu, genauer in Marktoberdorf, ist dieses Unternehmen zuhause. Schon in den 1950er-Jahren wurden dort erste Schmalspurschlepper gebaut, die durch die Veränderung eines Standardschleppers entstanden. Doch zunächst war der Erfolg eher bescheiden.

Das änderte sich mit dem 1974 eingeführten *Farmer 200 V* und seinem größeren Bruder, dem *Farmer 203 V*. Das „V" (von „vigneron", Französisch für „Winzer") stand, wie in der Branche üblich, für Weinbergschlepper. Fendt setzte einen luftgekühlten Deutz-Motor ein. Der Schlepper war sehr schmal gehalten und hatte einen tiefen Schwerpunkt, um ihm eine bessere Standfestigkeit am Hang zu ermöglichen. Ein Vollsynchrongetriebe, Regelhydraulik und Dreipunktaufhängung waren bereits bei den ersten Modellen vorgesehen, in späteren Jahren wurde auch eine Fahrerkabine mit Heizung und Schadstofffilter als zusätzliches Ausrüstungsmerkmal angeboten. Winzern, deren Weingüter eher in der Ebene lagen, genügte ein 200er mit Hinterradantrieb, bei Bedarf konnte aber auch eine Allradversion ausgeliefert werden. Speziell für den Obstbau wurde eine Plantagenversion entworfen, die man am Kürzel „P" erkennt.

Hightech für den Winzer In den späten 1980er-Jahren nahmen die Allgäuer eine moderne Schlepperfamilie ins Programm auf, die sich durch eine verbesserte Hydraulik auszeichnete – auf Wunsch war nun eine Dreikreishydraulik möglich. Außerdem wurde die Fahrzeugelektronik weiterentwickelt. Einen weiteren Entwicklungsschritt bedeuteten die 2002 vorgestellten Modelle. Sie hatten eine niveaugeregelte Vorderachsfederung, die für hervorragende Traktion und Bremssicherheit sorgte, denn sie bewirkte, dass der Bodenkontakt aller Räder möglichst lange erhalten blieb. Diese Technik war weltweit einzigartig. Die immer noch als Farmer 200 bezeichnete Baureihe wurde 2006 umbenannt in Fendt 200.

2009 erfolgte ein weiterer wichtiger Schritt in der Produktentwicklung. Alle 200er bekamen das berühmte Vario-Getriebe von Fendt. Damit war ein manueller Gangwechsel nicht mehr nötig. Das Getriebe arbeitet stufenlos. Auch das Traktor-Management-System TMS der großen Modelle wurde nun für den Farmer 200 erhältlich. Mit ihm kann der Kraftstoffverbrauch optimiert werden.

Auch bei vielen französischen Winzern konnten die Traktoren der Serie **Farmer 200** immer punkten. Besonders im Elsass sind die geländegängigen Winzlinge beliebte Kaufobjekte.

 IRGENDWIE ANDERS | *In Weinbergen und Plantagen*

Die Agrofamilie

Die Firma Deutz hatte traditionell neben seinen Standardmodellen für den Einsatz auf dem Acker auch Schmalspurvarianten im Programm, die jedoch nur einen kleinen Teil des Umsatzes ausmachten. Das begann mit einem Umbau des Elfer-Deutz schon in den 1940er-Jahren und setzte sich in den folgenden Baureihen fort. Meist wurden eines oder mehrere Modelle auch in einer Kompaktversion angeboten.

Einen Schritt nach vorn machte das Unternehmen mit der DX-Reihe. Die ab 1978 erhältlichen Weinbergschlepper *DX 36 V*, *DX 50 V* und *DX 55 V* waren speziell für ihren Einsatzzweck konstruiert worden. Sie waren kompakt gebaut und hatten einen niedrigen Schwerpunkt. Auf Wunsch konnte man einen Allradantrieb bekommen. Diese Fahrzeuge konnten bis zu 24, später 30 km/h schnell zum Weinberg fahren und hatten eine Hydraulikanlage für die Arbeit mit verschiedenen Anbaugeräten. 1987 kam eine Nachfolgege-

Eine zuverlässige und leistungsfähige **Hydraulik** ist die Basis eines jeden modernen Traktors, um möglichst viele Arbeitsgeräte verwenden zu können. Das zeigt dieser **Agrocompact** von **Deutz-Fahr**.

Der **Agrokid 40** von **Deutz-Fahr** wird hier beim Grasmähen auf einer Obstplantage eingesetzt. Für solche Aufgaben ist eine Kabine nicht unbedingt nötig – guter Sonnenschutz vorausgesetzt.

neration heraus, nun wurden auch Modelle für den Obstbau verkauft, die zwischen 60 und 88 PS hatten. Diese Baureihe blieb zehn Jahre auf dem Markt, wurde aber leicht verändert später unter dem Namen Agrocompact verkauft. 1997 erhielten die überarbeiteten Agrocompact-Modelle einen Lamborghini-Motor und ein Wendegetriebe.

Kleine Italiener im deutschen Anzug Ab dem Jahr 1996, also in der Zeit, als das Unternehmen schon von Same übernommen worden war, wurden neue Typen ins Programm genommen, die sich an die Klientel der Garten- und Obstbauern, Kommunen und Gärtnereien richteten. Sie waren mit japanischen Mitsubishi-Motoren bestückt. Die neue Baureihe erhielt den Namen Agrokid. Hier profitierte Deutz-Fahr von der neuen Geschäftsverbindung mit den Italienern. Agrokid-Modelle stehen auch 2011 noch auf den Produktionslisten. Dank hydrostatischer Lenkung, Wendegetriebe oder stufenlosem Antrieb sind die kleinen Hüpfer technisch auf der Höhe.

Mit dem Agroplus sollte das Gebiet der kleineren und mittleren Traktoren erschlossen werden. Das Unternehmen legte diese Modelle einer neuen Generation von Schmalspur- und Weinbergschleppern zugrunde. Diese Maschinen, die sich im Leistungsbereich um 100 PS bewegen, werden sukzessive weiterentwickelt. So haben sie einen Lenkeinschlag von 60 Grad, einen elektronisch geregelten Motor und eine Höhe mit Kabine von gerade einmal 2,20 Metern. Deutz-Fahr will in Zukunft noch einige Neuheiten bieten und arbeitet an Präzisionstechniken, die maßgebliche Arbeitserleichterungen im Weinbau bieten sollen.

Der **Frutteto³ 100** von **Same** ist ein Kompaktschlepper für den Obstbau. Seine vollverglaste Kabine sorgt dafür, dass dem Fahrer nichts entgeht. Der Motor hat 96 PS, damit ist der Frutteto für alle Aufgaben gerüstet.

 IRGENDWIE ANDERS | *In Weinbergen und Plantagen*

Amerikaner weltweit unterwegs

🌿 Bereits 1926 lieferte John Deere die ersten Traktoren an kalifornische Obstplantagen aus. Das erste speziell konfigurierte Modell war der *GPO*, der vor allem durch seine Hinterradverkleidung auffiel. Außerdem wurde der Kühler durch einen Vorbau geschützt. Später wurden die klassischen Modelle *A* und *B* in Bauvarianten für den Einsatz in Plantagen ausgerüstet.

🌿 **John Deere in Spanien, Italien und Japan** Lanz Iberica war eine Filiale der deutschen Firma Lanz im spanischen Ort Getafe, unweit von Madrid. Dort wurden neben Standardtraktoren auch Weinbergschlepper produziert. Mit der Übernahme von Lanz durch John Deere ging auch dieser Produktionsort in die Hände der Amerikaner über. In Getafe wurden neben Standardmodellen weiterhin Weinbauschlepper gebaut. Spanien war eines der wichtigsten Länder in der Weinproduktion und die extrem wichtigen Märkte Frankreich und Italien waren nicht weit entfernt. Modelle wie der *1020 VU* oder der *1030 VU* wurden hier produziert. In den späten 1970er-Jahren trat Mannheim mit dem *2240* auf den Plan. Dort und in

Dieser **John Deere 755** wurde von **Yanmar** in Japan produziert. Er ist ein Gartentraktor mit 20 PS. Das reicht, um die Rotorfräse EL 32-150 von Kuhn anzutreiben. Der 755 wurde zwischen 1986 und 1998 gebaut.

Das Modell **5325** von **John Deere,** das zwischen 2005 und 2008 erhältlich war, hatte einen Fünfzylindermotor mit drei Litern Hubraum. Es wurde in Augusta, Georgia, von Deere & Co. selbst zusammengebaut.

Getafe wurden Obst- und Weinbauschlepper dieses Typs gefertigt. 1987 kam es zu einer Kooperation mit dem italienischen Hersteller Goldoni, der für John Deere Obstplantagenschlepper und später auch Weinbergschlepper produzierte.

Knapp zehn Jahre darauf einigten sich die Amerikaner mit der italienischen Firma Carraro, die Obst- und Weinbautraktoren der 5000er-Reihe für John Deere baute. Diese Kooperation blieb auch noch für die 5015er und die darauf folgenden Baureihen bestehen – und setzt sich bis heute fort.

Auch in Japan werden seit 1978 kleine Traktoren für John Deere gebaut. Die Firma Yanmar wurde mit der Fertigung beauftragt. Auch Plantagenschlepper und Modelle für die Gartenarbeit entstanden dort, so die kleinen Baureihen 50 und 55. John Deere behält dieses erfolgreiche Konzept bei und kann gerade auf dem Markt der kleinen Traktoren große Erfolge verbuchen.

Ein alter Riese gibt Kleines bei Massey Ferguson war einst der größte Traktorenproduzent der Welt. So verwundert es nicht, dass ausgerechnet ein kanadischer Konzern auch auf dem Sektor der Weinberg- und Obstbautraktoren aktiv war. Ferguson in Großbritannien baute spätestens ab Anfang der 1950er-Jahre Weinbergtraktoren. Zur selben Zeit

Kompaktschlepper werden vor allem für kleinere Höfe sehr gern gekauft, weil sie sparsamer sind. **John Deere** hat in seinem vielfältigen Programm auch dafür die geeigneten Modelle, so diesen **5515** mit 82 PS.

IRGENDWIE ANDERS | *In Weinbergen und Plantagen*

fusionierte dieses Unternehmen mit Massey-Harris zu Massey-Harris-Ferguson. 1957 wurde der Name abgekürzt, indem Harris entfiel.

Massey Ferguson stellt an mehreren Orten auf der Welt Traktoren her. Im brasilianischen Ort Canoas werden unter anderem kompakte Traktoren der Baureihe 400 produziert, die für Obstplantagen und im Weinbau eingesetzt werden können. Auch in Istanbul wurden solche Modelle hergestellt. Aus dem italienischen Rovigo kommen die Modelle der Baureihe 3600, die im Auftrag von der dort ansässigen Firma Agritalia gefertigt werden. Neben den Standardmodellen werden Schmalspurvarianten für den Obst- und Weinbau angeboten. Sie besitzen einen Motor der Firma Sisu mit Turbolader und Ladeluftkühlung.

2010 kam die neue Baureihe 1500 hinzu, bei der es sich um Kompakttraktoren im unteren PS-Bereich handelt, die neben Einsatzmöglichkeiten im kommunalen Bereich und bei Gartenarbeiten auch kleineren Winzern und Obstbauern wichtige Dienste leisten können. Massey Ferguson bietet stets offene Plattform- und Kabinenversionen an. Zapfwellen vorn, im Zwischenachsbereich und am Heck und eine leistungsstarke Hydraulik sorgen auch im unteren Leistungsbereich zwischen 20 und 46 PS für vielfältige Arbeitsmöglichkeiten. Das Programm des inzwischen zu AGCO gehörenden einstigen Weltmarktführers deckt somit den Großteil des Anforderungsspektrums ab.

Der **Case Quantum 85 V** ist ein moderner Weinbergschlepper mit Allradantrieb und Sicherheitskabine. 85 steht für die PS-Leistung. Seine Zapfwelle arbeitet in drei Geschwindigkeiten. »

Modelle wie der **MF 491** werden in Brasilien gebaut. Dieses Exemplar stellte **Massey Ferguson** 2004 vor. Es war mit Sturzbügel oder aber mit Kabine im Programm. Der Vierzylinder-Diesel stammte von Perkins. **«**

Schwerer Anfang von Case Auch beim US-amerikanischen Landmaschinengiganten Case wurden in Racine seit den 1940er-Jahren Traktoren für den Einsatz in Obstplantagen fabriziert. Vom Modell *DO* – einen Obstbauschlepper dieses Namens hatte es auch schon bei John Deere gegeben – wurden über 2800 Exemplare gebaut. Auch in der Baureihe 400 der 1950er-Jahre wurden solche Maschinen gebaut. Da man gegenüber den Dieseldämpfen Vorbehalte hatte, wurden die Plantagenschlepper noch sehr oft mit Benzinmotoren ausgeliefert. Case bot beide Möglichkeiten an. Ein Modell für den Weinbau gab es nur mit Dieselmotor, doch blieben die Verkaufszahlen für amerikanische Verhältnisse mit nicht einmal 100 Exemplaren mehr als dürftig.

Eine Verbesserung trat erst mit der steigenden Motorisierung und dem Aufkommen einer leistungsfähigen Weinproduktion auf dem amerikanischen Doppelkontinent ein. Nach der Übernahme des Konzerns durch International Harvester wurde deshalb dieses Segment fortgeführt. Nach den Schmalspurmodellen der JX-Reihe kamen solche der Quantum-Serie auf den Markt. Diese Modelle besaßen weiterhin das Getriebe der Vorgänger, doch die Motoren waren neu und in puncto Leistung, Wartungsfreundlichkeit und Umweltschutz optimiert worden. Der Drehmomentanstieg wurde mit 46 Prozent gemessen. Für mehr Komfort sorgte die Klimaanlage in der Kabine, das Design wurde im Hinblick auf größere Sicherheit neu gestaltet. Mit diesen Modellen bietet Case IH heute gute Mittelklassefahrzeuge an.

 IRGENDWIE ANDERS | *In Weinbergen und Plantagen*

Italien: Paradies der Weinbergschlepper

Das wahrscheinlich wichtigste Land für die Produktion von Klein- und Schmalspurtraktoren ist Italien. Nicht nur John Deere profitiert von dem großen Know-how der Firmen in diesem Land, indem das amerikanische Unternehmen dort einige Baureihen fertigen lässt. Dank verschiedener Fusionen auf dem Traktorenmarkt werden inzwischen auch italienische Schmalspurschlepper unter bekannten Namen wie Deutz-Fahr oder Hürlimann angeboten. Einige Firmen betreiben den Bau von Klein- und Schmalspurschleppern auch in Eigenregie.

Bonetti, Castoldi und Speroni Eines der erfolgreichsten Unternehmen ist BCS aus Abbiategrasso westlich von Mailand, einer Kleinstadt im Tessintal. Mitten im Zweiten Weltkrieg gründete der begabte Ingenieur Luigi Castoldi eine Firma, die sich der Motorisierung der Landwirtschaft widmen sollte. Die beiden anderen Buchstaben stammen von den Namens seiner Kompagnons Bonetti und Speroni. Bereits als junger Mann hatte Castoldi sich mit Fahrzeugen beschäftigt und sogar ein Motorboot konstruiert, mit dem sein Bruder einen neuen Geschwindigkeitsweltrekord aufstellte. Die erste Konstruktion von BCS war ein Einachsgrasmäher, der gerade bei den vielen kleinen Bauern sehr gut ankam, die sich einen Traktor mit Mähwerk nicht leisten

Die Knicklenker-Traktoren von **Pasquali,** wie dieser **EOS 6.50RS,** sind baugleich zu denen des Eigners **BCS.** Dieser Traktor hat vier gleich große Räder und ist sehr wendig.

Dieser **Hürlimann XE F 70** wurde auch in Italien hergestellt, da **Same** die Schweizer Edeltraktorenschmiede übernommen hat.

konnten. In den Jahren nach dem Krieg wurden weitere Landmaschinen ins Programm aufgenommen.

Mit der Übernahme der Schlepperfirma Ferrari 1988 und des Landmaschinenproduzenten Pasquali aus Florenz wurde eine Plattform geschaffen, von der die Gruppe profitiert.

Das Unternehmen Pasquali hatte 1949 mit der Produktion eines Grubbers begonnen und das Programm später um Traktoren erweitert. Nach seiner Übernahme durch BCS blieb der Markenname erhalten. Bei den Traktoren ist das Angebot der beiden Firmen gleich, allerdings werden die Pasquali-Modelle gelb-schwarz lackiert und haben andere Namen. BCS ist blau. So entspricht dem *Volcan* von BCS der *Orion* bei Pasquali. Gerade diese beiden Modelle sind eine ungewöhnlich interessante Konstruktion, die als Dualsteer bezeichnet wird. Dabei handelt es sich um eine Verbindung aus Knick- und Frontlenkung. Der Traktor kann so einen Lenkeinschlag von 70 Grad erreichen und bietet damit eine einzigartige Lenkfähigkeit. Besonders Besitzer eng gepflanzter Weinberge oder Plantagen nutzen diesen Vorteil. Andere Modelle wie der *Vithar* von BCS beziehungsweise der *Mars* von Pasquali können entweder mit Frontlenkung oder als Knicklenker gekauft werden.

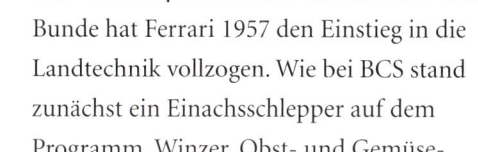

Ein vielversprechender Name Als Dritter im Bunde hat Ferrari 1957 den Einstieg in die Landtechnik vollzogen. Wie bei BCS stand zunächst ein Einachsschlepper auf dem Programm. Winzer, Obst- und Gemüse-

Der **Volcan 950 Dualsteer** von **BCS** zeichnet sich durch eine innovative Idee aus: Dualsteer bedeutet eine Kombination aus Front- und Knicklenkung. Das sorgt für eine extreme Wendigkeit des Traktors.

IRGENDWIE ANDERS | *In Weinbergen und Plantagen*

Der **Vipar 30 RS** von **Ferrari** ist das Einstiegsmodell dieses Herstellers, der mit den roten Rennwagen jedoch nichts zu tun hat. Ferrari gehört zu BCS und profitiert von der technischen Innovationskraft seines Besitzers.

bauern sind die Zielgruppe der kleinen Traktoren im unteren Leistungssegment. Das Programm ist weitgehend dasselbe wie bei den beiden Partnern. So besitzt auch das Spitzenmodell von Ferrari, der *Vega Dualsteer,* eine kombinierte Knicklenker-Frontlenker-Variante. Anders als man vielleicht meinen sollte ist dieser Ferrari nicht etwa rot lackiert, sondern grün-gelb. Einstiegsmodelle sind die *Vipar* mit 26 und 35 PS noch mit einem mechanischen Achtganggetriebe. Alle anderen Baureihen, etwa der *Cobram* oder der *Thor,* haben bereits ein synchronisiertes Wendegetriebe.

🌾 **Valpadana innovativ** Zu den bekannteren italienischen Marken gehört auch Valpadana. 1935 wurde das Unternehmen gegründet, das heute für seine Kompakt- und Schmalspurschlepper bekannt ist. Begonnen hatte es aber mit einem Einachsschlepper. 1960 kamen Allradtraktoren hinzu,

1988 wurde eine innovative Technik eingeführt, der reversible Führerstand. 1995 wurde Valpadana vom italienischen Landmaschinenriesen Argo aufgekauft. Der Markenname blieb erhalten, doch das Sortiment wurde spezieller und bediente vor allem Winzer und Obstplantagenbesitzer. Das Unternehmen blieb weiterhin sehr innovativ. Bereits 2000 wurden Weinbergschlepper mit Raupenantrieb vorgestellt. Auch in Sachen Getriebe und Motor oder bei der Breite der Modelle wurden in den letzten Jahren Fortschritte erzielt.

🌾 **Ein großer Name auf dem Feld** Lamborghini – das ist wie Ferrari oder Porsche ein Name, den man zuerst auf der Überholspur sucht. Doch auch auf der rechten Seite, auf den Feldern neben der Autobahn, tuckern Fahrzeuge dieses Namens herum. Lamborghini war sogar zunächst nur mit dem Bau von Traktoren befasst. Das begann 1948. Die ersten Sportwa-

Knicklenkung

Wendig wie ein Wurm Bei den Großtraktoren diente die Knicklenkung dazu, die langen Fahrzeuge etwas wendiger zu machen. Dieses Prinzip machten sich vor allem italienische Anbieter von kompakten und schmalspurigen Schleppern zunutze. Gerade in Weinbergen oder zwischen Obstbäumen gibt es oft wenig Platz. Mit einer Knicklenkung wurde es möglich, engere Wendekreise zu fahren. Noch eines obendrauf setzt BCS mit der Dualsteer-Lenkung, bei der die gebräuchliche Lenkung durch Einschlag der Vorderräder mit der Knicklenkung kombiniert wurde.

gen wurden erst ab 1962 gebaut. Sein schnelles Hobby brachte Ferruccio Lamborghini finanzielle Probleme, sodass er die Traktorenabteilung bereits 1972 an Same abgeben musste. Für den italienischen Konkurrenten war das ein Glücksgriff, denn so kam er an ein Vollsynchrongetriebe, das den eigenen Modellen fehlte.

Lamborghini bietet Traktorentypen vom Großschlepper mit 275 PS bis zum Schmalspurschlepper für den Winzer an. Die Fertigungsarbeit wird im Same-Deutz-Fahr-Konzern verteilt. Die kleineren Modelle werden im Same-Zentralwerk in Treviglio produziert. Für Weinbau und Plantagen stehen die Modellgruppen RS und RF zum Verkauf. Sie sind mit 82, 85 und 96 PS erhältlich und in der Regel mit Allradantrieb versehen. Sie entsprechen weitgehend den Spezialtraktoren der Agroplus-Reihe von Deutz-Fahr. Wichtigster Unterschied ist das Design, das im traditionellen Silber der Lamborghini-Traktoren gehalten ist.

Der **Lamborghini RS.90** im Weinberg – ein metaphorisches Bild, denn Firmengründer **Ferruccio Lamborghini** war nach seinem Ausscheiden als Winzer tätig.

 IRGENDWIE ANDERS | *In Weinbergen und Plantagen*

Gerade für die kleinteilige Landwirtschaft in schwierigem Gelände, wie wir sie beispielsweise aus Italien kennen, ist **Wendigkeit** eine wesentliche Voraussetzung.

Wagenbauer mit Ideen

Zwischen Venedig und Padua, am nördlichen Rand der traditionell landwirtschaftlich genutzten fruchtbaren Poebene, liegt der Ort Campodarsego. Dort beschäftigte sich um 1910 der Schmied Giovanni Carraro mit der Konstruktion von Landmaschinen. Seine Söhne traten in die Firma ein, doch

1960 machte sich der jüngste Sohn Antonio Carraro selbstständig, um seinen Einachstraktor *Scarabeo* zu produzieren. Die Geschwister entwickelten die väterliche Firma weiter. Vor allem Getriebe und Vorderachsen des Hauses wurden häufig auch an andere Hersteller verkauft. Ein lukratives Geschäft entwickelte sich mit der neu gegründeten Tochter Agritalia, bei der nicht nur die eigenen Traktoren gebaut

Aus dem Jahr 1963 stammt dieser **Tigre 4RM** von **Carraro.** Der Fahrer demonstriert, wie kompakt der Tigre ist. Er ist schon als Knicklenker gebaut und hat Allradantrieb.

wurden, sondern auch für große Konzerne wie John Deere oder Case IH Schmalspur- und Kompaktbaureihen im Auftrag gefertigt werden.

🐎 **Der jüngste Sohn trumpft auf** Eine höchst erfreuliche Entwicklung nahm die Firmengeschichte von Antonio Carraro. Nach dem *Scarabeo* gelang mit dem *Tigre* ein echter Geniestreich. Dieses Fahrzeug war ein kompakter Knicklenker mit Allradantrieb und einer Motorleistung von 20 PS, der für Arbeiten im Weinbau, in bergigem Gelände, in Plantagen, Olivenhainen oder Gärtnereien vielseitig einsetzbar war. *Tigre*-Modelle sind noch heute im Programm von Antonio Carraro enthalten.

Das Konzept der vier gleich großen Räder stammt aus den frühen Tagen des Allradantriebs. Nur so war es möglich, dass sich alle vier Räder gleich bewegten. Ein Aus-

Das Firmenlogo von **Antonio Carraro** versinnbildlicht Stärke, Schnelligkeit, Allradantrieb und die Symmetrie zweier Teile, die durch einen Knick verbunden sind.

IRGENDWIE ANDERS | *In Weinbergen und Plantagen*

Wenn sich der Fahrer um 180 Grad dreht, kann er mithilfe eines **Joysticks** den Kraftheber bedienen und den Vorgang bequem beobachten. «

gleichsdifferenzial war somit nicht nötig. Vorteilhaft für den Einsatzzweck war der niedrige Schwerpunkt des Fahrzeugs. Der *Tigre* wurde weiterentwickelt. Eine Neuerung war 1970 der umkehrbare Fahrersitz. Nun war es dem Fahrer möglich, bei Rückwärtsfahrten in Fahrtrichtung zu schauen, ohne den Kopf zu drehen. Die Erfolge der kleinen Tiger machten der Firma Mut, sich auch in die Bereiche Kommunales und Bau zu wagen. Besonderen Wert legten die Italiener stets auf eine technische Fortentwicklung der eigenen Modelle. Das zeigt schon der hohe Anteil von For-

Der **Tigrone SN 6500 V** ist besonders kompakt gebaut, denn seine Aufgabe ist es, auf engstem Raum zu arbeiten. Er hat ein Wendegetriebe mit je zwölf Gängen.

Eine Mischung aus Traktor und Lastwagen ist der **Tigrecar** von **Antonio Carraro**. Geländegängig und vielseitig – diese Maschine findet vor allem im Alpenraum die geeignete Spielwiese. Hinten kann zum Beispiel ein Spritzfass montiert werden.

schern und Entwicklern an der Zahl der Angestellten – zuletzt belief sich ihre Zahl bei 400 Beschäftigten auf 60. So wurde 1990 erstmals der integrale Schwingrahmen namens ACTIO™ entwickelt, der für eine verbesserte Bodenlage des Traktors sorgte. Auch auf dem Feld der Ergonomie am Lenkrad war man weitergekommen.

Die Produktion umfasst heute 80 Modelle im Bereich bis 100 PS, wobei eine effiziente Lagerhaltung und Arbeitsplanung sogar 500 Modellvarianten erlauben. Die Hälfte aller Maschinen wird außerhalb Italiens verkauft. Zu den wichtigsten Modellen gehören neben den Klassikern *Tigre* und seinen Ableitungen *Tigrone* oder *Supertigre* die Modelle der Ergit-Reihe. Dazu sind die T- und S-Modelle vielseitige Maschinen. Eine Entwicklung, wie man sie im alpinen Raum häufig sieht, ist der *Tigrecar*, eine Mischung aus Traktor und kompaktem Lkw, der in der Alm- und Grünlandwirtschaft in schwierigem Gelände vielseitig verwendbar ist.

Ungewöhnlich sieht der *Mach 4* aus, ein Knicklenker-Modell mit vier Bandlaufwerken, die die Räder ersetzen. Er soll Standfestigkeit und Steigfreude in sehr steilen Einsatzgebieten sichern.

IRGENDWIE ANDERS | *In Weinbergen und Plantagen*

Von Fiat zu New Holland

Was heute die wenigsten wissen: Fiat ist im Traktorenbereich heute nicht etwa eine untergegangene Marke, sondern einer der größten Produzenten der Welt. Das kam so: Fiat, oder später Fiatagri, übernahm 1991 die Landtechniksparte von Ford, zu der auch die Landmaschinenmarke New Holland gehörte. Nach einer Übergangsphase entstand der Name New Holland als neue Bezeichnung der Fiat-Landtechniksparte. Nach der Übernahme von Case durch Fiat und der Gründung von Case New Holland blieben die Markennamen Case IH und New Holland auf dem Markt erhalten. Zwar gehörte damit der Name Fiat der Vergangenheit an, doch die Italiener halten 89 Prozent des zweitgrößten Traktorenproduzenten der Welt.

Fiat und **Ford** haben ihre Landtechniksparten unter Federführung der Italiener vereint. An Ford erinnert noch die blaue Lackierung der Traktoren. Dieses Exemplar ist ein **TN 95 VA** mit einer Fahrerkabine. Er wird vor allem im Weinbau eingesetzt.

Raupenfahrzeuge, denn der Trend bei dieser Ausstattungsform zeigt klar nach oben.

Seit 2008 werden drei Modelle der neuen Baureihe T 4000V und T 4000F für diese beiden Bereiche angeboten. Die Vierzylindermotoren sind mit Turbolader und Ladeluftkühlung ausgestattet. Sie erfüllen die Abgasnormen nach Tier III und leisten 76, 87 und 95 PS. Bemerkenswert ist der große Radeinschlag von 57 Prozent, eher brav der Drehmomentanstieg von 35 Prozent beim größten Modell. Anders als die Modelle der Reihe TN-A haben diese Modelle hinten größere Reifenradien als vorn.

Eine deutlich größere Bandbreite von Modellen kann New Holland im Bereich der Freizeit-, Rasen- und Gärtnertraktoren vorweisen.

Dieser **TN 95 FA** von **New Holland** erlaubt einen Blick unter seine Motorhaube. Jeder Platz wird verwendet, das oberste Konstruktionsprinzip ist Kompaktheit. Der Motor dieses Spezialschleppers für den Obstbau leistet 91 PS.

Dieses Bild zeigt hervorragend die **schmale Bauweise** der Traktoren von **New Holland**. Es ist der gleiche Schlepper wie auf dem Bild links.

- **Blaue Schlepper aus Jesi** Die Fertigung von Obst- und Weinbauschleppern stellt nur ein kleines Segment bei den Italienern dar. Doch als echter Konzern bietet man natürlich auch diese Maschinen an. Die kompakten Modelle werden im italienischen Jesi gebaut. Im ersten Jahrzehnt dieses Jahrtausends wurden Obst- und Weinbergschlepper der Baureihe TN-A produziert. Sie haben Allradantrieb und vorn nur wenig kleinere Räder als hinten. Die Leistung des stärksten Modells TN 95 VA liegt bei 91 PS. Zur Kraftübertragung wird ein 16/16-Gang Wendegetriebe eingebaut. Der Kunde kann zwischen einer Plattformversion mit einem Überrollbügel oder einer Kabine mit Filtereinrichtung wählen.

Von dieser Baureihe gab es auch eine Ausstattungsvariante mit Gleisketten. Zur Unterscheidung von den Radschleppern erhielten diese Traktoren vorn die beiden Buchstaben TK. Sie können vor allem in steilem Gelände ihre Vorteile ausspielen. Auch bei den neuen Modellen gibt es wieder

IRGENDWIE ANDERS | *In Weinbergen und Plantagen*

Technische Hilfsmittel

🚜 Lange Zeit war den Haltern von Weinberg- oder Obstbauschleppern ein absolutes Minimum an Komfort zugemutet worden. Doch das hat sich in den letzten Jahren und Jahrzehnten deutlich geändert. Die schärfer werdende Konkurrenz sorgte auch bei den eher selten gekauften Typen für einen deutlichen Qualitätsanstieg. Eines der wichtigsten Merkmale bei vielen Spezialtraktoren ist der Allradantrieb, der sich wie schon bei den Standardtraktoren immer mehr durchsetzt. Besonders im hügeligen Gelände der Weinberge kann ein Leistungsplus erzielt werden, mindestens ebenso bedeutsam ist aber die bessere Standfestigkeit, die den Fahrer vor der Gefahr des Umkippens schützt.

Eine möglichst große Wendigkeit ist gerade in eng gepflanzten Weinbergen oder Baumreihen von entscheidender Bedeutung. Dagegen ist eine längere Bauweise für bessere Fahr- und Zugeigenschaften nötig. Traditionell wurde eine Frontlenkung verbaut, die durch konstruktive Verbesserungen immer größere Lenkeinschläge ermöglicht. Eine andere Möglichkeit, den Schlepper wendiger zu machen, ist die Konstruktion einer Knicklenkung.

🚜 **Wendehälse** Für Lade- und Rangiertätigkeiten kann ein gutes Getriebe deutliche Komfortvorteile bieten. Wendegetriebe sind inzwischen schon selbstverständlicher Standard, doch noch bequemer ist natürlich das leistungsverzweigte Variogetriebe von Fendt, das Schaltvorgänge überflüssig macht und dennoch keine Leistungseinbuße verursacht.

Gerade wenn man es mit der Ausbringung von Schädlingsbekämpfungsmitteln zu tun hat, ist die Fahrerkabine inzwischen fast unabdingbar. Dank Klimaanlage und Luftfiltern kann das Gift von der Lunge des Fahrers ferngehalten werden. Früher hatte es diesen Luxus noch nicht gegeben.

Eine sehr hilfreiche Konstruktion ist die Rückfahreinrichtung. Dieses Prinzip gibt es zwar schon sehr lange, doch erst in den 1990er-Jahren setzte es sich bei den Herstellern von schmaleren und kleineren Traktoren immer stärker durch. Ist ein Traktor so ausgestattet, kann der Fahrer in manchmal lediglich sechs Sekunden die Sitzposition umkehren. Auf diese Weise kann er bei Rückwärtsfahrten in Fahrtrichtung blicken, ohne sich umwenden zu müssen. Diese Technik ist zum Beispiel dann interessant, wenn der Reihenabstand zu gering für ein Wendemanöver ist.

Raupentraktoren wie dieses Modell von **New Holland** können sich besonders in steilem Gelände bestens fortbewegen. ≪

Bei **engen Zwischenräumen** auf Obstplantagen oder in Weinbergen kommt es auf eine kompakte Bauweise und große Wendigkeit an. Techniken wie die **Knicklenkung** und **Rückfahreinrichtungen** helfen dabei, möglichst wenig Arbeit per Hand durchführen zu müssen.

IRGENDWIE ANDERS | *Spezialfahrzeuge für den Steilhang*

Spezialfahrzeuge für den Steilhang

Als die vielen Bauern in Europa von der Motorisierungswelle der Zeit nach dem Zweiten Weltkrieg profitierten und stolz mit dem eigenen Traktor auf die Felder fuhren, blickten die Kollegen aus dem Hügelland neidisch auf sie hinunter. Einen „normalen" Traktor konnten sie bei unebenem Gelände nicht gebrauchen. In der erstbesten Kurve wäre er ins Tal hinuntergestürzt.

Lange Zeit hieß es für die Wiesenwirtschaft in Bayern, Österreich und der Schweiz, aber auch in den Bergregionen Italiens und Frankreichs: Ernte mit der Sense, Abtransport auf dem Tier- oder dem eigenen Rücken.

Im Voralpenland hatte man allerdings schon in den 1920er-Jahren eine Idee wieder aufgegriffen, die schon einige Zeit früher in Frankreich umgesetzt worden war. Es handelte sich um den Grasmäher. Die Landwirtschaft im alpinen Raum konzentrierte sich meist auf Vieh- und Milchwirtschaft. Die beiden wichtigsten Aufgaben eines landwirtschaftlich genutzten Fahrzeugs bestanden deshalb aus Grasmähen und Transportarbeit.

Für eine sichere Bodenhaftung im unebenen Gelände wurde der Schwerpunkt möglichst niedrig gelegt. Die Räder blieben deshalb relativ klein. Ein stabiler Rahmen trug den Motor und weitere Aufbauten. Ein Mähbalken wurde seitlich befes-

Die österreichische Firma **Lindner** baute mit dem **Junior** und den **Bauernfreund-Modellen** Traktoren, die vor allem die Landwirte in der Region ansprechen sollten.

In Deutschland waren Traktoren wie dieser „Allesschaffer" von **Kramer** vor allem in Grünlandbetrieben verbreitet. Sie dienten zum Grasmähen, dem Abtransport oder als mobile Kraftquelle.

tigt. Unter den Herstellern solcher Grasmäher, die sich allerdings auch für ein beachtliches weiteres Aufgabenspektrum eigneten, waren Namen wie Kramer, Hürlimann und Fendt.

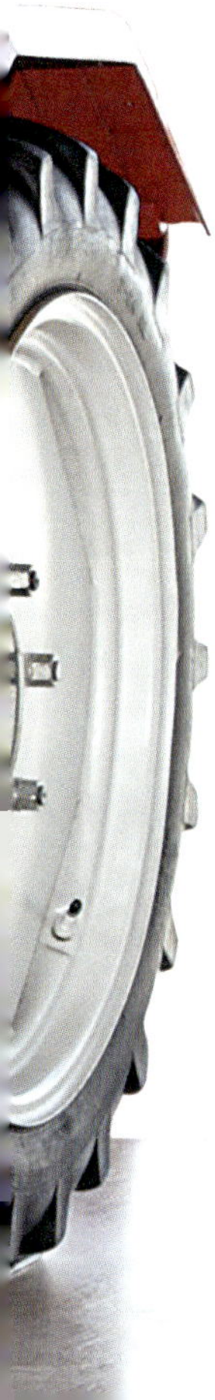

Traktoren und Transporter Ein nächster Schritt war der Kleintraktor mit Allradantrieb und niedrigem Schwerpunkt. Ein gutes Beispiel für diese Technik ist der *Bauernfreund* von Lindner. Mit dem Allradantrieb war es den Traktoren möglich, auch in höhere Gefilde aufzusteigen und den Handarbeitern die Arbeit „wegzunehmen".

In der weiteren Entwicklungsgeschichte kam es zu allradgetriebenen, mit kleinen Rädern versehenen Fahrzeugen, die ein bisschen etwas von einem Buggy hatten und durch ihre niedrige Bauweise besonders geländegängig waren. Zu den bekannten Herstellern zählen Aebi aus der Schweiz sowie Reform und Rasant aus Österreich, wobei die Rasant Land- und Kommunaltechnik GesmbH 1998 von Aebi geschluckt wurde. Eine andere Entwicklung sind die kleinen lastwagenähnlichen Transporter.

Die österreichische **Rasant Land- und Kommunaltechnik GesmbH** baute um 1988 Fahrzeuge wie diesen **Kombi Trak 1903 S** mit 43 PS und niedrigem Schwerpunkt.

IRGENDWIE ANDERS | *Spezialfahrzeuge für den Steilhang*

Solche **Hanglagen** mussten früher mit der Sense gemäht werden. Die kompakten **Spezialfahrzeuge** mit niedrigem Schwerpunkt und passende Anbaugeräte wie dieses Frontmähwerk sparen viel Arbeitszeit.

Eidgenossen mit Tradition

Der 1846 geborene Johann Ulrich Aebi war technisch sehr begabt. Schon mit 19 Jahren baute er eine eigene Sämaschine. Nach den Lehr- und Wanderjahren, die ihn bis nach Paris, Berlin und Wien gebracht hatten, baute er auf dem elterlichen Bauernhof eine Werkstatt auf, in der er sich nicht nur mit Reparaturen, sondern auch mit dem Bau von Sämaschinen, Feuerspritzen und Wasserkraftmaschinen befasste. 1883 gründete er in Burgdorf, einer Kleinstadt im Schweizer Kanton Bern, eine eigene Fabrik. Wie so oft, wenn die Kunden zufrieden sind, konnte Aebi schon bald seine Mitarbeiterzahl aufstocken und die Produktion steigern. Immer stärker kristallisierte sich die Landwirtschaft als Zielgruppe heraus. Dreschmaschinen und Mähmaschinen wurden hergestellt. 1887 gelang ihm mit der ersten eigenen Mähmaschine *Helvetia* ein herausragendes Produkt, das die Zukunft der Firma sicherte. Johann Ulrich Aebi starb 1919.

Ab 1929 wurden auch Dreiradmäher ins Programm genommen. Eine neue Sparte eröffnete sich mit der Fertigung von Einachsmotormähern, einem Produkt, das noch

Aebi hat mit den **Terratracs** den alpinen Landwirten ein vielseitiges Instrument an die Hand gegeben, mit dem dank seiner Vielseitigkeit nicht nur das Grasmähen schnell erledigt wird. »

heute von Aebi gebaut wird. Es wurde immer deutlicher, dass Geräte und Fahrzeuge für die Bewirtschaftung von bergigen Landschaften zur Domäne der Firma werden sollten. Mitte der 1970er-Jahre wurde der erste *Terratrac* hergestellt, ein niedriges Fahrzeug mit vier kleinen Rädern, das klettern konnte wie keine andere Maschine. Nachfolger dieses ersten Modells werden noch heute montiert.

Der *Terratrac* ist eine Form des Geräteträgers. Eine Vielzahl von Maschinen für die Bodenbearbeitung oder die Grünlandwirtschaft kann an das Fahrzeug befestigt und eingesetzt werden. Seine Konstruktion macht ein reibungsloses Arbeiten auch an schwierigen Hängen möglich. Geräte können vorn oder am Heck angebaut werden. Bei beiden Enden steht eine Zapfwelle zur Verfügung. 1986 wurde in den *TT 88* erstmals ein hydrostatisches Getriebe verwendet. Das einfache Schaltgetriebe ist aber weiterhin im Programm.

Die neuen Terratracs Im Lauf der Jahre wurden die Modelle weiter verbessert. Die PS-Leistung stieg bis auf 95. Die Kabine wurde staubdicht gemacht und erhielt eine Klimaanlage. Ein Bordcomputer bietet seine Dienste an – ganz wie bei den großen Traktoren. Die Bedienung der Anbaugeräte kann inzwischen teilautomatisch erfolgen. Mit den *Terratracs* gelang den Schweizern der Schritt aufs internationale

IRGENDWIE ANDERS | *Spezialfahrzeuge für den Steilhang*

Vorn und hinten können an den **Terratrac** Arbeitsgeräte wie dieser Bandrechen und ein Kreisel-Zetter angebaut werden. Dadurch kann man mehrere Arbeitsschritte auf einmal ausführen und spart so Zeit.

Parkett. In über 50 Länder werden die vielseitigen Fahrzeuge verkauft. 1998 wurde die Firma Rasant übernommen, hinzu kamen Firmen, die für die Kommunalwirtschaft produzieren. Kehrmaschinen und Ausrüstung für den Winterdienst wurden zu neuen Geschäftsfeldern. Mit der Firma Beilhack erwarb man auch Know-how im Bereich der Bahntechnik. Die Familie des Firmengründers verkaufte 2006 ihre Anteile und schied aus dem Unternehmen aus.

Ein weiteres Produkt von Aebi ist der Transporter, ein kleiner Lastwagen mit vielen Möglichkeiten, Geräte anzubauen oder das Fahrzeug zu einem selbstfahrenden Ladewagen zu machen. Bis über 100 PS leisten diese Mehrzweckfahrzeuge. Die neuesten Modelle verfügen über starke Motoren mit Turbolader. Eine umfangreiche Bordelektronik mit Bildschirm gehört ebenso dazu wie die Hydraulik, die mit einfachem Knopfdruck betätigt werden kann.

Die Schweizer Firma hat sich mit einem vermeintlichen Nischenprodukt zu einem herausragenden Hersteller von Traktoren entwickelt. Dabei hat sie viele Betriebe, deren Bewirtschaftungsflächen für normale Traktoren zu steil sind, zuverlässig ins Zeitalter der Motorisierung geführt.

Auch die österreichischen **Reform-Werke** bauen Spezialfahrzeuge für den Alpenraum. Das Prinzip niedriger Schwerpunkt, kleine Räder und mehrere Anbauräume ist das gleiche wie bei der Konkurrenz.

Trac-Technik aus Tirol

🚜 Wie in vielen Firmen, die sich auf die Landtechnik verlegten, stammte auch der Gründer von Lindner aus einem landwirtschaftlichen Betrieb und hatte besondere technische Fähigkeiten. Hermann Lindner gründete nach dem Zweiten Weltkrieg in seiner Heimat Tirol eine Firma, die zunächst Gebirgsgattersägen, etwas später auch erste Traktoren herstellte. 1953 baute er den ersten Traktor mit Allradantrieb Österreichs. Mit dieser Traktionsart gelang es, auch steilere oder in schwer zugänglichen Hochtälern gelegene Wiesen zu bearbeiten. Mit Kleintraktoren der Reihe Bauernfreund machte Lindner den Schlepperboom mit, doch nach der ersten Landmaschinenkrise spezialisierte sich das Unternehmen immer stärker auf die in der Region besonders gefragte Grünlandtechnik. Neben Spezialtraktoren wurden ab 1968 erste Transporter entwickelt.

🚜 **Uni in der Tracwelt** In den 1990er-Jahren kam es zur Geburt der beiden Modellreihen, die noch heute das Bild von Lindner prägen: Die Traktoren Geotrac und die Transporter Unitrac.

Es begann 1992 mit der Einführung des *Unitrac 60*. Wie schon der Name andeutet, hatte man sich ein bisschen am

Mit der **Geotrac-Baureihe** sind **Lindner** vielseitige Kompaktschlepper gelungen, die besonders in Österreich gern gekauft werden. Die Reihe löste in den 1990er-Jahren die Bauernfreund-Modelle ab.

Um beim **Unitrac** an den Motor zu gelangen, wird die Kabine hochgeklappt. Durch diese Position des Motors konnte der Schwerpunkt des Fahrzeugs sehr tief gehalten werden.

Der Name **Unitrac** erinnert natürlich an den Unimog von Mercedes-Benz. Doch gibt es einige wichtige Unterschiede, zum Beispiel die kleineren Räder und der variablere Aufbauraum hinter der Kabine.

IRGENDWIE ANDERS | *Spezialfahrzeuge für den Steilhang*

Geotrac

Freie Sicht auf die Berge Die Geotrac-Modelle sind Freisichttraktoren im Leistungsspektrum zwischen 70 und 130 PS. Sie sind dafür konzipiert worden, eine Vielzahl von Arbeiten zu verrichten und können dank Allradantrieb auch im steileren Gelände sehr gut arbeiten. Bestimmte Komponenten stammen von anderen, angesehenen Herstellern. Das Getriebe etwa kommt von Steyr, der Dieselmotor mit Turbolader und Ladeluftkühlung von Perkins, elektronische Bauteile und Hydraulik stammen von Bosch.

Lindner hat als wichtigsten Einsatzort das hügelreiche Alpenland und in der Welt vergleichbare Regionen ausgemacht. Aus diesem Grund setzten die Konstrukteure alles daran, ihren Traktor möglichst wendig zu machen. Der maximale Lenkeinschlag beträgt immerhin 50 Prozent. Die kleineren Modelle Geotrac 74, 84 und 94 können mit einer „Alpinkabine" ausgestattet werden, die noch besser auf die Arbeit im Bergland abgestimmt ist. Auch die normalen Kabinen sind von recht geringer Höhe, um das Einfahren in die meist sehr alten Scheunen mit ihren niedrigen Toröffnungen zu erleichtern.

Hier arbeitet der **Unitrac** mit einem Aufbau als **Ladewagen**. Gerade in steilem Gelände ist die Arbeit mit einem Anhänger bei Wendemanövern problematisch. Der Unitrac spart sich das. »

Der **Geotrac 124** von **Lindner** aus dem Jahr 2007 hat 116 PS, die er aus einem wassergekühlten Vierzylindermotor von Perkins bezieht.

deutschen Unimog von Mercedes-Benz orientiert. Die Ausstattung gleicht der eines Autos – mit Komfortsitz, Heizung, hydraulischer Lenkung, Vierradbremse, vier gleich großen Rädern. Der Unitrac ist in der Lage, hinter der Kabine eine Vielzahl von Gerätschaften aufzubauen. So kann er als Ladewagen ausgerüstet werden, er kann ein Spritzfass tragen oder mit einem Frontmähwerk arbeiten. Zu seinem guten Fahrverhalten am Hang tragen viele technische Merkmale bei, so die Einzelradaufhängung, Scheibenbremsen, eine Hydraulikfederung mit Niveauregulierung, der permanente Allradantrieb oder lastschaltbare Differenzialsperren. Mit einem Räumschild, einer Schneefräse oder einem Streugerät kann der Unitrac auch den Winterdienst des Landwirts bestens ableisten.

Eine Besonderheit des Unitrac ist die Vierradlenkung, die für die Wendigkeit des Gefährts sorgt. Auf der Straße sind bis zu 50 km/h möglich. Die Motoren der neuen Modelle sind Turbodiesel von Perkins mit 4,4 Litern Hubraum und Common-Rail-Einspritzung. Außerdem bieten eine Zweikreishydraulik sowie drei Zapfwellen vorn, in der Mitte und hinten viele Möglichkeiten des Einsatzes von Zusatzgeräten. Sogar ein Kriechganggetriebe kann eingebaut werden.

IRGENDWIE ANDERS | *Spezialfahrzeuge für den Steilhang*

„Reformen" aus Österreich

In Vielem lässt sich der Anfang der Reform-Werke in Wels mit dem der schweizerischen Firma Aebi vergleichen. Wie Johann Ulrich Aebi stammte auch Firmengründer Johann Bauer aus einer Bauernfamilie. Auch er schaffte seinen Durchbruch mit einer selbstgebauten Landmaschine. Allerdings war es bei ihm keine Mähmaschine, sondern eine Sämaschine, der er ähnlich wie Aebi den latinisierten, patriotischen Namen *Welsia* gab. Weitere Produkte aus der Landtechnik folgten.

Einachser und Transporter

Nach dem Zweiten Weltkrieg begann mit einem Motormäher der Einstieg in die neue mobile Welt der alpinen Landwirtschaft. Sämaschinen blieben ebenso wie Einachsmäher auf der Produktpalette. In dieser Sparte wurde auch ein spezieller Bergmäher entwickelt, der besonders leicht und breiter ausgelegt ist. Diese Mäher können mit einem Fräsaufsatz auch zum Schneeräumen eingesetzt werden.

Ziel der Reform, die der Firmenname vollmundig verkündete, war es, den Bauern auch in Gebirgsgegenden die schwere körperliche Arbeit abzunehmen. Ein wichtiger „Reformschritt" war deshalb die Einführung des *Muli 25*, der 1968 für Aufsehen sorgte. Dabei handelte es sich um einen Universaltransporter, der über ein integriertes Gerätesystem verfügte. Beispielsweise konnte das niedrig gebaute Allradfahrzeug mit vier gleich großen Rädern und einer Ladefläche hinter dem Fahrersitz als Ladewagen ausgestattet werden, mit einem Fasstank Milch transportieren oder Stalldung verteilen. Als Frontgeräte kamen zum Beispiel Mähwerke oder Schneefräsen in Betracht.

Der *Muli* wurde schnell zu einem echten Erfolgsmodell. Dank seiner Vielseitigkeit konnte er den oftmals armen Bergbauern, die sich nicht mehrere Maschinen leisten konnten, eine optimale Hilfe sein. Vierzehn Jahre nach Produktionsbeginn war die damals sensationelle Marke von 10 000 gebauten *Mulis* erreicht. Angesichts dieses Erfolgs verwundert es nicht, dass sich modernisierte Varianten dieses Konzepts noch heute im Reform-Programm befinden.

Die Bewirtschaftung eines alpinen Naturidylls kostete früher viel Einsatz. Inzwischen haben Firmen wie die **Reform-Werke** optimale Lösungen entwickelt.

Das **Aufwirbeln des geschnittenen Grases** ist nötig, damit es gleichmäßig trocknet. Früher musste das in Handarbeit mit einer Gabel erledigt werden. Der Zeitaufwand war enorm.

Metracs – nicht nur zum Mähen 1977 wurde eine weitere Neuheit vorgestellt, die sich zum wichtigen Standbein in der Produktpalette entwickelte. Der Metrac war als Zweiachsmäher für gebirgiges Gelände gedacht, der an Front- und Heckarbeitsraum noch weitere Maschinen befestigen konnte, sodass er zum vollwertigen Arbeitstier auf steilen Grasflächen und auf Almen wurde. Alle Arbeitsschritte, die man – vom Düngen bis zum Mähen und Einholen der Ernte – im Grünlandbetrieb durchführen musste, waren mit dem Metrac zu erledigen.

Dazu gehörten auch eine kleine Rundballenpresse und ein Frontlader. Gerade auf kleinteiligen Flächen erwies sich der Metrac als äußerst effektiv. Auch diesen Typ entwickelte man stetig weiter. So bekam 1992 das Modell *Metrac 4004H* einen hydrostatischen Antrieb. Drei Jahre später wurde das Fahrwerk so überarbeitet, dass alle vier Räder möglichst lange im Bodenkontakt blieben, wenn das

Mit dem **Metrac** haben die **Reform-Werke** ein Allradfahrzeug mit Vierradlenkung entwickelt, das die Anforderungen eines Grünlandbetriebs hervorragend erfüllt. Sogar eine Ballenpresse kann aufgesetzt werden.

 IRGENDWIE ANDERS | *Spezialfahrzeuge für den Steilhang*

Gelände besonders unwegsam wurde. Reform erreichte das mit einem Zentralgelenk, das die beiden Achsen verbindet. 1997 wurde die Allradlenkung so ausgestaltet, dass der Fahrer mit einem einfachen Knopfdruck entscheiden konnte, ob lediglich die Vorderräder oder die Hinterräder oder beide Achsen angelenkt werden sollten.

Ein Mounty in Österreich Im Jahr 2000 begann mit dem Bergtraktor oder – wie ihn die Firma bezeichnet – „Hanggeräteträger" *Mounty 65* eine neue Reform-Ära. Sein Äußeres gleicht auf den ersten Blick einem herkömmlichen Traktor, doch dann fallen zunächst die vier gleich großen Räder auf, die alle angelenkt werden können. Auf Wunsch ist aber auch ein Umschalten auf Einachsenlenkung möglich. Das 12-Gang-Wendegetriebe des *Mounty 65* wird von einem 65-PS-Diesel der Firma Perkins angetrieben. Die Kabine ist sehr weit unten angesiedelt, damit der Schwerpunkt möglichst tief liegt. Das trägt zu einer sicheren Standfestigkeit im steilen Gelände bei.

In den folgenden Jahren wurden mit den Modellen 70 und 80 stärkere Varianten ins Programm aufgenommen. 2008 folgte der *Mounty 100* mit zunächst 95, dann 101 PS. Er löste letztlich auch die anderen Typen ab. Er hat vorn und hinten Zapfwellen, Hubwerke an beiden Seiten und eine leistungsstarke Hydraulik. Hofarbeiten mit einem Frontlader stellen kein Problem dar. Aus der Komfortkabine

Der **Muli 555 S** der **Reform-Werke** ist sehr geländegängig. Hier trägt er einen Aufsatz, der ihn zum Ladewagen macht. Der erste Muli wurde 1968 gebaut und beeindruckte die Fachwelt sehr.

mit Rundumsicht ist ein idealer Blick auf das Arbeitsfeld möglich. Der Fahrantrieb erfolgt hydrostatisch und ist mit einer elektronischen Regelung versehen.

Diese Spezialfahrzeuge sind besonders für den alpinen Raum geschaffen, das zeigt schon die Tatsache, dass über ein Fünftel der Produktion in die Schweiz exportiert wird.

Der **Mounty** sieht aus wie ein herkömmlicher Traktor, allerdings hat er vier gleich große Räder und die ganze Konstruktion ist sehr tief gelegt. Freisichthaube und Glaskabine sorgen für eine gute Übersicht.

Moderne Konstruktionen haben es geschafft, den Alpenraum und andere Regionen ähnlicher Struktur in die Motorisierung zu überführen. Dazu zählt auch der **Muli** aus den österreichischen **Reform-Werken**.

IRGENDWIE ANDERS | *Vielseitig und schnell*

Vielseitig und schnell

Der Traktor hat im 20. Jahrhundert seinen Siegeszug angetreten, heute ist er aus der Landwirtschaft nicht mehr wegzudenken. Zum weitaus größten Teil haben sich dort Standardtraktoren durchgesetzt. Viele Hersteller entwickelten aber auch andere, vielseitigere und flexiblere Traktorenformen – oft auf der Basis richtig pfiffiger Ideen.

Der Standardtraktor zeichnet sich durch einen hinten positionierten Fahrerplatz, eine Achsschenkellenkung an den Vorderrädern und seinen Hauptanbauraum am Heck aus. Die Nachteile dieser Bauart versuchten einige Hersteller durch neue Konzepte zu lösen: den Geräteträger, der mehrere Anbauräume besitzt und den Systemschlepper, der sich durch eine höhere Funktionsvielfalt und den Frontanbauraum auszeichnet. In der Anfangszeit des Traktorenbaus zogen die Schlepper ihre Arbeitsgeräte hinter sich her, so wie man es von der Arbeit mit Pferden gewohnt war. Mit der Einführung des Krafthebers konnte man am Heck ein Gerät fest am Traktor anbauen und es zum Transport ausheben. Doch die Ansprüche an Traktoren stiegen, sowohl auf Benutzer- als auch auf Entwicklerseite. So strebte man an,

Dieser **Farmall** von **International Harvester** benutzt zwei Anbauräume für die Arbeit mit dem Kultivator: zwischen den Achsen und am Heck.

mit einem Traktor mehrere Geräte gleichzeitig einsetzen zu können. Dies hätte bei der Arbeit eine enorme Zeitersparnis mit sich gebracht. Schon früh begann man deshalb damit, den Raum zwischen den Achsen für den Anbau von Geräten zu nutzen. Vor allem bei den nordamerikanischen Reihenfruchttraktoren war der Zwischenachsraum oft für Arbeiten mit Kultivatoren und ähnlichen Geräten vorgesehen. Unter der Bezeichnung „Tragschlepper" kamen nach dem Zweiten Weltkrieg auch in Europa solche Traktorentypen auf. Dabei handelte es sich oft um spezielle Versionen mit einem verlängerten Radstand. Diese Schlepperausführung hatte den Vorteil, dass der Fahrer einen ungehinderten Blick auf das Gerät zwischen den Achsen hatte. In Nordamerika zeigte dies natürlich bei Arbeiten auf den Reihenfruchtfeldern seine Vorteile.

Die Vorteile des **Geräteträgers** werden bei dieser Arbeit genutzt. Da keine Motorhaube vorhanden ist, kann der Fahrer das zwischen den Achsen angebaute Gerät im Blick behalten. Ein weiteres Gerät ist am Frontanbauraum befestigt.

Dieser **Fendt Tragschlepper** von 1957 besaß einen langen Radstand, um Platz für ein Gerät zwischen den Achsen zu bieten. Die vergrößerte Bodenfreiheit erleichterte die Arbeiten in Reihenfruchtfeldern.

IRGENDWIE ANDERS | *Vielseitig und schnell*

Reihenfruchttraktor

Auf drei Rädern zwischen den Reihen Eine typisch nordamerikanische Erscheinung war der dreirädrige Reihenfruchttraktor. Dieser Traktorentyp zeichnete sich meist durch zwei Räder an der Hinterachse mit einer verstellbaren Spur sowie vorn durch ein einzelnes Rad oder ein Doppelrad aus. Die ersten auf dem nordamerikanischen Kontinent eingesetzten Schlepper waren meist groß und sollten vor allem die schweren Arbeiten, wie das Pflügen und das Eggen, übernehmen. Für Einsätze mit dem Kultivator auf den Reihenfruchtfeldern waren sie weniger geeignet. International Harvester führte in den 1920er-Jahren mit dem *Farmall* den ersten speziell für Reihenfruchtfelder konzipierten Traktor ein. Der Kultivator konnte vorn angebaut werden und befand sich dadurch immer im Blickfeld des Fahrers. Die anderen Hersteller zogen nach, wie beispielsweise John Deere mit dem *GP*. Heutige Reihenfruchttraktoren haben vier Räder, wobei die Vorderräder kleiner sind als bei Allzwecktraktoren üblich.

Ganz andere Dimensionen in Hinsicht auf Größe und Leistung im Vergleich zu den Tragschleppern und Geräteträgern hat ein moderner Systemtraktor wie der **Claas Xerion,** der mit den größten Maschinen arbeiten kann.

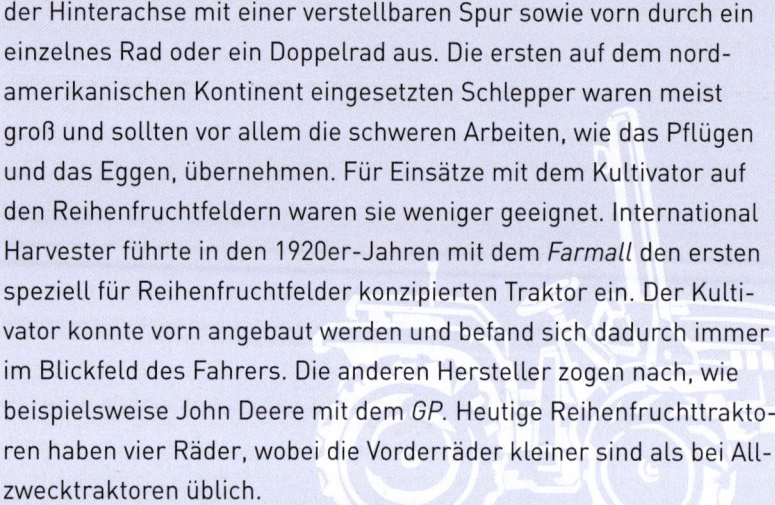

Ein Geräteträger für die Kleinen Noch spezialisierter waren Geräteträger, sogenannte „tool carriers", die ebenfalls hauptsächlich für den nordamerikanischen Markt konstruiert wurden. Die Zielgruppe für solche Traktoren bestand aus kleinen Farmen und Gemüseanbaubetrieben. Ein Beispiel dafür war das *Model G* von Allis-Chalmers, das von 1948 bis 1955 in Alabama produziert wurde. Der Motor, der nur 10 PS an der Zugstange leistete, befand sich direkt hinter dem Sitz. Der Vorteil war, dass der Fahrer direkt auf das Arbeitsgerät herabschauen konnte. Mehrere Geräte wurden in Ausführungen speziell für das *Model G* angeboten, dazu gehörten Pflüge, Kultivatoren und Sämaschinen. Der kleine Geräteträger war relativ erfolgreich. Die Produktionszahl belief sich auf annähernd 30 000 Exemplare. Einen ähnlichen Traktor entwickelte der britische Hersteller David Brown, konnte aber keine befriedigende Absatzzahl erreichen.

Das Debüt des Alldog In den 1950er-Jahren kamen auch in Europa, vor allem im deutschsprachigen Raum, Geräteträger auf. Aber während das *Model G* hauptsächlich für kleine Farmen und Reihenfruchtfelder konzipiert worden war, hatten die mitteleuropäischen Geräteträgerkonstrukteure für ihre Schlepper Aufgaben vorgesehen, die eine größere Motorleistung verlangten – und genau hier lag das Problem.

Es waren mehrere Traktorenhersteller, die mit einem Geräteträger ihr Glück versuchten. Die in Mannheim ansässige Firma Lanz erregte besonders großes Aufsehen, als sie 1951 ein Fahrzeug vorstellte, das sie anfangs „Motorgeräteträger" nannte. Später fand man den Namen *Alldog* für die innovative Konstruktion, in Anspielung auf die Bulldogs, mit denen Lanz groß geworden war.

Der **Alldog** von **Lanz** hatte zwar Platz für mehrere Maschinen und Geräte, aber nur einen kleinen Motor, der nicht genügend Leistung erbringen konnte.

Der Fahrersitz befindet sich bei diesem **Alldog** rechts hinter dem Motor. Links davon ist der Tank positioniert. Für den Einbau eines starken Antriebs bot die Konstruktion nicht genügend Platz.

Der *Alldog* besaß drei Anbauräume: vorn, am Heck sowie zwischen den Achsen. Außerdem war ein Aufbauraum, der beispielsweise für eine Ladepritsche oder ein Fass genutzt werden konnte, oberhalb der beiden Tragholme vorhanden. Damit war der *Alldog* bedeutend größer als das *Model G* und wog mit annähernd 1200 Kilogramm das Doppelte des „tool carrier" von Allis-Chalmers. Der Benzinmotor brachte es jedoch nur auf zwölf PS Leistung. Das Antriebsaggregat befand sich unter einer kleinen Motorhaube direkt vor dem Fahrer.

Motorenprobleme Die Landwirte, die sich einen *Alldog* zugelegt hatten und nun hofften, dass ihr neues Gefährt im Vergleich zum Standardtraktor eine Arbeitserleichterung brachte, weil sie mit mehreren Geräten gleichzeitig arbeiten konnten, sahen sich bald enttäuscht. Denn der Motor war den Ansprüchen nicht gewachsen.

Lanz reagierte auf die Beschwerden der Kunden und brachte zwei Jahre nach dem ersten *Alldog* ein neues Modell mit einem Dieselmotor, der jedoch ebenfalls nur zwölf PS erzielte, auf den Markt. Es dauerte noch einmal zwei Jahre, bis das Mannheimer Unternehmen ein immerhin 13 PS starkes Modell einführte. Erst 1956 konnte das Problem mit dem Zukauf eines Viertakt-Dieselmotors von MWM behoben werden. Mit diesem Motor leistete der *Alldog* 18 PS, was zu dieser Zeit, als die Maschinen noch nicht so groß waren, durchaus akzeptabel war. Aber der Ruf des Lanz-Geräteträgers war bereits ruiniert und die Erwartungen, die das Unternehmen ursprünglich in den Traktorentyp gesteckt hatte, erfüllten sich nicht mehr.

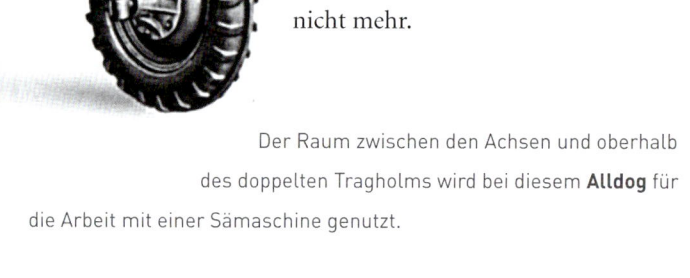

Der Raum zwischen den Achsen und oberhalb des doppelten Tragholms wird bei diesem **Alldog** für die Arbeit mit einer Sämaschine genutzt.

Das Fendt-Einmannsystem

Die Ursache für das Scheitern des *Alldog* lag vor allem in dem unpassenden Motor. Aber auch andere Hersteller, die zuverlässigere Dieselaggregate für den Antrieb ihrer Geräteträger einsetzten, gaben nach kurzer Zeit wieder auf oder produzierten ihre Modelle ohne einen wirklich großen Erfolg. Bei Fendt, dem Unternehmen aus der bayerischen Kleinstadt Marktoberdorf, das sich mit seinen Dieselrosstraktoren einen guten Namen unter den Kunden erworben hatte, plante man ebenfalls schon seit Längerem den Bau eines Geräteträgers. Bereits 1953 hatten die Marktoberdorfer auf einer Landtechnikmesse einen Prototypen vorgestellt. Aber bei Fendt hatte man das Schicksal der Konkurrenz beobachtet und wollte nichts überstürzen. Die erste Version des Fendt-Geräteträgers hatte noch wie der *Alldog* einen Doppelrohrrahmen, der mit dem Motorblock verbunden war und an dem am anderen Ende die Vorderachse pendelnd aufgehängt war. Nach einigen Überlegungen entschieden sich die Konstrukteure jedoch für einen einzigen zentralen Holm, der über ein Gelenk mit dem Motorblock verbunden war und an dem die Vorderachse fest montiert war, was den An- und Abbau von Geräten erleichterte. Wie der *Alldog* verfügte auch der Fendt-Geräteträger über drei Anbauräume sowie über einen Aufbauraum, der für eine Ladepritsche oder andere Geräte genutzt werden konnte.

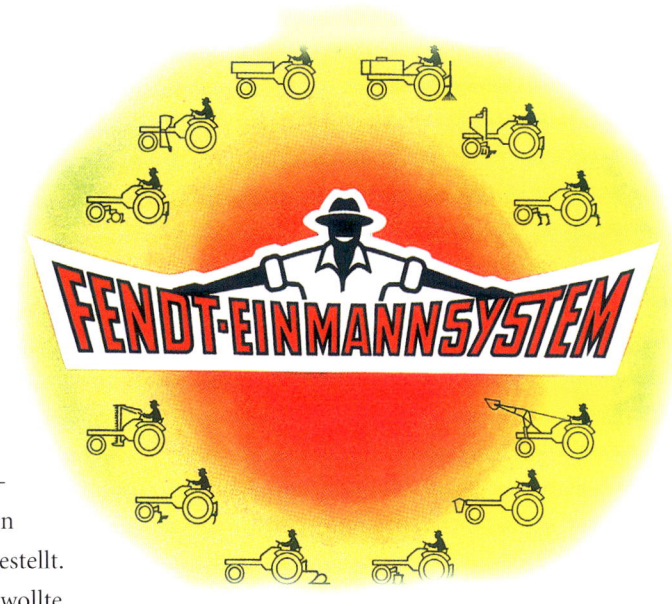

Arbeitserleichterung und gute Bedienbarkeit hatten für das Konzept des **Fendt-Geräteträgers** große Bedeuttung. Deswegen warb man auch mit dem Schlagwort „Einmannsystem" für die neue Traktorenart.

Für manche Arbeiten waren doch mehrere Arbeitskräfte nötig, wie hier beim **Kartoffellegen**. Das An- und Abbauen der Kartoffellegemaschine konnte jedoch von einer Person vorgenommen werden.

IRGENDWIE ANDERS | *Vielseitig und schnell*

● **Ein erfolgreicher Start** Nach weiteren Tests kam der erste Geräteträger aus Marktoberdorf unter der Typenbezeichnung *F 12 GT* auf den Markt. Als Antrieb des Schleppers diente ein luftgekühlter Einzylinderdieselmotor von MWM, der sich unter einer kurzen Motorhaube vor dem Fahrer befand. Das Antriebsaggregat war zwar bedeutend zuverlässiger als dasjenige, das man bei Lanz verwendet hatte, aber für die vielfältigen Aufgaben, für die der Geräteträger zu gebrauchen sein sollte, war es doch etwas zu schwach. Man entschied sich deswegen schon ein Jahr nach dem Start des *F 12 GT* dazu, einen stärkeren Geräteträger auf den Markt zu bringen.

Das neue Modell von Fendt hieß *F 220 GT*, es wurde von 1958 bis 1964 gebaut. Unter seiner abgeschrägten Motorhaube arbeitete ein Zweizylindermotor von MWM, der eine Leistung von 19 PS vorweisen konnte. Damit konnte man sich schon eher sehen lassen. Mit dieser PS-Zahl durfte sich der *F 220 GT* in die Riege der Mittelklasseschlepper der damaligen Zeit einreihen und auch entsprechende Arbeiten verrichten. Der Geräteträger war ein Erfolg. Über 7000 Exemplare wurden innerhalb von vier Jahren hergestellt.

● **Ohne fremde Hilfe** Zum Erfolg des Geräteträgers trug sicherlich eine Technik bei, die von Fendt als „Einmannsystem" vermarktet wurde. Diese Bezeichnung sollte auf den Umstand hinweisen, dass beim Geräteträger eine Person ohne besonderes Werkzeug ein Arbeitsgerät innerhalb von fünf Minuten an- oder abbauen konnte. Dies stellte natürlich für den Landwirt, der oft auf sich allein gestellt ist, eine erhebliche Arbeitserleichterung dar. Die Kundschaft wusste es zu schätzen.

Der *F 220 GT* befand sich bis 1964 im Bau. Bereits 1961 ergänzte Fendt das Angebot an Geräteträgern um ein weiteres Modell, den 25 PS starken *F 225 GT*. Die Geräteträger folgten dem gleichen Trend wie die Standardtraktoren, nämlich zu einer immer höheren Leistung. Die landwirtschaftlichen Maschinen und Geräte wurden immer größer und damit stiegen auch die Leistungsanforderungen an die Traktoren. Einen Entwicklungssprung erlebten die Fendt-Geräteträger 1970 mit der Einführung des *F 250 GT*. Bei diesem Modell befand sich der Motor nicht mehr vor dem Fahrer, sondern unterhalb des Fahrerstandes. Dies hatte den Vorteil, dass dem Blick auf den Zwischenachsraum nichts mehr im Weg stand. Vor dem Fahrer befanden sich nur

Zwerge aus Italien

Scarabeo und seine Brüder In der Nachkriegszeit waren in Italien zahlreiche Kleinbauern bestrebt, ihre Zugtiere durch Traktoren zu ersetzen. Für herkömmliche Schlepper reichte oft das Geld nicht. Dieser Zielgruppe nahmen sich trotzdem mehrere Hersteller an. Dazu gehörte beispielsweise Same mit dem 3 R 10, einem Dreiradschlepper mit einer Motorleistung von zehn PS, der jedoch mit allen Geräten, die ein Kleinbauer benötigte, arbeiten konnte. Antonio Carraro brachte mit dem Scarabeo einen Einachsschlepper auf den Markt, der mit einem Geräterahmen ausgestattet werden konnte und vor allem Gemüse- und Gartenbaubetriebe ansprach. Zu den vielen weniger bekannten Unternehmen, die im Bereich der Kleinsttraktoren tätig waren, gehörte Italfissore aus der piemontesischen Kleinstadt Savigliano. Die Firma entwickelte Anfang der 1950er-Jahre einen Dreiradtraktor namens Rubino, der zwischen der Vorderachse und dem hinteren Rad einen Pflug oder ein anderes Gerät aufnehmen konnte.

Fendt gelang es, die **Geräteträger** im Lauf der Zeit mit immer stärkeren Motoren auszustatten. Das Ziehen voll beladener Anhänger war für diese Schlepper kein Problem.

noch das Steuerrad, die Lenksäule und die Armaturen. Aber auch das Platzproblem des Motors war mit dieser Bauweise gelöst. Mit dem neuen Modell stieg der Leistungswert auf 45 PS an. Schon 1976 erreichte ein Geräteträgermodell 70 PS, und der *F 395 GTA*, der 1989 auf den Markt kam, erzielte 115 PS.

Abgesehen von der Leistung entwickelten sich die Geräteträger auch in anderen Aspekten weiter.

Stärker und bequemer Das erste Modell mit Allradantrieb führte Fendt 1985 ein. Auf den Zwischenachsanbauraum verzichtete man bei diesen hochmotorisierten Allradmodellen, was die Wendigkeit erhöhte. Damit glichen die Geräteträger immer mehr den Systemtraktoren.

Nicht nur die Anforderungen an die Leistung waren gestiegen, sondern auch in Hinsicht auf den Fahrkomfort. Aus diesem Grund gab es die Geräteträger bereits in den 1970er-Jahren mit festen Kabinen. Eine Heizung oder Kli-

Der von 1976 bis 1984 produzierte **Fendt-**Geräteträger **F 275 GT** war standardmäßig mit einer großzügig verglasten und geräumigen Kabine ausgestattet. Der Motor befand sich unterhalb des Bodens.

IRGENDWIE ANDERS | *Vielseitig und schnell*

Freier Blick

Freisichthauben und Unterflurmotor Beim Standardtraktor befindet sich der Fahrerplatz am hinteren Teil des Fahrzeugs, während die Motorhaube einen beträchtlichen Teil davor einnimmt. Für die Sicht des Fahrers war diese Konstruktion nicht optimal, insbesondere deshalb, weil alles, was sich direkt vor dem Traktor befand, außerhalb des Blickfelds des Fahrers lag. Bei Einsätzen mit Geräten, die am Heck angebaut waren, war dies nicht so tragisch. Bei Ladearbeiten mit dem Frontlader und der zunehmenden Verwendung von Frontanbaugeräten wurde jedoch ein ungehinderter Blick nach vorn immer wichtiger. In den 1990er-Jahren führten deshalb die meisten Hersteller eine nach vorn abgeschrägte Motorhaube ein. Anfangs nannte man diese Ausführungen „Freisichtversion" oder „Freisichttraktor". Bei einigen Geräteträgern und Systemtraktoren erfolgte die Verlagerung des Motors nach unterhalb des Kabinen- beziehungsweise Fahrerstandbodens. Beim Fendt-Geräteträger konnte man dadurch auf die ohnehin schon kleine Motorhaube ganz verzichten. Diese Bauweise wurde als das „Schau-Voraus-Prinzip" vermarktet.

maanlage, eine Kabinenfederung sowie eine Schallisolierung gehörten ebenfalls bald zur Ausstattung, um den Fahrer bei den immer zahlreicher werdenden Arbeitsstunden auf dem Geräteträger zu schonen.

Fendt war zweifellos mit Abstand der erfolgreichste Hersteller von Geräteträgern. Nach dem großen Interesse der Kunden in den 1960er- und 1970er-Jahren gingen jedoch die Verkaufszahlen beständig zurück. Der Grund dafür lag bei den Standardtraktoren, die nun auch oft über zwei Anbauräume verfügten und die stark genug waren, um mit ganzen Gerätekombinationen arbeiten zu können. 2004 lief der letzte Geräteträger im Fendt-Werk in Marktoberdorf vom Band.

Der mit Allradantrieb ausgestattete **F 380 GTA** zeigt hier seine Standfestigkeit. Durch den kurzen Radstand entfiel der Zwischenachsanbauraum. Das 80 PS starke Modell befand sich von 1985 bis 2003 bei **Fendt** im Bau. »

Das Schau-Voraus-Prinzip des Geräteträgers wird bei diesem **F 275 GT** deutlich. Der Motor liegt nicht mehr im Blickfeld des Fahrers. Von der Kabine aus besteht eine ungehinderte Sicht auf die Anbaugeräte. Der 70 PS starke Antrieb liegt unterhalb der Kabine.

IRGENDWIE ANDERS | *Vielseitig und schnell*

Ein universelles Systemfahrzeug: der Unimog

Ein Traktor kommt einem auf den ersten Blick nicht in den Sinn, wenn man einen Unimog sieht. Aber als 1946 die Entwicklung des Fahrzeugs bei der Firma Erhard & Söhne im württembergischen Schwäbisch-Gmünd begann, hatte man noch die Schaffung eines motorisierten Universalfahrzeugs für die Landwirtschaft als Ziel vor Augen. Man sprach deshalb auch von einem „Allzwecktraktor", den man auf den Markt bringen wollte. Bald entstand auch die Bezeichnung „Universal-Motor-Gerät", abgekürzt „Unimog", die dem Fahrzeug auch erhalten blieb.

Aber dieser Allzwecktraktor entsprach äußerlich gar nicht dem, was man von einem Standardtraktor erwartete. Ein zweisitziges Fahrerhaus befand sich oberhalb der Vorderachse und eine Ladepritsche war dahinter positioniert. Ein Allradantrieb sowie Differenzialsperren vorn und hinten gehörten zur Standardausstattung. Außerdem sollte der Unimog eine Höchstgeschwindigkeit von 50 Stundenkilometern erreichen können – eine Geschwindigkeit, die man bei normalen Traktoren zu dieser Zeit nicht kannte. Aber dass man es mit dem landwirtschaftlichen Einsatz ernst meinte, davon zeugten der Kraftheber und die Zapfwelle.

Der Boehringer-Unimog Im September 1946 wurden die ersten Prototypen des Unimog vorgestellt. Im folgenden Jahr begann die Verlagerung der Produktion zur Boehringer Werkzeugmaschinen GmbH in dem nicht weit entfernten Göppingen. Die Serienfertigung begann erst im Februar 1949. Insgesamt stellte

1951 erhielt der **Unimog** die silberne Preismünze der DLG. Im gleichen Jahr hatte die Fertigung in Gaggenau begonnen.

Diese Durchsichtszeichnung zeigt den **U 20,** der 2007 auf den Markt kam. Für die Federung sorgen Schraubenfedern mit Teleskopstoßdämpfern. Die Frontzapfwelle ist vorn eingezeichnet. Der Radstand wurde im Vergleich zu früheren Modellen verkürzt. Der Wendekreisdurchmesser liegt bei nur 12,8 Metern.

die Firma Boehringer 600 Exemplare des Unimog her. Das Modell mit der Bezeichnung *U 2010*, das später den Namen *Boehringer-Unimog* bekam, war mit einem 25 PS starken Dieselmotor ausgestattet. Das Fahrerhaus war noch offen.

Schon bald wurden von verschiedenen Landmaschinenherstellern die ersten Geräte für den Unimog entwickelt. Dazu gehörten ein Pflug, eine Egge, ein Seitenmähwerk, ein Frontmähwerk, eine Seilwinde, eine Kartoffellegemaschine und eine Feldspritze. 1950 bekamen die Hersteller von der Schweizer Armee eine Bestellung von 250 Exemplaren. Damit zeigte sich schon, dass es nicht nur die Landwirtschaft war, die sich für das Universal-Motor-Gerät interessierte, sondern auch andere Zweige der Wirtschaft und sogar das Militär. Aber für Boehringer entstand mit der großen Nachfrage ein Problem, denn das Unternehmen stieß an die Grenzen seiner Produktionskapazität.

Fertigung in Gaggenau 1951 erfolgte deshalb eine weitere Produktionsverlagerung, diesmal zu Daimler-Benz nach Gaggenau. Dort wurde zunächst der *U 2010* weiter gefertigt. Sogar das Boehringer-Logo befand sich anfangs noch auf dem Fahrerhaus. Ein neues Unimog-Modell wurde 1953 eingeführt. Dieser *U 402* bekam ein geschlossenes Fahrerhaus. Was ihn sonst noch vom *U 2010*, der in *U 401* umbenannt worden war, unterschied, war vor allem der längere Radstand.

Neben der Schweizer Armee zeigten nun auch andere Militärs Interesse am Unimog. Für diese Zielgruppe wurde 1955 eine spezielle Ausführung mit der Bezeichnung *Unimog S* auf den Markt gebracht. Zu den Besonderheiten die-

Seine Vielseitigkeit zeigt der **Unimog** hier bei der Verladung des geernteten Getreides. Die Ladefläche hinter der Kabine, die starke Zugkraft und die hohe Straßengeschwindigkeit machen ihn zu einem hervorragenden Transportfahrzeug.

IRGENDWIE ANDERS | *Vielseitig und schnell*

Die **Werbeplakate** aus der Anfangszeit des **Unimog** sprachen noch hauptsächlich die Landwirtschaft als Zielgruppe an. Das Universal-Motorgerät sollte flexibler einsetzbar sein als der herkömmliche Standardtraktor. Trotzdem fand der Hauptumsatz bald außerhalb der Landwirtschaft statt.

ses Modells gehörte der Benzinmotor mit einer Leistung von 82 PS. Das Fahrerhaus gab es in einer offenen und einer geschlossenen Ausführung. Abnehmer waren die deutsche Bundeswehr und die französische Armee. Aber auch aus dem zivilen Bereich kamen Bestellungen für das leistungsstarke Fahrzeug. Der *Unimog S* erwies sich als ein Bestseller. Bis 1981 wurden über 64 000 Exemplare des Modells hergestellt.

Ein Fahrzeug für alle Branchen Der Unimog erwarb sich auch in anderen Bereichen einen Ruf als hervorragendes Einsatzfahrzeug. Die Ausstattung mit einem Schneeschild oder einer Schneefräse ermöglichte den Einsatz als Straßenräumfahrzeug im Winter. Mit den entsprechenden Aufbauten war die Maschine aus Gaggenau auch als Feuerwehrfahrzeug zu gebrauchen. Der Unimog entwickelte sich technisch schnell weiter und wurde immer stärker. Selbst die 200-PS-Grenze wurde überschritten.

Der Unimog ist in der Tat ein Universalgerät. Er findet auf der ganzen Welt für die unterschiedlichsten Einsatzarten Verwendung. Nur die Landwirte, die ursprüngliche Zielgruppe, blieben zurückhaltend.

Systemschlepper mit Stern: der MB trac

Der Unimog hatte unter den Landwirten nicht den Eindruck hinterlassen, den sich dessen Konstrukteure erhofft hatten. Bei Daimler-Benz arbeitete man jedoch schon in den 1960er-Jahren an einem Fahrzeug, das mehr den Eigenschaften eines Systemtraktors entsprechen und auf der Unimog-Technik aufbauen sollte. Dieser sogenannte *Mercedes-Trac* sollte eine annähernd mittig positionierte Kabine haben, über zwei Anbauräume sowie einen Aufbauraum verfügen, mit Allradantrieb ausgestattet sein und im oberen Leistungsbereich liegen.

1969 rollte der erste Prototyp mit der Bezeichnung *A 60* aus der Werkshalle in Gaggenau. Weitere Tests und Entwicklungsarbeiten wurden im folgenden Jahr

Mit dem **MB trac 65/70** stellte **Daimler-Benz** 1972 einen Systemtraktor vor, der spezieller auf die Bedürfnisse der Landwirte zugeschnitten war als der Unimog. Der MB trac zeichnete sich durch Ausstattungsmerkmale wie den Allradantrieb aus, die bei Standardtraktoren noch nicht selbstverständlich waren.

Der Frontanbauraum, die Ladefläche und die starke Motorisierung machten den **Unimog** zu einem der wichtigsten Arbeitsgeräte für kommunale Aufgaben wie den Winterdienst oder das Mähen von Straßenrändern.

 IRGENDWIE ANDERS | *Vielseitig und schnell*

unternommen. Aber das Projekt machte nur langsame Fortschritte.

Umso größer war der Schreck bei Daimler-Benz, als Klöckner-Humboldt-Deutz 1972 ankündigte, auf der DLG-Landtechnikausstellung ein Systemfahrzeug vorzustellen.

Die Kölner waren mit der Entwicklung eines Systemtraktors schneller gewesen und Daimler-Benz musste nachziehen.

Als die Messe in Hannover stattfand, hatte Daimler-Benz ebenfalls einen Systemschlepper bereit: den *MB trac 65/70*. Das Modell war mit einem Vierzylindermotor ausgestattet

Der **Mercedes-Stern** auf dem **MB trac** stand nicht nur für die Herkunft, sondern auch für Qualität und Zuverlässigkeit. Sicherlich leistete der Ruf des Unternehmens zum guten Start der Systemtraktoren einen Beitrag. »

und leistete 65 PS. Bereits auf der Ausstellung gingen 350 Vorbestellungen ein, obwohl es noch bis zum Juli des folgenden Jahres dauern sollte, bis die Serienfertigung beginnen konnte.

Der Mercedes unter den Traktoren Der *MB trac* hatte nicht nur den Namen Mercedes in der Typenbezeichnung, er positionierte sich auch mit seiner Ausstattung als eine Art Luxustraktor. Die komfortable geschlossene Kabine, der Allradantrieb, die gefederte Vorderachse und die hervorragende Traktion waren Eigenschaften, mit denen zu dieser Zeit nur wenige Schlepper aufwarten konnten.

Der *MB trac* hatte einen guten Start hingelegt. Bis 1975 konnten über 2700 Exemplare des Modells verkauft werden. In diesem Jahr gingen die beiden Nachfolgemodelle, der *MB trac 700* mit 65 PS und der *MB trac 800* mit 75 PS Leistung an den Start. Ab 1980 waren sie in Ausführungen mit 25, 30 und 40 km/h Höchstgeschwindigkeit erhältlich. Die beiden Modelle, die zur Baureihe 440 gezählt wurden, verkauften sich über 24 600-mal. Dies war verglichen mit anderen Systemtraktoren ein sehr guter Wert. Mit den Modellen *1100* und *1300* stieß man 1976 in höhere Leistungsbereiche, nämlich bis 110 und 125 PS vor. Die Verkaufszahlen für diese beiden Modelle waren jedoch nicht so gut.

1987 hatte **Daimler-Benz** acht **MB trac-**Modelle im Angebot. Der MB trac 700 war mit seinen 68 PS das Einstiegsmodell. Mit einer Maximalleistung von 150 PS schloss der 1600 turbo die Baureihe nach oben ab.

 IRGENDWIE ANDERS | *Vielseitig und schnell*

Oberleistungs-Tracs Anfang der 1980er-Jahre erweiterte Daimler-Benz das Angebot mit den *MB-trac*-Modellen *900* und *1000* mit 85 beziehungsweise 95 PS Leistung sowie dem *1500 Turbo*, der es auf 150 PS brachte. Die Präsenz in der obersten Leistungsklasse baute Daimler-Benz Ende der 1980er-Jahre mit der Einführung der vier Turbo-Modelle *1300*, *1400*, *1600* und *1800* weiter aus. Sie konnten eine Maximalleistung von 125 bis 180 PS vorweisen. Die *MB tracs* errangen durch ihre Zuverlässigkeit und aufgrund ihres innovativen Konzepts einen hervorragenden Ruf in der Zielgruppe. Trotzdem entschloss man sich in der Vorstandsetage von Daimler-Benz, den Bau der Systemschlepper einzustellen. Als Grund wurden die schlechten Aussichten auf dem Traktorenmarkt angegeben. 1991 verließ der letzte *MB trac* das Werk.

Den Frontkraftheber benutzt dieser **MB trac 1300** zum Heben von Baustämmen. Am Traktor ist ein Astschutz befestigt, um Schäden am Fahrzeug bei der Forstarbeit zu vermeiden.

Dieses Bild zeigt den **MB trac 65/70** beim Schwadenziehen mit dem Sternrechwender. Für diese Arbeit ist zwar kein Traktor im Leistungsbereich eines MB trac nötig, aber die gleichgroßen Räder und der Allradantrieb verleihen dem Schlepper hohe Standfestigkeit.

 IRGENDWIE ANDERS | *Vielseitig und schnell*

Deutz mit System: der Intrac

Klöckner-Humboldt-Deutz gehörte mit seinen Deutz-Traktoren und Fahr-Landmaschinen zu den führenden Unternehmen der Landtechnikbranche in Deutschland. Auf dem westdeutschen Markt und darüber hinaus genossen die luftgekühlten grünen Standardtraktoren aus Köln ein beträchtliches Ansehen. Auf Experimente mit anderen Bautypen, beispielsweise Geräteträgern, hatte man bislang verzichtet. Dies sollte sich jedoch in den 1970er-Jahren ändern. 1972 stellte KHD ein Fahrzeug vor, das sich von einem Standardtraktor erheblich unterschied. Die Kabine befand sich ganz vorn, oberhalb der Vorderachse. Hinter der Kabine war ein Aufbauraum vorhanden, und zwei Anbauräume, nämlich am Heck und im Frontbereich, ermöglichten das Anbauen mehrerer Geräte oder Maschinen. Das Fahrzeug brauchte keine Motorhaube, denn die Deutz-Konstrukteure hatten den Motor unter die Kabine verlegt.

Ein vielfältiges System Im folgenden Jahr ging der Deutz-Systemtraktor unter der Bezeichnung *Intrac 2002* in Serienproduktion. Der luftgekühlte Dreizylindermotor von Deutz erzielte eine Leistung von 51 PS. Das Modell stand zunächst mit Hinterradantrieb zur Verfügung. Später wurde auch eine Ausführung mit Allradantrieb eingeführt. Auf der Straße konnte das Fahrzeug eine Höchstgeschwindigkeit von 25 km/h erreichen. Zur Zielgruppe zählten hauptsächlich die Landwirte, aber auch die Kommunen, Gewerbebetriebe und die Industrie fasste man ins Auge, weshalb eine Version mit der Abkürzung *GI* (Gewerbe und Industrie) in der Typenbezeichnung angeboten wurde. Der *Intrac* war der Versuch von Deutz, das Trac-Konzept umzusetzen.

Zukunftsweisend, aber erfolglos Der *Intrac* war sicherlich innovativ und zukunftsorientiert, was man auch mit Modellbezeichnungen wie *2003* und *2005*, die auf das nächste Jahrtausend hindeuten, zeigen wollte. Mit den An- und Aufbauräumen sowie der Kabine, die eine ungehinderte Sicht bot, wollte man den Kunden einen Bonus bieten, den die Standardtraktoren nicht vorweisen konnten. Für die Zielgruppe scheint der *Intrac* jedoch zu ungewohnt gewesen zu sein. Die Begeisterung und die Nachfrage hielten sich zurück. Bereits 1974 brachte KHD deshalb zwei neue Modelle auf den Markt: den *Intrac 2003* mit vier Zylindern und 60 PS sowie den *Intrac 2005* mit fünf Zylindern und 80 PS. Das stärkere Modell stand von Anfang an nur mit Allradantrieb zur Verfügung, und der *Intrac 2003* war ab 1978 nur noch in der Version mit Vierradantrieb erhältlich. Damit versuchte man, einige typi-

Die ersten **Intrac-Modelle** gab es wahlweise mit Hinterrad- und Allradantrieb. Ab 1978 wurden die **Deutz-Systemschlepper** nur noch mit Allradantrieb angeboten. Eine starke Motorisierung gehörte von Anfang an zum Konzept.

Der gleichzeitige Einsatz eines Front- und eines Heckmähwerks ermöglicht ein rationelleres Arbeiten. Der 1978 eingeführte **Intrac 2004** besaß einen 70 PS starken Motor unterhalb der Kabine.

sche Merkmale des Trac-Konzepts, nämlich den starken Antrieb, noch stärker herauszustellen.

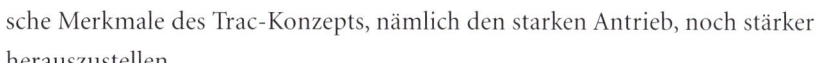 **Mehr Kraft und ein zweiter Anlauf** Das stärkste Modell erschien 1975. Der allradgetriebene Systemtraktor *Intrac 2006* leistete 85 PS. Drei Jahre später ergänzte noch der *Intrac 2004* mit einem 70 PS starken Vierzylindermotor das Angebot. Nicht nur die Motorleistung, sondern auch die Höchstgeschwindigkeit hatten die Deutz-Konstrukteure erhöht, nämlich abhängig von der Ausführung auf bis zu 40 Kilometer pro Stunde. Der *Intrac* erwarb sich eine kleine, überzeugte Anhängerschaft, aber der große Erfolg blieb aus.

Einen zweiten Anlauf mit dem *Intrac*-Konzept unternahm KHD Ende der 1980er-Jahre. Von Anfang an setzte man nun auf den Allradantrieb und auf noch mehr Leistung. Die drei Modelle, die ab 1987 angeboten wurden, konnten 98 bis 150 PS vorweisen. Allerdings blieb die Nachfrage diesmal so weit hinter den Erwartungen zurück, dass die Produktion bereits nach wenigen Jahren wieder eingestellt wurde.

IRGENDWIE ANDERS | *Vielseitig und schnell*

Für Kommune und Landwirtschaft: der Fendt Xylon

Im Abstand von einigen Jahren findet anlässlich des Oktoberfestes in München das Bayerische Zentral-Landwirtschaftsfest statt. Dabei haben Betriebe der Landwirtschaft und der Landtechnik die Möglichkeit, sich auf dem Gelände des größten Volksfestes der Welt einer breiten Öffentlichkeit zu präsentieren. 1990 nutzte Fendt diese Gelegenheit, um dem Publikum den *Xylon* vorzustellen. Zu diesem Zeitpunkt handelte es sich bei dem Fahrzeug noch um eine Konzeptstudie. In technischer Hinsicht basierte es auf dem Geräteträger *F 395 GTA*. Verglichen mit dem Geräteträger war die Kabine jedoch weiter nach vorn gerutscht, sodass sie mittig positioniert war. Dadurch konnte der *Xylon* sogar fünf Anbau- und Aufbauräume vorweisen: einen Anbauraum mit Kraftheber und Zapfwelle jeweils vorn und hinten, einen im Zwischenachsbereich sowie jeweils einen Aufbauraum vor und hinter der Kabine. Der Motor befand sich, wie bei den neueren Geräteträgern, unterhalb der Kabine. Um Zugriff auf den Motor zu haben, musste die Kabine gekippt werden.

An fünf Stellen des **Xylon** konnten Maschinen und Geräte angebracht werden: am Heckanbauraum (1), Heckaufbauraum (2), Frontanbauraum (3), Zentralaufbauraum (4) und Zwischenachsanbauraum (5). «

Flexibel in Orange und Grün Als Hauptzielgruppe des *Xylon* wurden zunächst die Kommunen gesehen, weswegen er auf dem Zentral-Landwirtschaftsfest als Kommunalfahrzeug vorgestellt wurde. Aber als das Systemfahrzeug 1995 schließlich in Serienproduktion ging, wurde es neben der Kommunalversion im orangefarbenen Lack auch in Grün für die Land- und Forstwirtschaft angeboten. Drei Ausführungen des Traktors standen zur Verfügung: als *Xylon 520* mit 110 PS, *Xylon 522* mit 125 PS und *Xylon 524* mit 140 PS. In Hinsicht auf die Motorleistung war der *Xylon* nicht herausragend, aber er besaß einige Besonderheiten, die ihn zu einem idealen Einsatzfahrzeug für Arbeiten machten, die eine besonders hohe Flexibilität erforderten. Dazu zählten neben den An- und Aufbauräumen der standardmäßige Allradantrieb, die hohe Nutzlast, die bis zu sechs Tonnen betragen konnte und die Höchstgeschwindigkeit von bis zu 50 Kilometern pro Stunde. Ein Wendegetriebe mit 44 Gängen in beide Fahrtrichtungen ermöglichte es, für jede Arbeit die passende Übersetzung zu finden. In der Kabine konnte der Fahrer auf einem luftgefederten Sitz Platz nehmen. Zur Ausstattung gehörte ein zweiter Sitz, der vor allem im kommunalen Bereich wichtig war, denn während der Landwirt

Die Kommunalausführung des **Xylon** zeichnete sich durch den orangefarbenen Anstrich aus. Zwar war ein zweiter Sitz in der Kabine vorhanden, aber man sprach trotzdem vom **Einmann-System,** da das Fahrzeug für Arbeiten mit einer Person konzipiert war. »

IRGENDWIE ANDERS | *Vielseitig und schnell*

meist allein zu arbeiten pflegt, kommt es bei den kommunalen Betrieben öfter zu Einsätzen mit zwei Personen. Im Großen und Ganzen konnte der *Xylon* einen Komfort vorweisen, wie ihn Lkw-Fahrer gewohnt waren.

🞄 **Freie Sicht** Die Kabine hatten die Entwickler des *Xylon* im Vergleich zu Standardtraktoren weit oben positioniert, da ein Platz für den Unterflurmotor geschaffen werden musste. Dies war bereits von den Geräteträgern bekannt. Zu den Vorteilen dieser Konstruktion zählte die Aussicht, die der Fahrer genießen konnte. Dem Blick auf den vorderen Anbauraum stand nichts im Weg, falls der Aufbauraum vor der Kabine nicht belegt war. Durch die Verglasung der Kabine bis fast zum Boden war auch die Sicht in alle anderen Richtung frei.

Der Kommunalbereich war für die Traktorenhersteller ein interessanter Markt, und Fendt war es gelungen, mit dem *Xylon* einen Systemtraktor anzubieten, der mit zahlreichen Geräten arbeiten konnte und den unterschiedlichen kommunalen Aufgaben gewachsen war. Im landwirtschaftlichen Bereich konkurrierte der *Xylon* von Anfang an mit den Geräteträgern, die sich nicht sehr von dem Systemfahrzeug unterschieden, aber unter den Landwirten bereits ein hohes Maß an Vertrauen erworben hatten. Das Interesse an den orangefarbenen und den grünen Ausführungen war anfangs unter den beiden Hauptzielgruppen vielversprechend,

Ein **Xylon** (rechts) ist hier gemeinsam mit einem **Fendt Farmer 412** (links) beim Winterdienst tätig. Der hintere Aufbauraum wird beim Xylon für einen Behälter genutzt. Am Zentralaufbauraum ist ein Frontlader angebracht.

Selbst bei der Forstarbeit ließ sich das **Fendt-Systemfahrzeug** einsetzen. Der Fahrer dieses **Xylon 524** hat seinen Sitz um 180 Grad gedreht, um mit dem am Heckaufbauraum angebrachten Kran die Baumstämme bewegen zu können.

schwächte sich aber im Lauf der Zeit ab, weswegen der Bau des *Xylon* 2004 eingestellt wurde. Die Anzahl der verkauften Exemplare war mittlerweile so weit gesunken, dass sich – wie beim Geräteträger – eine nötige Weiterentwicklung des Unterflurmotors nicht gelohnt hätte. Der Hauptgrund dafür, dass sich der an sich innovative *Xylon* nicht zum Renner entwickelte, ist im Großen und Ganzen der gleiche wie derjenige für das Scheitern anderer Systemtraktoren und das Ende des Geräteträgers, nämlich die starke Konkurrenz durch den immer flexibler werdenden Standardtraktor.

Die Fahrerkabine des **Xylon** ist mittig positioniert und lagert auf schwingungsdämpfenden Gummilagern. Außerdem gleicht die die niveaugeregelte Vorderachsfederung Stöße auf unebenem Gelände aus.

IRGENDWIE ANDERS | *Vielseitig und schnell*

*Mit dem **Xerion** visierte **Claas** die großflächige Landwirtschaft an. Um mit großen Maschinen arbeiten zu können, waren die Systemschlepper aus Harsewinkel mit Motoren der obersten Leistungsklasse ausgerüstet.*

Großtraktoren mit System: Xerion

Claas gehört zu den Nachzüglern im Traktorengeschäft. Das Unternehmen aus dem nordrhein-westfälischen Harsewinkel war zu einem der führenden Hersteller von Mähdreschern und anderen Erntemaschinen aufgestiegen. Nach den weniger guten Erfahrungen, die man in den 1950er-Jahren mit dem Huckepack – einer Art Geräteträger, den man zum Mähdrescher umbauen konnte – gemacht hatte und dem anschließenden HSG-Projekt, das wegen Geldmangels eingestellt werden musste, ließen die Harsewinkeler vorerst die Finger von den Schleppern und konzentrierten sich auf ihre eigentlichen Stärken. Das war eine kluge Strategie, denn nach dem Boom der Nachkriegszeit sahen viele Traktorenhersteller keiner rosigen Zukunft entgegen. Die einsetzende Stagnation führte zu einem scharfen Konkurrenzkampf und zum Verschwinden vieler Traktorenbauer. Auch die stürmischen 1980er-Jahre, die selbst große Landtechnikkonzerne die Unabhängigkeit kosteten, überstand Claas unbeschadet.

Vom Basisfahrzeug zum Systemschlepper Zwar plante man bei Claas nicht, Traktoren zu bauen, doch wurde 1978 das „Projekt 207" ins Leben gerufen. Hinter dem Codenamen stand die Entwicklung eines Basisfahrzeugs mit Traktoreigenschaften, das mit Spezialgeräten ausgestattet werden konnte. In den Folgejahren wurden Versuche mit unterschiedlichen Aufbauten unternommen: als Feldhäcksler, Mähdrescher und Rübenernter. Gleichzeitig arbeitete man an der Entwicklung eines stufenlosen Getriebes, das den Namen *HM-8* bekam.

Die Entwicklung und Tests des Fahrzeugs und des Getriebes sollten sich jedoch noch hinziehen. Der Öffentlichkeit stellte Claas die ersten Modelle des Systemfahrzeugs im November 1993 vor. Für dieses Ereignis kreierte man auch die Typenbezeichnung *Xerion*. Der *Xerion* war den Systemschleppern anderer Hersteller, z. B. dem *MB trac* oder dem *Euro Trac* von Schlüter, nicht unähnlich. Er war standardmäßig mit einem Allradantrieb ausgestattet und besaß vier gleich große Räder. Die Kabine war mittig positioniert und ermöglichte einen Aufbauraum oberhalb der

Dieser **Xerion 4500** hat eine Motorleistung von 483 PS. In der Ausführung als **Trac VC** kann die Kabine nach hinten gedreht werden.

Hinterachse. Claas wagte sich damit in ein Gebiet vor, in dem andere schon gescheitert waren. Dies mag der Grund sein, warum man in Harsewinkel so vorsichtig verfuhr. Es dauerte noch bis 1997, bis die ersten Modelle unter der Bezeichnung *Xerion 2500* und *3000* auf den Markt kamen. Als Antrieb diente ein Sechszylindermotor von Perkins. Die Nennleistung lag beim *Xerion 2500* bei 250 PS und beim *3000* bei 315 PS. Damit übertraf der *Xerion* die meisten anderen Systemschlepper. Mit dem stufenlosen Getriebe war eine Höchstgeschwindigkeit von 40 Kilometern pro

Die **Saddle-Trac**-Ausführung bietet einen Aufbauraum, auf dem Jauchefässer, Auflieger und Saatgutbehälter Platz finden können. Auf diesem Bild ist der **Xerion** für das Ausbringen von Jauche ausgerüstet.

Ein **Mounty** Hanggeräteträger von **Reform** mit Allradlenkung. Deren Vorteile zeigen sich bei Einsätzen an Steillagen, wo die erhöhte Wendigkeit für mehr Sicherheit sorgt.

Allradlenkung

Lenken mit allen Vieren An sich ist die Vierradlenkung nicht so neu. Sie fand schon früh bei Traktoren und Baumaschinen Verwendung. Sogar für Pkw wurde sie entwickelt, da sie zu einer erhöhten Fahrstabilität und einer besseren Spurtreue führt. Auch das Einparken und Rangieren fällt damit leichter. Bei den Schleppern konnte sich die Allradlenkung jedoch nicht so richtig durchsetzen. Die mit Abstand meisten Modelle besitzen die konventionelle Achsschenkellenkung, bei der sich die Vorderräder einschlagen. Schlepper im obersten und untersten Größenbereich sind oft mit einer Knicklenkung ausgestattet. Modelle von Reform, JCB und Claas, die zur mittleren bis oberen Leistungsklasse zählen, besitzen jedoch eine Allradlenkung. Bei einigen Vierradlenkern können die Hinterräder in zwei Richtungen einschlagen, nämlich entgegengesetzt zu den Vorderrädern, was einen sehr kleinen Wendekreis ermöglicht, oder in die gleiche Richtung. Diese sogenannte Hundeganglenkung ist bei Arbeiten an Hanglagen oder bei Einsätzen mit einem Schneeschild oder einer Schneefräse vorteilhaft.

IRGENDWIE ANDERS | *Vielseitig und schnell*

Stunde in beide Fahrtrichtungen möglich. Der kleinere *Xerion* wog 9,5 Tonnen und sein größerer Bruder brachte es auf 10,5 Tonnen.

🚜 **Größer und stärker** Die Entwicklung des *Xerion* ging weiter. 2004 kam der *Xerion 3300* auf den Markt. Als Antrieb diente nun ein Caterpillar-Motor, der eine Nennleistung von 305 und eine Maximalleistung von 335 PS vorweisen konnte. Beim Getriebe war man ebenfalls umgestiegen, diesmal auf ein Modell, das gemeinsam mit ZF entwickelt worden war. Der *Xerion 3300* besaß im Vergleich zu den Vorgängern einen um 40 Zentimeter längeren Radstand und außerdem zwei Lenkachsen, wodurch das Fahrzeug trotz seiner Größe eine relativ hohe Wendigkeit behielt. Außerdem war der Systemtraktor in drei Ausführungen verfügbar: als *Trac* mit einer mittig positionierten Kabine, als *Trac VC* mit einer ebenfalls mittig angeordneten, jedoch um 180 Grad drehbaren Kabine, sowie als *Saddle Trac*, bei dem sich die Kabine ganz vorn, oberhalb des Motors befand, wodurch ein langer Aufsattelraum vorhanden war. Die verschiedenen Ausführungen des *Xerion* erhöhten dessen Flexibilität. Der Aufbauraum der *Saddle-Trac*-Version konnte beispielsweise für ein Jauchefass genutzt werden. Die drehbare Kabine des *Trac VC* ermöglichte das Arbeiten in Rückwärtsfahrt, beispielsweise mit angebautem Mähwerk oder Häcksler.

🚜 **Oberste Klasse** Mit den *Xerion*-Modellen war Claas bereits in die Liga der Großtraktorenhersteller aufgestiegen. Aber die Leistungsanforderungen an Traktoren – vor allem, wenn sie für die großflächige Landwirtschaft konzipiert sind – kennen im neuen Jahrtausend offensichtlich keine Grenzen. Auf der Landtechnikmesse Agritechnica 2007 präsentierte Claas deshalb einen größeren Bruder des *Xerion 3300* mit der Modellbezeichnung *3800*. Als Kraftgenerator dient beim *Xerion 3800* ebenfalls ein Sechszylindermotor mit Turbo und Ladeluftkühlung von Caterpillar. Die Nennleistung liegt in dieser Ausführung bei 344 PS, und als Maximalleistung können 379 PS erreicht werden. Für eine möglichst hohe Übertragung der Zugkraft auf den Boden ist das 10,2 Tonnen schwere Fahrzeug so konstruiert, dass 53 Prozent des Gewichts bei der *Trac-* und der *Trac-VC*-Ausführung auf der Vorderachse und 47 Prozent auf der Hinterachse liegen. Die Höchstgeschwindigkeit beträgt 50 Kilometer pro Stunde. Von der Kabine aus kann der Fahrer eine

Ein **Claas Xerion** arbeitet hier mit einem Schlepper von **Case IH.** Der Xerion zieht die Grubber-Scheibeneggen-Kombination Centaur von Amazone. Mit dem stufenlosen Getriebe lässt sich die Geschwindigkeit genau den Erfordernissen anpassen.

sehr gute Aussicht in jede Richtung genießen. Damit nach Sonnenuntergang noch weitergearbeitet werden kann, ist der *Xerion 3800* mit bis zu 14 Arbeitsscheinwerfern ausgestattet. Damit wird die Nacht zum Tag, zumindest in der Umgebung des Fahrzeugs.

🚜 **Neue Flaggschiffe** Mit dem *Xerion 3800* hatte Claas bereits den stärksten Schlepper des Unternehmens eingeführt. Aber damit war man in der Entwicklungsarbeit noch nicht am Ende der Fahnenstange angelangt. Auf der Agritechnica 2009 stellten die Harsewinkeler dem Publikum zwei neue Modelle vor: den *Xerion 4500* mit einer Maximalleistung von 483 PS und den *Xerion 5000,* der sogar die 500-PS-Marke überschreitet und eine Höchstleistung von 524 PS verweisen kann. Wie die anderen *Xerion*-Modelle können die Neulinge mit beiden Achsen, an denen sich vier gleichgroße Räder befinden, gelenkt werden. Drei Anbeziehungsweise Aufbauräume, nämlich vorn, am Heck sowie hinter der Kabine, ermöglichen das Arbeiten mit großen Gerätekombinationen. Unter den Motorhauben der Großschlepper sind Caterpillar-

Mit einem großen Jauchefass arbeitet dieser **Xerion Trac.** Alternativ zur Zapfwelle kann zum Betrieb des Jauchefasses eine optionale Leistungshydraulik eingesetzt werden.

30 Tonnen Gesamtgewicht sind für den **Xerion Saddle Trac** erlaubt. Bodenschonend wirken sich die großen Räder und die Allradlenkung aus.

IRGENDWIE ANDERS | *Vielseitig und schnell*

Challenger

Die weiß-grünen Raupentraktoren Wenn die Traktorenhersteller eine besonders hohe PS-Zahl unter die Hauben ihrer Schlepper packen wollen, greifen sie oft auf Motoren von Caterpillar zurück. Dies ist auch bei den *Xerion*-Modellen der Fall. Die Kooperation zwischen Claas und Caterpillar ging in den 1990er-Jahren jedoch noch tiefer. Claas vertrieb in Europa unter eigenem Namen und im weiß-grünen Farbkleid Challenger-Raupentraktoren von Caterpillar. 1994 hatten die *Challenger*-Modelle *35* und *45* mit 212 beziehungsweise 242 PS Nennleistung ihr Debüt. 1997 folgte der 270 PS starke *Challenger 55* und im folgenden Jahr wurden die Modelle *65 E, 75 E, 85 E* und *95 E* mit Leistungen von 310 bis 410 PS in den Katalog aufgenommen. In einem Joint-Venture mit Caterpillar begann Claas im gleichen Jahr in Omaha im amerikanischen Bundesstaat Nebraska mit der Produktion von Lexion-Mähdreschern. Caterpillar verkaufte jedoch 2001 seine *Challenger*-Traktoren an AGCO und das Omaha-Werk ging 2002 ganz in das Eigentum von Claas über.

Motoren mit einem Hubraum von 12,5 Litern am Werk. Mit dem Getriebe von ZF lässt sich stufenlos in beide Fahrtrichtungen in einem Geschwindigkeitsbereich von 0,05 bis 50 Kilometern pro Stunde fahren.

Hohe Zugkraft Wie bei allen Schleppern der obersten Leistungsklasse besteht auch bei den beiden großen *Xerion*-Modellen die Frage, wie die hohe Motorleistung in eine entsprechende Zugleistung umgewandelt werden soll. Claas verzichtet auf eine Doppelbereifung, verwendet aber besonders große Reifen, die eine Höhe von bis zu 2,16 Metern haben können. Außerdem kann der *Xerion* mit Ballastgewichten versehen werden, mit denen das Leergewicht von 16 Tonnen auf bis zu 24 Tonnen erhöht werden kann.

Mit dem *Xerion* gelang Claas der erfolgreiche Einstieg in die Fertigung von Systemschleppern, die noch dazu im obersten Leistungsbereich liegen. 2010 gab es in Harsewinkel einen besonderen Anlass, diesen Erfolg zu feiern, denn der 1000ste *Xerion* lief vom Band. Als Jubiläumsexemplar war er ganz in Weiß lackiert worden.

Alle An- und Aufbauräume nutzt dieser **Xerion 3300** aus. Am Heck ist die Sämaschine Avant von Amazone angebaut. Am Frontanbauraum und am Aufbauraum befinden sich Saatgutbehälter.

282

Auf schnellen Rädern: die Fastracs

Anfang der 1990er-Jahre tauchten auf den Straßen gelbe, ungewöhnlich schnell fahrende Traktoren auf, die noch dazu von einer Firma stammten, die bisher als Traktorenhersteller nicht in Erscheinung getreten war. Die Fastracs, wie die Flitzer hießen, sorgten unter den anderen Traktorenbauern für Unruhe, denn sie stießen durchaus auf Interesse bei den Landwirten. Die Schnelligkeit, verbunden mit einem Allradantrieb und einer hohen Motorleistung, ermöglichte ein effizienteres Arbeiten. Aber die Fastracs hatten eine Vorgeschichte.

Es begann mit einem gebrauchten elektrischen Schweißgerät, einer Jeep-Achse und Alteisen. Mit diesen Mitteln baute Joseph Cyril Bamford im Oktober 1945 in einer Garage im englischen Uttoxeter einen Anhänger für landwirtschaftliche Arbeiten und verkaufte ihn für 45 Pfund. Ein altes Auto, das er renovierte, brachte er für den gleichen Preis los. Zu seinen nächsten Projekten gehörten mechanische und hydraulische Kipper und ein Baggerlader, den er an einen Traktor des Typs *Fordson Major* montierte und ihn deshalb *Major Loader* nannte.

Der **Fastrac 2170** besitzt eine Nennleistung von 170 PS, die von einem Sechszylindermotor mit 6,7 Litern Hubraum erbracht werden. Das Getriebe bietet 54 Vorwärts- und 18 Rückwärtsgänge.

Von einem bis zu 230 PS starken Sechszylindermotor des Herstellers **Cummins** wird der **Fastrac 3230** angetrieben. Es stehen Ausführungen mit Höchstgeschwindigkeiten von 66,4 und 80 Kilometern pro Stunde zur Verfügung.

Ein neuer Standort Bald war das Unternehmen, das nach den Initialen des Gründers JCB hieß, so gewachsen, dass größere Räumlichkeiten nötig waren. Bamford und die mittlerweile sechs Angestellten zogen 1950 in eine alte Käsefabrik in Rocester, einem Dorf an der östlichen Grenze der Grafschaft Staffordshire. Der entscheidende Durchbruch erfolgte 1953 mit der Einführung eines Baggerladers, der wie

IRGENDWIE ANDERS | *Vielseitig und schnell*

ein Traktor aussah und der vorn mit einer Schaufel sowie am Heck mit einem Löffelbagger ausgestattet war. Auch normale Bagger wurden in das Produktionsprogramm mit aufgenommen und bis nach Nordamerika verkauft. JCB exportierte bereits in den 1960er-Jahren in über 130 Länder. Joseph C. Bamford wurde deswegen 1969 von der Königin der Orden „Commander of the Order of the British Empire" verliehen.

JCB hatte sich als ein bedeutendes Unternehmen der Baumaschinenbranche etabliert. Die Firmenleitung hatte aber auch die Landmaschinensparte nicht vergessen. Bei JCB hatte man bemerkt, dass ungefähr 70 Prozent der Einsatzzeit von Traktoren auf dem Weg zum Einsatzort, also meist auf der Straße, verbracht wurden. Falls es möglich wäre, die Geschwindigkeit zu erhöhen, könnten die Landwirte schneller an die Einsatzorte gelangen, was eine bedeutende Zeitersparnis und Produktivitätssteigerung zur Folge hätte. Ende der 1980er-Jahre begann man deshalb in der Entwicklungsabteilung an einem „Fast Tractor" (schneller Traktor) zu arbeiten. Das Ergebnis wurde der Öffentlichkeit 1990 auf der Royal Smithfield Show, einer Landwirtschaftsausstellung in London, vorgestellt. Im folgenden Jahr gingen die ersten Fastracs, wie man die Modelle nannte, in Serienproduktion. Gebaut wurden sie in einem JCB-Zweigwerk in Cheadle, das ebenfalls in der Grafschaft Staffordshire liegt.

Schnelle Tracs Die Fastracs entsprachen dem Trac-Konzept, mit dem schon andere Hersteller ihr Glück finden wollten. Die Kabine war mittig positioniert, hinter der Kabine befand sich ein Aufbauraum, ein Kraftheber war für den Heck- und den Frontraum verfügbar, der Allradantrieb war Standard und was die Trak-

Der **Fastrac 7170** ist das kleinste Modell der 7000er-Reihe. Der Sechszylinder-Cummins-Motor bietet eine Nennleistung von 173 PS. 69 km/h kann der Schlepper auf der Straße erreichen. »

Eine komfortable, lärmgeschützte Kabine gehört bei den **Fastracs** zur Grundausstattung. Vorn schützen Spiralfedern und Stoßdämpfer und an den Hinterrädern Gasdruckdämpfer vor Stößen bei Fahrten auf unebenem Gelände. «

 IRGENDWIE ANDERS | *Vielseitig und schnell*

Zur obersten Klasse der **Fastracs** zählt der **8250,** der mit seinen 260 PS Maximalleistung im Jahr 2005 zum neuen Flaggschiff unter den **JCB-Traktoren** wurde. »

toren aus Cheadle besonders auszeichnete, war die Höchstgeschwindigkeit, die abhängig von der Ausführung bis zu 80 Kilometer pro Stunde betragen konnte. Scheibenbremsen waren natürlich für alle vier Räder vorhanden. Außerdem verfügten die Modelle über eine Vollfederung an der Vorder- und Hinterachse. Sowohl die Zielgruppe als auch die Konkurrenz waren nicht wenig überrascht. Anfangs beklagten manche Tester und Käufer noch die zu geringe Motorleistung. Bei den 1992 eingeführten Modellen *130* und *150* sorgten die Sechszylindermotoren von Perkins für 130 beziehungsweise 150 PS Leistung. Das Getriebe besaß 16 Vorwärts- und sechs Rückwärtsgänge. Wer es nicht so eilig hatte, mit seinem Fastrac auf das Feld zu kommen, konnte anstelle der Ausführung mit einer Höchstgeschwindigkeit von 80 Kilometern pro Stunde eine Variante mit 64 oder 41 Kilometern pro Stunde wählen.

200 PS leistet der Motor des **Fastrac 3200.** Ein 350 Liter großer Tank versorgt den Traktor mit Kraftstoff. Eine ABS-Bremsanlage mit außenliegenden Scheibenbremsen an den vier Rädern erhöhen die Sicherheit. «

Bamford

Erfinder und Gründer Das 20. Jahrhundert ist an Unternehmern, die neue Technologien einführen und damit einen schnellen Aufstieg erleben, nicht arm. Joseph Cyril Bamford (1916–2001) gehörte aber zu der seltenen Sorte von Unternehmern, die sich in einer bereits etablierten Sparte durch Innovation und mit qualitativ verbesserten Produkten hocharbeiteten. Er entstammte einer Familie im englischen Staffordshire, die bereits seit 1871 mit der Produktion von Landmaschinen zu tun hatte. Dem Familienunternehmen trat er 1938 bei, nachdem er Erfahrungen beim größten Werkzeugmaschinenhersteller des Landes gesammelt und einige Jahre in Afrika verbracht hatte. Nach seiner Militärzeit versuchte er, in verschiedenen Jobs Fuß zu fassen, entschloss sich aber bald, sich selbstständig zu machen. Das Ergebnis ist eines der erfolgreichsten Unternehmen der Bau- und Landtechnikbranche.

Der Motor des **Fastrac 8250** erbringt nicht nur eine hohe Leistung, sondern ist auch Dank neuer Technologien wie dem Common-Rail-Einspritzsystem und dem elektronischen Motormanagement sparsamer.

Die Fastracs werden stärker JCB entwickelte die Fastracs schnell weiter. Die ursprünglichen Kritikpunkte wurden mit stärkeren Motoren, die von Perkins geliefert wurden, angesprochen. Auch das Getriebe erfuhr eine erhebliche Verbesserung. Dazu gehörten eine Lastschaltung und eine feinere Gangabstufung, sodass nun 36 Gänge für die Vorwärts- und zwölf Gänge für die Rückwärtsfahrt zur Verfügung standen. 1993 kam die zweite Generation der Baureihe 100, deren Modelle 135 bis 175 PS leisteten, auf den Markt. Eine Leistungssteigerung auf 147 bis 188 PS erfuhren die Modelle 1995. Im gleichen Jahr erweiterte JCB das Fastrac-Angebot mit der 1100-Serie, bei der es sich um kleinere Schlepper handelte. Die beiden 1100-Modelle wogen ungefähr eine Tonne weniger als ihre großen Brüder und leisteten 115 beziehungsweise 130 PS. Als Höchstgeschwindigkeit erreichten sie nur 50 Kilometer pro Stunde.

1996 führte JCB außerdem die optionale Quadtronic-Allradlenkung ein. Die Vierradlenkung war bei anderen Herstellern für Schlepper in diesem Leistungsbereich eher eine Ausnahme. Die Quadtronic konnte ihre Vorteile vor

IRGENDWIE ANDERS | *Vielseitig und schnell*

Perkins

Motoren aus Peterborough Nicht nur die Schleppermarken, sondern auch die Motorenhersteller spielten in der Geschichte der Traktoren eine wichtige Rolle. Einer der bedeutendsten ist die im englischen Peterborough ansässige Perkins Engines Company. Frank Perkins, der Gründer des Unternehmens, begann 1932 mit der Herstellung von Motoren. Der richtige Durchbruch erfolgte aber erst fünf Jahre später mit der Einführung neuer Modelle, mit denen sich Perkins von der Konkurrenz abheben konnte. Ab 1959 gehörte Perkins zu Massey Ferguson, das damals zu den größten Traktorenherstellern der Welt zählte. 1985 konnte der 10 000 000-ste Perkins-Motor ausgeliefert werden. Aber der kriselnde Konzern Massey Ferguson musste den englischen Motorenhersteller wieder verkaufen. Seit 1998 gehört Perkins zu Caterpillar. Noch immer sind Motoren des Unternehmens unter den Hauben vieler Traktorenmodelle zu finden. Dazu gehören Schleppertypen von JCB, Massey Ferguson, Lindner, Landini und andere.

Im Cockpit des **Fastrac 8250** kann der Fahrer auf einem luftgefederten Sitz Platz nehmen. An der rechten Armlehne befindet sich der Joystick-Bedienhebel.

allem bei der Erledigung von Aufgaben im kommunalen Bereich, bei denen oft eine hohe Wendigkeit erforderlich ist oder Straßenräumarbeiten nötig sind, unter Beweis stellen.

Fastracs der Oberklasse Zu den weiteren Novitäten gehörte 2001 die Einführung des ABS-Systems, das für mehr Sicherheit sorgte. Mit jeder neuen Baureihe stieß JCB in höhere Leistungsbereiche vor. Damit entsprach das Unternehmen dem Trend, dem auch andere Hersteller folgten. 2005 kam der *Fastrac 8250* mit einem 8,3 Liter großen Motor von Cummins auf den Markt. Das neue JCB-Flaggschiff erreichte eine Leistung von 260 PS. Eine weitere Baureihe von Fastracs im obersten Leistungssegment stellte JCB 2007 vor. Die aus drei Modellen bestehende Serie deckte den Leistungsbereich von 178 bis 230 PS ab. Zwei Jahre später gesellte sich ein weiterer Typ der schnellen Schlepper zur Baureihe: der *Fastrac 7270*, dessen Cummins-Motor bis zu 270 PS leistet.

Rechts neben dem Fahrersitz befindet sich die **Bedienkonsole.** Auch über den **Touchscreen-Monitor** lassen sich Einstellungen vornehmen, wie die Auswahl der Getriebebetriebsart. »

Fast schaut der **Fastrac 7230** wie ein Standardtraktor aus. Hinter der Kabine befindet sich jedoch eine kleine Aufbaufläche, die bei Standardtraktoren nicht vorhanden ist.

Traktoren auf Abwegen

Ein Traktor ist nach vielen Definitionen ein Zugfahrzeug, das vor allem in der Landwirtschaft zu finden ist. Die Schlepper wurden jedoch von Anfang an auch für andere Aufgaben verwendet. Um sie noch mehr an ihre Einsatzzwecke anzupassen, entwickelte man spezialisierte Modelle, die äußerlich mit dem Standardtraktor nur noch wenig zu tun haben.

Traktoren wurden in erster Linie geschaffen, um in der Landwirtschaft Arbeiten zu verrichten, sowohl als Zugmaschinen als auch zum Antrieb anderer Maschinen. Aber die Schlepper kamen bald auch in anderen Bereichen zum Einsatz. Spezielle Ausführungen wurden für reine Transportaufgaben auf der Straße konstruiert. Lanz baute beispielsweise bis in die 1950er-Jahre sogenannte Verkehrs- und Eil-Bulldogs, die sich von den landwirtschaftlichen Modellen dadurch unterschieden, dass sie schneller fuhren, mit der für den Straßenverkehr notwendigen Beleuchtung ausgestattet waren, gefederte Vorderachsen hatten und Gummireifen besaßen. Diese Bulldog-Versionen blieben jedoch ein Phänomen des frühen Traktorenbaus und wurden bald von Lastwagen abgelöst. Aber Traktoren in der Standardausführung finden heute noch in Gewerbe- und Industriebetrieben zum Schleppen von Lasten und anderen Tätigkeiten, z. B. dem Schneeräumen, ein Einsatzfeld. Häufig konnte man auch auf Flughäfen Traktoren beim Ziehen von Flugzeugen sehen. Manche Hersteller boten sogar spezielle Flughafenausführungen an.

Kleine Traktoren wie diese **Massey-Ferguson**-Modelle der **Baureihe 1500** werden oft außerhalb der Landwirtschaft eingesetzt, etwa im Garten- und Landschaftsbau, in der Anlagenpflege oder für Kommunalarbeiten.

Dieser **Unimog** wurde um 1970 zum Ziehen von Flugzeugen eingesetzt. Wichtig bei Flughafenausführungen war eine hohe Zugkraft. Auf andere Ausstattungen, z. B. Zapfwellen, konnte dagegen verzichtet werden.

 IRGENDWIE ANDERS | *Traktoren auf Abwegen*

Dieser **Massey Ferguson 6455** hat einen Frontlader und ein Ladegerät am Heck. Wichtig für die Ausführung harter Lade- und Erdarbeiten ist ein Hydrauliksystem, das bei Bedarf die nötige Leistung zur Verfügung stellt.

Der Standardtraktor im kommunalen Einsatz

Ein anderes Einsatzgebiet, das in der Frühzeit des Traktorenbaus noch nicht in dem Maß wie heute existierte, sind Arbeiten im kommunalen Bereich. Mit dem Ausbau des Straßennetzes, der Rad- und Fußwege, der Parks und öffentlichen Anlagen erhielten die Kommunen neue Aufgaben. Die Wege, Sportplätze, Schulanlagen und Friedhöfe müssen sauber gehalten, Grüngut muss weggefahren, Laub gesaugt und die Straßenränder müssen gemäht werden, und im Winter ist es oft nötig, den Schnee zu räumen.

Den Traktorenherstellern kamen die Kommunen als neue Zielgruppe angesichts der stagnierenden Absatzzahlen im Agrarbereich recht. Manche Unternehmen brachten deshalb spezielle Kommunalversionen einiger ihrer Standardschlepper auf den Markt, andere sprachen die Zielgruppe mit eigens für diese Aufgaben konzipierten Baureihen an.

Hohe Anforderungen An Kommunalschlepper werden hinsichtlich der Flexibilität noch höhere Anforderungen als an reine Landwirtschaftstraktoren gestellt. Sie sollen Multifunktionsfahrzeuge sein, die mit mehreren Geräten arbeiten sowie mit wenig Aufwand für verschiedene Einsätze umgerüstet werden können. Der An- und Abbau von Geräten und Maschinen sowie die Umstellung vom Sommer- auf den Wintereinsatz sollen mit wenigen Handgriffen vollzogen werden können. Ein Frontanbauraum ist meist eine wichtige Voraussetzung, damit beispielsweise vorn ein Schneepflug und hinten ein Salzstreuer angebaut werden können. Typische Einsatzwerkzeuge sind in den warmen Jahreszeiten ein Mähwerk, ein Mulcher und ein Behälter für die Rasenaussaat.

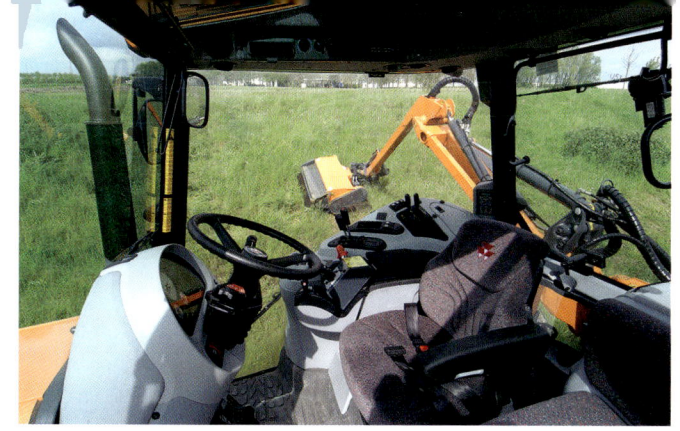

Die **Freisichtkabine** dieses **Massey-Ferguson-Schleppers** bietet einen ungehinderten Blick auf den Mähausleger, der am Heck angebaut ist. Die Bedienung erfolgt über die Konsole rechts vom Sitz.

Auch in Bezug auf Kraftstoffverbrauch und Abgasausstoß sind die Ansprüche an die Fahrzeuge hoch, denn von den Kommunen wird eine Vorreiterrolle im Umweltschutz erwartet. Daher müssen die Motoren die neuesten Abgasnormen erfüllen und die Fahrzeuge mit einem umweltschonenden Abgasfilter ausgestattet sein. Oft wird auch eine Biodiesel-Tauglichkeit der Antriebsaggregate erwartet.

Die Großen und die Kleinen Von den Herstellern werden Kommunaltraktoren in unterschiedlichen Größen angeboten. Fendt hat beispielsweise Modelle der 900-Serie mit einer Leistung von bis zu 366 PS im Angebot. Vor allem, wenn es im Sommer um die Pflege von Grünflächen geht, sollen die Schlepper jedoch leicht sein, um keine Spuren im Rasen zu hinterlassen. Gleichzeitig sollen sie aber mit einer genügend hohen Motorleistung ausgestattet sein sowie über eine hohe Stabilität verfügen. Oft kommen deswegen Modelle zum Einsatz, die auch in Weinbergen und Obst-

Mit einer Schneefräse hält dieser **Fendt 716 Vario** die Straße frei. Manchmal wird die Maschine am Heck angebaut, wobei der Schnee in Rückwärtsfahrt weggeschleudert wird. Die Leistungsanforderung kann je nach Größe der Fräse mehrere Hundert PS betragen.

IRGENDWIE ANDERS | *Traktoren auf Abwegen*

plantagen verwendet werden, wie etwa bei Fendt die Schlepper der 200er-Serie, die in den Ausführungen *V* für Gehsteige und Parkanlagen sowie *F* und *P* für Radwege, Wanderwege und innerörtliche Arbeiten optimiert sind. John Deere bietet für Kommunalaufgaben mehrere Baureihen von Kompakttraktoren im Leistungsbereich von 24 bis 67 PS an, die auch für die professionelle Rasen- und Landschaftspflege eingesetzt werden.

Die kompakte Bauweise eignet sich für Kommunalaufgaben außerdem, da oft durch niedrige Einfahrten oder durch Personenunterführungen gefahren werden muss. Die Spurweite der kleinen Kommunalschlepper liegt meist im Bereich von 120 bis 150 Zentimetern. Eine Knicklenkung sorgt oft für eine erhöhte Wendigkeit unter beengten Verhältnissen. Außerdem gehört der Allradantrieb schon fast zum Standard. Schließlich werden auch noch hohe Ansprüche an die Sicherheit sowie an den Fahr- und Bedienungskomfort gestellt. Eine Kabine ist meist Voraussetzung, da mit den Schleppern zu jeder Jahreszeit gearbeitet werden muss. Das Fahrercockpit verfügt deswegen meist über eine Heizung und oft über eine Klimaanlage.

Vom Traktor zum Spezialfahrzeug

Die meisten Traktorenhersteller, die Modelle für den Kommunaleinsatz anbieten, nehmen Anpassungen an ihren Fahrzeugen vor. Das Auffallendste ist die besondere Farbgebung, die sie von den Landwirtschaftsschleppern unterscheidet. In vielen Ländern sind Kommunalfahrzeuge beispielsweise orangefarben oder gelb.

Bestimmte Traktorenbauarten wurden von den Herstellern als für kommunale Arbeiten besonders geeignet vermarktet. Dazu gehörten die Geräteträger und die *Xylon*-Modelle von Fendt. Auch Klöckner-Humboldt-Deutz hatte mit den *Intrac*-Modellen die Gebietskörperschaften als eine der Hauptzielgruppen im Auge. Die Hauptvorteile dieser Schlepper waren die Anbau- und Aufbauräume, die das Arbeiten mit mehreren Geräten und die Mitnahme eines Behälters für das Grüngut oder Ähnliches erlaubten. Ein im kommunalen Fuhrpark wirklich oft anzutreffendes Fahrzeug, das ursprünglich eigentlich als landwirtschaftliche Arbeitsmaschine gedacht war, ist der Unimog. Das von Mercedes-Benz stammende Fahrzeug hat einerseits den Vorteil, eine große Ladefläche zu besitzen, andererseits kann man sowohl vorn als auch hinten Geräte anbauen. Außerdem besaßen die Unimogs schon früh Kabinen, die den Ansprüchen des öffentlichen Dienstes genügten.

Kleine Geräteträger

Verschiedene Unternehmen entwickelten traktorähnliche Fahrzeuge, die für spezielle kommu-

Speziell für kommunale Aufgaben und Facility-Management hat **Holder** kleine Geräteträger wie den **C 270** entwickelt. Durch die Knicklenkung kommt das Fahrzeug leicht um engste Kurven. Die Breite beträgt nur 110 Zentimeter, weswegen der C 270 auch auf schmalen Wegen fahren kann.

Dieser **Holder C 4.74** ist mit einem Hundekotstaubsauger ausgestattet. Der kleinste Wendekreisdurchmesser liegt bei nur 6,28 Metern.

nale Arbeiten konzipiert sind. Ein Beispiel dafür ist der *C 270* aus dem Hause Holder, bei dem es sich um einen wendigen Geräteträger mit Knicklenkung handelt. Das kleine allradgetriebene Fahrzeug wird von einem Kubota-Vierzylindermotor mit einer Leistung von 67 PS angetrieben. Da keine hohen Geschwindigkeiten gefahren und keine großen Lasten gezogen werden müssen, ist ein hydrostatischer Fahrantrieb eingebaut, der eine stufenlose Geschwindigkeitsanpassung ermöglicht. Der *C 270* ist sowohl mit einer Front- als auch mit einer Heckzapfwelle sowie einem vorderen und hinteren Kraftheber ausgestattet. Hinter der Kabine befindet sich eine Ladefläche, die beispielsweise zum Transport von Schnittgut benutzt werden kann. Der Vorteil eines traktorähnlichen Fahrzeuges wie dem *C 270* liegt in seiner hohen Wendigkeit und seinem relativ geringen Gewicht, die ihn ideal für die Pflege von Grünflächen machen.

Für alle Jahreszeiten Ein größerer Bruder des *C 270* ist der *Holder S 990*. Dieser Geräteträger ist für höhere Ansprüche konzipiert. Der Vierzylindermotor von Deutz schafft eine Leistung von bis zu 92 PS. Für die Wendigkeit sorgt auch bei diesem Modell eine Knicklenkung. Eine Spurweite von höchstens 1284 Millimetern ermöglicht Einsätze auf Gehwegen. Im Winter kann der *S 990* durch die zwei Anbauräume und den Aufbauraum mit einer Schneefräse, einem Schneepflug, einem Aufbaustreuer und Ähnlichem ausgerüstet werden. An wärmeren Tagen kann das Fahrzeug mit einer

Im kommunalen Einsatz befindet sich dieser **Unimog U 500**. Zu seinen Vorteilen zählt, dass er eine Höchstgeschwindigkeit von 90 Kilometern pro Stunde erreichen kann und schneller am Einsatzort ist als jeder Traktor.

IRGENDWIE ANDERS | *Traktoren auf Abwegen*

Sanft beschleunigen

Das hydrostatische Getriebe in Kleinschleppern Viele Kleintraktoren verfügen heute über einen hydrostatischen Fahrantrieb. Dies bedeutet, dass die Kraftübertragung vom Motor nicht mechanisch, wie bei einem normalen Getriebe, sondern mittels einer Flüssigkeit erfolgt. Der Vorteil ist, dass man auf eine Gangschaltung verzichten kann und nur mit dem Fahrpedal beschleunigen muss. Der hydrostatische Antrieb hat eine lange Geschichte, hatte sich aber bei den Standardtraktoren wegen der Leistungsverluste, die bei der Kraftübertragung auftreten, nicht durchgesetzt. Erst in den 1990er-Jahren begannen bei den großen Schleppern die stufenlosen Getriebe durch die Verwendung von hydraulischen und mechanischen Komponenten ihren Siegeszug. Bei den Kleintraktoren sind dagegen hohe Zugleistungen beim Fahrantrieb nicht so wichtig. Leistung wird bei diesen Schleppern hauptsächlich über die Zapfwelle erbracht, deren Antrieb mechanisch direkt vom Motor aus erfolgt.

Beim Reinigen von Wegen und Straßen ist dieser **TTR** von **Antonio Carraro** unterwegs. Der Behälter für den aufgesaugten Abfall ist oberhalb der Motorhaube angebracht.

Schaufel oder einem Hublift versehen werden und z. B. Erde oder Split transportieren. Für die Grünflächenpflege stehen ein Mulchmäher, der am Frontanbauraum angebaut werden kann, sowie eine Mähsaug-Kombination zur Verfügung. In der Kabine des *S 990* finden zwei Personen Platz.

Die starken Vielseitigen Ein weiteres Beispiel für einen Kleintraktor, der für kommunale Aufgaben eingesetzt wird, ist der *TTR 4400 HST* von Antonio Carraro. Der wendige Schlepper zeichnet sich durch einen umkehrbaren Fahrerstand aus, wodurch das Arbeiten in beide Fahrtrichtungen möglich ist. Der Allradantrieb und ein hydrostatisches Getriebe gehören zur Standardausstattung. Sein niedriger Schwerpunkt verleiht dem Fahrzeug eine hohe Standfestigkeit an Hängen. Typische Arbeiten für den TTR 4400 HST sind die Pflege von Parkanlagen, das Reinigen von Wegen, das Mähen von Autobahnböschungen und Rasen, Schneeräumen aber auch Transporte und Grabarbeiten. Außer in Kommunen findet der Traktor oft ein Einsatzgebiet in Baumschulen und auf Baustellen.

In der Landwirtschaft, in Plantagen und auch für kommunale Aufgaben werden die Kleinschlepper-Modelle der TN-Baureihe von Antonio Carraro eingesetzt. Diese Schlepper decken den Leistungsbereich von 48 bis 66 PS ab. Zu den vielen Geräten, die mit den Traktoren eingesetzt werden können, gehören Pflüge, Kultivatoren, Rodemaschinen und natürlich Maschinen zum Mähen von Grünflächen oder Grasstreifen an Straßenrändern. Das Navigieren erleichtert das Wendegetriebe, das über zwölf Gänge in beide Fahrtrichtungen verfügt und so die Änderung der Fahrtrichtung um 180 Grad erleichtert. Die vier gleichgroßen Räder tragen zu einer erhöhten Traktion und einer optimalen Gewichtsverteilung bei. Eine hohe Standfestigkeit gehört zu den Stärken der TN-Schlepper.

Giganten beim Straßenbau

Die meisten Kommunaltraktoren zeichnen sich vor allem durch Flexibilität und Wendigkeit aus. Auf andere Eigenschaften setzt man dagegen am oberen Ende des Leistungsspektrums. Dort spielen eine hohe PS-Zahl und die Fähigkeit, diese Leistung in eine entsprechende Zugkraft übertragen zu können, eine wichtige Rolle. Die Traktorgiganten sind meist dazu konzipiert, große Maschinen oder Gerätekombinationen anzutreiben und hinter sich herzuziehen. Sie kommen deswegen vor allem in der großflächigen Landwirtschaft zum Einsatz. Aber auch in Wirtschaftszweigen außerhalb der Agrarwirtschaft weiß man die Eigenschaften der Traktorenkolosse zu schätzen, nämlich dort, wo es um das Abtragen und Transportieren von Erdreich geht, wie etwa im Straßenbau, beim Entfernen von Bodenunebenheiten oder Ausheben von Gräben. Geräte, mit denen bei solchen Einsätzen gearbeitet wird, sind Grater oder Schürfkübel.

Magnum und Steiger Die Hersteller von Traktoren der obersten Leistungsklasse bieten sogenannte Scraper-Versionen ihrer Modelle an. Case IH hat gleich zwei Baureihen in Ausführungen für Arbeiten mit Erdbewegungsmaschinen im Programm, nämlich die in Racine gebauten Magnum-Schlepper mit Höchstleistungen von 248 bis 363 PS sowie die in Fargo hergestellten Steiger-Traktoren, die Motorleistungen von 423 bis 589 PS erzielen. Die Mag-

Die **Scraper-**Ausführungen der **Case-IH-Schlepper** sind für ihre Aufgaben als Zugmaschinen optimiert. Dazu gehören beispielsweise stärkere Achsen. Ein **STX 535** und ein **Quadtrac 535** fahren in diesem Bild voran. Ein **Magnum** folgt im Hintergrund.

IRGENDWIE ANDERS | *Traktoren auf Abwegen*

num-Modelle lenken durch das Einschlagen der Vorderräder, während es sich bei den Steiger-Traktoren um Knicklenker handelt.

Die Fargo-Modelle stehen in Ausführungen mit Rädern und mit dem *Quadtrac*-Bandlaufwerk zur Verfügung. Von der Case-IH-Schwestermarke New Holland wird die ebenfalls in Fargo gebaute T9000-Reihe für diese Arbeiten angeboten. Dabei handelt es sich um Versionen der Steiger-Schlepper im blauen Lack.

Mit seinen 615 PS Motorleistung und der doppelten Bereifung kann der **Challenger MT 975B** eine hohe Zugleistung erbringen. Unter der Motorhaube arbeitet ein Sechszylindermotor von Caterpillar mit 18,1 Litern Hubraum.

Challenger und John Deere AGCO stellt die Modelle der Baureihen MT900 und MT800 für Erdbewegungsarbeiten zur Verfügung. Die Sechszylindermotoren dieser Großtraktoren schaffen Höchstleistungen von 567 bis 631 PS. Für eine möglichst effiziente Umwandlung der Motorleistung in Zugkraft sind die Challenger-Modelle der MT900-Reihe mit großen Rädern und diejenigen der MT800-Serie mit einem Bandlaufwerk ausgestattet. Da es sich bei diesen Ausführungen um reine Zugmaschinen handelt, können die Schlepper auf eine Zapfwelle verzichten.

Auch John Deere, der weltweit größte Traktorenhersteller, bringt Scraper-Traktoren auf den Markt. Es handelt sich dabei um spezielle Ausführungen der Baureihe 9030. Die

Zu den ganz großen Schleppern zählt der **Valtra T171** nicht. Mit seinem Allradantrieb und seiner großen Bereifung ist er jedoch für Arbeiten auf unebenem Gelände gut gerüstet.

Höchstleistungen der Motoren liegen im Bereich von 425 bis 530 PS. Neben den Schleppern bietet John Deere auch die passenden Schürfmaschinen mit an.

Schlepper in Normalausführung Traktoren kommen im Straßen- und Wegebau zunehmend auch in Normalausführung zum Einsatz. Wie Lkw werden sie oft für Transportaufgaben verwendet. Zwei ihrer wesentlichen Vorteile sind ihre Vielseitigkeit, zu der die Anbauräume und die Zapfwellen beitragen, sowie ihre Kosteneffizienz. Vor allem bei Arbeiten auf kurvenreichen und hügeligen Landstraßen kommt der Hauptvorteil der Lkw, nämlich die höhere Geschwindigkeit, kaum zum Tragen.

In Verbindung mit verschiedenen Geräten kann der Standardtraktor jedoch mehr als nur Transportarbeiten durchführen. Beispielsweise können Reinigungs-, Mäh- und Baggerarbeiten ausgeführt, Ladearbeiten vorgenommen und Notstromaggregate betrieben werden.

Die vier Bandlaufwerke des **Case IH 535 Quadtrac** passen sich den Bodenunebenheiten an und verbessern dadurch die Kraftübertragung. 589 PS kann der Motor leisten.

 IRGENDWIE ANDERS | *Traktoren auf Abwegen*

Steyr bietet mehrere Modelle in einer speziellen Forstausführung an. Dazu gehörte der **6160 CVT.** Vor Schäden schützen den Traktor die Forstschutzeinrichtung und die verstärkten Felgen.

Traktoren beim Bäumeschleppen

Ein Einsatzgebiet für Traktoren, das nur am Rand mit der Landwirtschaft zu tun hat, sind Forstarbeiten, da viele Landwirte auch Waldbesitzer sind. Arbeiten im Wald finden oft in den Wintermonaten statt, wenn andere Tätigkeiten wie Bodenbearbeitung, Aussaat und Ernte bereits erledigt sind.

Für Waldarbeiten benötigen Traktoren oft eine besondere Ausstattung. Dazu gehört beispielsweise eine spezielle Forstbereifung, die über eine Ventilabdeckung und verstärkte Felgen verfügt. Manche Schlepper sind mit einer Forstkabine ausgestattet. Dieses Cockpit zeichnet sich je nach Ausführung durch eine sich nach oben hin verjüngende Bauart, einen speziellen Schutzrahmen und eine bruchsichere Polycarbonatverglasung aus. Auch schmale Kotflügel und ein glatter Unterboden sollen mit dazu beitragen, Schäden durch Äste oder Baumstümpfe zu vermeiden. Schließlich wird auch noch eine hohe Standfestigkeit des Traktors erwartet, da Arbeiten im Wald oft auf unebenem Gelände stattfinden.

✿ **Standard- und Spezialschlepper** Manche Traktoren verfügen über eine Rückfahreinrichtung, damit mit Geräten, die am Heck angebaut sind, leichter gearbeitet werden kann. Für Forstarbeiten oft verwendete Geräte sind Seilwinden, Forstfräsen, Schneide- und Mulchgeräte und ein angebauter Kran.

Für die Forstwirtschaft, die im großen Stil betrieben wird, haben einige Hersteller Spezialtraktoren entwickelt. Ein Beispiel dafür sind die Rückezüge, die auch Forwarder oder Tragrückeschlepper genannt werden. Diese Spezialfahrzeuge verfügen gewöhnlich über sechs oder acht Räder. Ihre Aufgabe ist es, das von Holzvollerntern abgeschnittene Holz abzutransportieren.

Angesichts der zunehmenden Bedeutung von Holz als nachwachsendem Rohstoff werden Traktoren in Normal- und Spezialausführung auch in Zukunft oft im Wald anzutreffen sein.

Forstarbeiten finden nicht selten im Winter statt. In der Kabine dieses **Valtra**-Schleppers der **S-Serie** ist der Fahrer vor der skandinavischen Kälte geschützt.

Der **1210E** ist ein **Tragrückeschlepper,** der von **John Deere** speziell für die Forstarbeit entwickelt wurde. Er verfügt über einen leistungsfähigen Kran und eine Ladefläche zum Transport der Baumstämme.

301

REGISTER

A

Advance-Rumely 12, 17
Aebi 241, 242, 243, 244
AGC 96
AGCO 45, 47, 51, 57, 93, 106, 107, 118, 119, 130, 131, 195, 207, 226, 298
Agritalia 226
Agro-Reihen 111
Agrocompact 222
Agrokid 40 223
Agromash 178, 179
Agroplus 112, 223, 231
Agrotron 112, 113
Agrotronic 111
AgroXXL 113
AirCushion-Federung 95
Aktivist 183
Albone, Dan 30
Alldog 255, 256, 257
Allgaier 33, 34, 219
Allis-Chalmers 17, 32, 51, 255
Allradantrieb 52
Allradlenkung 277
Antonio Carraro 43, 258, 296
Ares-Modelle 125
Argo 50, 153, 156, 230
Arion 127
Atles-Reihe 122, 126
ATM 175, 176, 177
Axion 127
Axos-Reihe 127

B

Babiole 215
Bamford, Joseph Cyril 283, 287
Bandlaufwerk 93, 94
barn series 62
Barney 62
Bauer, Johann 248
Bauernfreund 240, 241
Bauernschlepper 33, 108
Baumi 29
Bautz 35
BCS 43, 228, 229, 230, 231
Bearcat 69, 74
Beilhack 244
Belarus 166, 167, 168, 169, 170, 171
Best 12
Bi-Speed-Lenksystem 193
bidirektionaler Traktor 78, 79
Blizzard 75 153
BM Volvo T 800 116
Boehringer-Unimog 262, 263
Bolens 195
Bolinder 44, 116
Bolinder-Munktell 116
Bonetti 228
Bongartz 218
Brockenhexe 183
Brown, David 31, 136
Bubba 28, 29
Bucher 35
Bühler 82, 83
Bührer 25, 35
Bulldog 13, 26, 27, 29, 290

C

Carraro 232, 233, 234, 235
Carraro, Giovanni 232
Case 12, 16, 17, 24, 46, 48, 50, 51, 64, 65, 66, 67, 74, 82, 134, 136, 226, 227, 236
Case DO 227
Case IH 43, 49, 60, 62, 63, 74, 75, 89, 90, 91, 94, 95, 134, 136, 137, 138, 208, 209, 236, 297, 299
Case IH Steiger-Traktoren 297
Case International 74
Case New Holland 43, 138, 141, 156, 157, 236
Case, J. I. 66
Cassani 41, 42, 52
Cassani, Francesco und Eugenio 144
Castoldi 228
Caterpillar 56, 57, 92, 93, 94, 96, 282
Celtis 127
Challenger-Modelle 51, 57, 93, 96, 97, 195, 282, 298
Champion-Reihe 149
Charkow Traktorenwerk 172, 173
Claas 122, 124, 125, 126, 127, 219, 237, 254, 276, 277, 280, 281, 282
Clayton & Shuttleworth 12, 29
CNH 143
CNH Global 82
Cockpit 68
Common-Rail-Hochdruckein-spritzung 143
Concern Traktorenwerke 178
Cougar 74
Crystal 182
Cugnot, Nicholas 11
CVT-Reihe 138
CX-Serie 156

D

Daedong 196, 198
Dampfmaschine 10, 11, 12
Dampftraktoren 12, 14
David Brown 1200 30
Deere & Co. 159
Deering 23, 73
Deering Harvester Company 48
Deering, William 73
Detroit Diesel Corporation 61
Deutz 15, 29, 34, 36, 37, 39, 47, 74, 108, 109, 110, 111, 112, 170, 222, 270, 271
Deutz-Allis 51
Deutz-Fahr 39, 111, 112, 222, 223
Deutz-Motoren 109
Diamond-Reihe 149
Diesel, Rudolf 55
Dieselmotor 29
Dieselrösser 101
Dionis 215
Dorado 146
Drago 145
Dreipunkt-Aufhängung 21, 30, 175
Dreiradkonstruktion 23, 24
Dreiradschlepper 31
Dutra D4K B 181
DX-Reihe 39, 110, 111, 222

E

Ecocontrol 124
Eicher 34, 36, 37, 55, 130, 207, 217
Einachsschlepper 32
Elfer 36
Euclid 61
EuroLeopard 201
Europard 201
Eurotrac 201

F

Fahr 110
FAMO 183
Famulus 183
Fardier 11
Fargo-Schlepper 89
Farmall 22, 23, 25, 35, 49, 60, 208, 209, 252, 254
Farmer-Reihe 103, 104, 220, 221, 274
Farmtrac 197
Fastracs 283, 286, 287, 288, 289
Favorit 103, 104, 105, 107
Fendt 34, 38, 39, 47, 51, 55, 100, 101, 103, 105, 107, 221, 238, 253, 256, 258, 259, 260, 272, 274, 275, 293, 294
  Fendt 12 GT 258
  Fendt 15 101
  Fendt 18 100
  Fendt 22 100
  Fendt 716 Vario 293
  Fendt 900er-Serie 293
  Fendt 936 Vario 107
Fendt Auto-Guide 107
Fendt Einmannsystem 258
Fendt GT 258, 259, 260
Fendt Stability Control 107
Fendt Vario-Getriebe 107
Fendt Vario-Traktor 105
Fendt-Einmannsystem 257
Fendt, Hermann 100
Fergie 31, 129
Ferguson 31, 128, 129, 225
Ferguson, Harry 21, 30, 31, 129, 140
Ferrari 229, 230
Ferrari, Enzo 148
Fiat 42, 43, 47, 50, 55, 139, 140, 141, 142, 143, 236
Fix 38, 103
Ford 21, 23, 34, 35, 43, 48, 49, 50, 69, 80, 81, 139, 140, 143, 165, 196, 236
Ford, Henry 140
Ford New Holland 80, 142
Fordson 18, 19, 20, 21, 23, 30, 60, 165
Forstarbeiten 300
Forwarder 301
Foton 200, 201
Fowler 13
Freisichthauben 260
Froelich, John 14, 17, 88
Fructus 127, 215, 219
Frutteto 145, 223

G

Garrett & Sons 12
General Purpose 60
Geotrac 245, 246
Geräteträger 253
Gleaner 51
Gleiche 14
Glühkopfmotor 22, 26, 27, 28, 29, 150, 151
Goodearth 207
Götter-Reihe 126
Großbulldog 27
Güldner 34, 35
Gutbrod 218

H

Haifisch-Modelle 35
Hanomag 12, 14, 29, 34, 47, 56, 219
Harris, Alanson 128
Hart-Parr 16, 17
Hela Varimot 217
Hesston 51, 140
Hofherr-Schrantz 29
Holder 32, 35, 217, 295, 296
Holt 12, 56
HSCS 29, 180
Huckepack 276
Hundeganglenkung 277
Hürlimann 35, 50, 114, 115, 149, 229
Hürlimann, Hans 114, 115
hydrostatisches Getriebe 296

I

I.A.M.E. 29
IHC 16, 17, 22, 23, 24, 27, 35, 40, 48, 49, 50, 60, 63, 70, 71, 72, 73, 75, 136, 154, 155, 203, 227, 252, 254
International Harvester Company siehe IHC
Intrac-Modelle 39, 109, 270, 271, 294
Iron 147
Irus 217
Iseki 131, 194, 195
Italfissore 258
ITCI 203
ITM 533 165
Ivel 30, 31

J

JCB Fastracs 283, 286, 287, 288, 289
John Deere 17, 23, 24, 27, 46, 47, 48, 49, 51, 60, 84, 85, 86, 87, 88, 94, 95, 159, 160, 224, 225, 254, 298, 299, 301
John Deere 55er-, 60er- und 70er-Reihen 85
John Deere 6000er Reihe 160
John Deere 7000er- und 8000er-Serien 94, 160
John Deere 755 224
John Deere 5000er, 6000er, 7000er, 8000er Reihen 86
John Deere 7810 86
John Deere 8010 63, 65, 78, 85
John Deere 8020 85
John Deere 8345R 84
John Deere 8360R 88
John Deere 8410 87
John Deere 8430 85
John Deere 8630 85
John Deere 8970 85

302

John Deere 8RT-Reihe 95
John Deere 9000er-Reihe 94
John Deere 9400 86
John Deere 9430 85
John Deere 9620 87
John Deere GP 254
John Deere GPO 224
John Deere-Lanz 159
John Fowler & Co 12
Junior 240
JX-Reihe 227

K

Kabine 91
Kemna 13
Kerosinmotor 24
KHD 36, 39, 74, 110, 111
Kioti 197, 198, 199
Kirowez 174, 175, 176, 177
Klöckner-Humboldt-Deutz 36, 39, 74, 110, 111
Knicklenkung 63, 70, 231
Kommunaltraktoren 292, 293, 294, 297
Konfektionsschlepper 35
Kramer Alleschaffer 241
Krieger 218
Kubota 190, 191, 192, 193, 196

L

Lamborghini 42, 50, 57, 147, 148, 149, 230, 231
Lamborghini, Ferruccio 147, 148, 149
Landini 29, 41, 50, 130, 150, 151, 153, 195
Landini, Giovanni 150, 151
Langen, Nikolaus Otto 108
Lanz 12, 13, 26, 27, 29, 34, 52, 100, 217, 255, 257
Leone 70 145
LG-Gruppe 197
Limb 185
Lindner 240, 241, 245, 246
Lindner, Hermann 245
Lokomobilen 10, 11, 12, 13, 15
Lovol 201
Luftbereifung 25
Luftkühlung 39, 108

M

Mahindra 202, 203
Major Loader 283
MAN 13, 52, 53, 54, 55
Mann 12
Massey Ferguson 46, 47, 51, 74, 124, 128, 129, 130, 131, 151, 153, 165, 195, 206, 207, 225, 226, 227, 288, 290, 292
Massey Ferguson 2600er-Reihe 131, 206, 207
Massey Ferguson 2615 130
Massey Ferguson 6455 292
Massey Ferguson 1500er Reihe 226
Massey Ferguson FE 35 165
Massey Ferguson MF 8680 131
Massey-Harris 52, 66, 128, 129
Massey-Harris-Ferguson 129
Massey, Daniel 128

MB tracs 265, 266, 267, 269
MC-Serie 156, 157
McCormick 23, 73, 154, 155, 156, 157, 197
McCormick, Cyrus 73, 154
McCormick-Deering 15–30 17
McCormick Harvester Company 48
Mercedes-Trac 265
Metrac 249
Michelson 29
Milwaukee Harvester Company 48
Minitauro 55 145
Minskij Traktornij Sawod (MTS) 165, 166, 167, 169, 170, 183
Mitsubishi 197
Mobil-trac-System 92, 93, 94
Model T 18, 20
Montana 197
Morra, Valerio und Pierangelo 153
Motorpflug 12, 13, 14
Mounty 212, 250, 251, 277
MT-Modelle 298
MTH 222 108
MTS 165, 166, 167, 169, 170, 183
Muir-Hill 54
Muli 248, 251
Munktell 44, 116
Munktells Eskilstuna 30–40 44

N

Nasenbären 73
Nectis 126, 219
New Holland 47, 50, 79, 80, 81, 82, 90, 91, 134, 139, 140, 141, 142, 143, 208, 209, 236, 237, 238, 298,
Nexos 127, 219
Normag 34, 39
Nortrac 201

O

Oliver 51
Oliver Farm Equipment Company 17
Orsi 29
Otto Gas Engine Works 15
Otto, Nikolaus 14, 37, 109

P/Q

Pakosh, Peter 77
Pampa 29
Panther 74
Pasquali 229
Patterson-Traktor 16
Peerless 11, 12
Perkins 288
Pionier 183
Plano Harvester Company 48
Porsche 33, 34, 219
Powerfarm-Modelle 150
Powermondial 153
Primus 34
Puma 217
Punjab Tractors 203
Putilow-Werke 165, 174

R

Rasant Land- und Kommunaltechnik GesmbH 241

Raupenlaufwerke 94
Raupenschlepper 56, 57, 122, 151, 172, 238
Raupenstock 56
Reform-Werke 212, 241, 244, 248, 249, 250, 251, 277
Reihenfruchttraktor 254
Renault 40, 41, 56, 122, 124, 126, 214, 215
Renault Agriculture 126
Renault, Louis 122, 123
Ritscher 34
Robinson, Roy 77
Rostselmash 83
RS 01/40 183
Rückfahreinrichtung 238
Rudolf Wolf 13

S

Safari Cab 69
Same 41, 42, 52, 55, 57, 112, 115, 144, 145, 146, 147, 149, 223, 229, 258
Same-Deutz-Fahr 50, 112, 231
Same – Lamborghini – Hürlimann 146
Sametto 144
Scarabeo 232, 258
Schau-Voraus-Prinzip 260
Schlüter 34
Schmalspurschlepper 212
Schweröltraktoren 28
Scraper-Traktoren 297, 298, 299
Sendling 42
Silent-Guardian-Kabine 66
S+L+H 146
s-matic 138
Speroni 228
Sperry Corporation 141
Sperry New Holland 80, 141, 142
Spirit of '76 51
Stahlschlepper 108
Stalingrader Traktorenwerk (STS) 165
Steiger 60, 61, 62, 67, 68, 70, 74, 75, 89, 90, 91
Steiger, Barney 61
Steyr 35, 47, 134, 136, 137, 138, 300
Steyr-Daimler-Puch 137
Stock 14, 56
STS 165
STX-Reihe 90, 91
Super Landini 151

T

T 4000V und T 4000F 237
T6050 141
T8000er-Reihe 142, 143
T8040 139
T9er-Reihe 91
T9000er-Reihe 298
TAFE 130, 131, 197, 206, 207
TD95D 208
TDD-Serie 209
Tenneco-Gruppe 50
Terrion 176, 177
Tiger (Steiger) 68, 74, 75
Tigre 233, 234
Titan-Maschine 10

Titan-Traktoren 16
TJ-Reihe (Case IH) 90
TJ500 80, 90
Traction King 65
Tracto-Control 123
Tractor Company of India 203
Tractronic-Getriebe 126
Tragrückeschlepper 301
Tragschlepper 32, 253
Traktorenwerk Charkow 172, 173
Trekker-Serie 153
Tschechoslowakische Waffenfabrik 184
TTX-Serie 150, 157
Türk Fiat 209
Türk Traktör 208, 209
TV140 79

U

U-445 172
Unimog 262, 263, 264, 265, 290, 294, 295
Unitrac 245, 246
Unterflurmotor 260
Ursus 29, 182
UTB 172

V

Valmet 44, 45, 46, 47, 116, 118, 119
Valpadana 50, 230
Valtra 44, 45, 46, 47, 51, 116, 118, 119, 299, 301
Vario-Getriebe 105
Varity Corporation 130
Vélite 151
Versatile 76, 77, 78, 79, 80, 81, 82, 83, 84
Victory-Reihe 149
Voiturette 123
Volvo 44, 45, 116, 119
Vörös Csillag Traktorgyár 180

W

Wagner-Brüder 63
Waldarbeiten 300
Warder, Bushnell & Glessner Company 48
Waterloo Boy 17, 88
Waterloo Gasoline Traction Engine Company 88
WD-Großpflüge 14
Weinbergschlepper 214
Wendegetriebe 238
Werndl, Josef 137
Werwolf 29
WgTS 165
White 51, 195
Wolf 29
Wolgograder Traktorenwerk 165

X/Y/Z

Xerion 124, 127, 254, 276, 277, 280, 281, 282
XTZ 172, 173
Xylon Modelle 272, 274, 275, 294
Yanmar 225
Zetor 183, 184, 185, 186
Zickler 217

BILDNACHWEIS

Agromash 179; AMAZONEN-Werke 280, 282 u; Angela Francisca Endress 8/9; Antonio Carraro 213, 232, 233 beide, 234 beide, 235, 239, 258, 296 u; Argo 150 beide, 151, 152, 153 beide, 154/155, 156, 157; Artemka 173 o; Babiole 215 o; Joost J. Bakker/Creative Commons 167; Marco Barnebeck/Pixelio.de 181; BCS 229 u, 231 o; Belarus 166 o, 170 beide; Belarus UK 171; Butaurus/Creative Commons 180 o; Bubba 28; Case IH 10 u, 13 o, 14, 15 u, 16 o, 16 u, 17, 22 o, 24 o, 24 u, 25 o, 47, 51, 60 u, 61, 62, 63 beide, 64, 65 u, 66 beide, 67, 69 o, 70, 71, 72 beide, 73, 75 o, 90, 91 beide, 93 u, 94 u, 134, 135, 136, 137 beide, 138 beide, 196 o, 208 u, 227, 252 u, 254 o, 296 o, 297, 299 u, 300; Challenger/AGCO 92 u, 93 o, 96, 97 beide, 298; Claas 3, 124 beide, 125, 126, 127, 210/211, 218, 254/255 u, 276, 277 o, 278/279, 281 beide; Claeys/New Holland 26 M; Crystal 182 M; Daedong 196 u, 196 Mitte, 197 u, 198, 199 beide; Daimler-Benz 262 u, 263, 264 beide, 265, 266, 268, 269, 290 u, 295 u; Dake/Creative Commons 23 u; David Brown/Case IH 30 u; Deere & Co. 22 u, 65 o, 84, 85 beide, 87, 88 beide, 89, 92 o, 94 o, 95, 158, 159 beide, 160, 161, 224, 225 beide, 301 u; Deering 23 o; Michael Dörflinger 10 o, 26 o, 27 o, 27 u, 30 o, 33, 35 o, 35 u, 37 o, 43u, 49 l, 53 o, 53 u, 55 u, 101 o, 112 u, 175 o, 217 beide, 241 beide, 242, 244 o, 256 o, 262 o, 267 o; Fendt/AGCO 38, 100 u, 101 u, 102, 103, 104, 105, 106, 107, 220, 221, 252 o, 253 u, 257 beide, 259 beide, 260 u, 261, 272, 273, 274, 275 beide, 293 u; Edwin de Feijter 172 o; Ferrari 230; Chris Feser 166 u; Anton Foltin/Dreamstime.com 68/69; Foton 200, 201; Travis Fuhrmann 75 u; Hanomag 12; Holder 32 o, 212 o, 216, 294, 295 o; Hürlimann/Same Deutz-Fahr 229 o; Iseki 194, 195 o; JCB 283, 284, 285, 286 beide, 287 beide, 288 u, 289 beide; Jensens 42 o; Jenzig71/photocase.com 108; Kirowez 174, 175 u; Kenn W. Kiser 86; Krone 241 o; Kubota 189 beide, 190, 191, 192, 193; Kuhn 118, 122 o, 122 M, 243; Kverneland 48, 50; Lamborghini/Same Deutz-Fahr 231 u; Lanz 13 u, 27 M, 255 o, 256 u; Library of Congress 18 o, 31 u; Limb 185 u; Lindner 240, 245 alle, 246, 247, 288 o; Lords Stock Photography 49 r, 54; LS 197 o; Mahindra & Mahindra 202, 203; MAN 55 o; Massey Ferguson/AGCO 31 o, 74, 128, 129 beide, 130, 131 beide, 132/133, 195 klein, 207, 226, 290 o, 291, 292, 293 o; MEV 2; Neuwieser/Creative Commons 183 u; New Holland 11, 18 u, 19 o, 19 u, 20 u, 21, 34, 78, 79, 80, 81, 139, 140, 141 beide, 142, 143 beide, 208 o, 209, 236, 237 beide, 238; Andrei Niemimäki 184; Eugen Nosko/Deutsche Fotothek 183 o; Alfred T. Palmer 25 u; Pasquali 228; picture alliance/DINODIA PHOTO LIBRARY 188/189, 204/205; Dr. Ing. h.c. F. Porsche AG 219; Proseuxomai/Dreamstime.com 76 o; Pujanak 36, 100 o; Raf24/Creative Commons 182 o; Reform 212 u, 248, 249 beide, 250, 251 beide, 277 u; Renault Agriculture 122 u, 215 u; ro18ger/Pixelio.de 185 o; SAME Deutz-Fahr 15 o, 37 u, 39, 40 u, 41 l, 42 u, 43 o, 52 o, 52 u, 57, 109 beide, 110, 111, 112 o, 113 beide, 114 beide, 115 beide, 144, 145, 146, 147, 148 beide, 149, 222, 223 o, 223 u, 260 o, 270, 271; Sammlung Michael Dörflinger 20 o, 25 M, 32 u, 41 r, 56, 123 beide, 164, 182 u; Rick Sargeant/Dreamstime.com 58/59; Igor I. Savin 165; Jerzy Sawluk/Pixelio.de 253 o; Shutterstock/©Stanislaw Tokarski 162/163; Bas Steijvers 214; TAFE 206 beide; Erik Tauno 164 o; Terrion 176, 177; Väderstad 282 o; Valtra/AGCO 40 o, 44, 45, 46, 98/99, 116 beide, 117, 119 beide, 120/121, 299 o, 301 o; Zimin Vas 179; Versatile/Bühler 60 o, 76 u, 77, 82, 83; Vogel & Noot 244 u; Ernst Wildegger 29; wir_dscf5634 180 u; XT3 172 u, 173 u; Hanna Zelenko 168, 169; Zetor 186, 187